高职高专"十三五"规划教材

辽宁省能源装备智能制造高水平特色专业群建设成果系列教材

王 辉 主编

使用工具制造零部件

王 楠 张 慧 主编 于文强 吴明川 副主编

化学工业出版社

·北京·

内容简介

本教材总共六个项目,从钳工基础知识入手,讲述了下料加工、备料加工等,针对机电一体化专业学生的学习特点,通过任务导入、资料查询的方式展开教学内容,注重学生的自学、实际操作能力,在小组讨论中自学、实际操作中逐渐融入相关的知识点和技能点,最后由教师点评、指导。教材从浅逐渐入深,从机床的结构、基本操作、加工方法、加工工艺逐渐过渡到面向实际加工,注重培养学生自己思考、解决问题的能力,适用于高职学生学习和掌握。

本书主要适用于机电一体化中德"双元制"学生使用,适合作为学生零基础学习钳工教材使用。

图书在版编目(CIP)数据

使用工具制造零部件 / 王楠,张慧主编. —北京:化学工业出版社,2021.6

高职高专"十三五"规划教材 辽宁省能源装备智能制造高水平特色专业群建设成果系列教材

ISBN 978-7-122-39018-9

Ⅰ.①使… Ⅱ.①王… ②张… Ⅲ.①零部件-加工-高等职业教育-教材 Ⅳ.①TH13

中国版本图书馆CIP数据核字(2021)第075153号

责任编辑:廉 静 王听讲 满悦芝 　　　　装帧设计:张 辉
责任校对:王鹏飞

出版发行:化学工业出版社(北京市东城区青年湖南街13号　邮政编码100011)
印　　装:涿州市般润文化传播有限公司
787mm×1092mm　1/16　印张15　字数369千字　2021年9月北京第1版第1次印刷

购书咨询:010-64518888　　　　　　　　　　　　售后服务:010-64518899
网　　址:http://www.cip.com.cn
凡购买本书,如有缺损质量问题,本社销售中心负责调换。

定　　价:48.00元　　　　　　　　　　　　　　　　版权所有　违者必究

辽宁省能源装备智能制造高水平特色专业群
建设成果系列教材编写人员

主　编： 王　辉

副主编： 段艳超　孙　伟　尤建祥

编　委： 孙宏伟　李树波　魏孔鹏　张洪雷
　　　　　张　慧　黄清学　张忠哲　高　建
　　　　　李正任　陈　军　李金良　刘　馥

前言

随着现代科学技术的不断发展，新的国家和行业技术标准相继颁布和实施，现代制造业对钳工的要求也越来越高。钳工的分工越来越细化，工作范围也越来越广，对钳工的理论知识和技术要求也越来越高。为了适应钳工技术人员的学习和培训特点，满足职业岗位和职业教育的需求，我们根据高职机械类专业的特点与德国"双元制"职业教育的特色，结合国内职业院校的教学形式与学情编写了本教材。

本教材始终贯穿"以职业标准为依据、以企业需求为导向、以职业能力为核心"的理念，以国家标准为依据，结合企业实际情况，突破传统的学科教育对学生技术应用能力培养的局限性，以工作过程为主线，以地区特色工作任务为载体，重点培养学生实际动手能力与综合应用能力。

本教材具有以下特点：

① 项目驱动。本书共分为六个项目，每个项目包括若干任务，每个任务都是以载体项目为驱动点。每个项目都以任务书的形式描述岗位工作过程"学习目标""学习过程""学习任务"和"学习成果"；每个任务都由"知识技术储备""任务实施""检查、评价与总结"三个部分构成，配合教学工作页对每个工作任务进行学习。

② 内容全面。本书在工作任务的设计上坚持以职业能力培养为主线，将知识传授、技能训练、素质养成有机融合，实现"教、学、做"一体化。在内容定位上，坚持"以用为本、学以致用"的选择标准，将知识点细化，专注于核心知识的讲解与核心技能的训练。

本教材由盘锦职业技术学院王楠、张慧主编，于文强、吴明川担任副主编。其中王楠负责项目1，项目2中的任务2.2、任务2.3和任务2.4；张慧负责项目2中任务2.1、项目3；于文强负责项目4；吴明川负责项目5、项目6和工作页，盘锦职业技术学院尤建祥、刘馥、杨艳春、蔡言锋、段治如、张昊、李天硕参与编写。全书在编写过程中，参阅了部分同行作者的有关文献资料，编者在此对所列参考文献的作者表示衷心感谢。

由于编者水平有限，书中的疏漏和不妥之处在所难免，恳请读者批评指正，以便修订时改正。

编 者
2021年3月

目录

项目1 钳工基础知识 ·· 1
   任务1.1 认识钳工 ··· 2
      1.1.1 知识技术储备 ··· 2
      1.1.2 任务实施 ·· 12
      1.1.3 检查、评价与总结 ·· 12
   任务1.2 钳工健康安全生产环境认识 ··· 13
      1.2.1 知识技术储备 ·· 13
      1.2.2 任务实施 ·· 31
      1.2.3 检查、评价与总结 ·· 36

项目2 下料加工 ··· 38
   任务2.1 钳工制图与识图 ··· 39
      2.1.1 知识技术储备 ·· 39
      2.1.2 任务实施 ·· 69
      2.1.3 检查、评价与总结 ·· 69
   任务2.2 加工材料与刀具材料的选用 ··· 69
      2.2.1 知识技术储备 ·· 69
      2.2.2 任务实施 ·· 90
      2.2.3 检查、评价与总结 ·· 91
   任务2.3 钳工常用量具 ··· 91
      2.3.1 知识技术储备 ·· 91
      2.3.2 任务实施 ·· 107
      2.3.3 检查、评价与总结 ·· 107
   任务2.4 钳工划线与下料 ··· 111
      2.4.1 知识技术储备 ·· 111
      2.4.2 任务实施 ·· 123
      2.4.3 检查、评价与总结 ·· 123

项目 3　备料加工 ··· 125
　　任务 3.1　锉削加工 ··· 126
　　　　3.1.1　知识技术储备 ··· 126
　　　　3.1.2　任务实施 ·· 138
　　　　3.1.3　检查、评价与总结 ·· 139
　　任务 3.2　锯削加工 ··· 139
　　　　3.2.1　知识技术储备 ··· 139
　　　　3.2.2　任务实施 ·· 146
　　　　3.2.3　检查、评价与总结 ·· 146

项目 4　孔系加工、螺纹加工、錾削加工 ·· 147
　　任务 4.1　孔系加工 ··· 148
　　　　4.1.1　知识技术储备 ··· 148
　　　　4.1.2　任务实施 ·· 158
　　　　4.1.3　检查、评价与总结 ·· 158
　　任务 4.2　螺纹加工 ··· 159
　　　　4.2.1　知识技术储备 ··· 159
　　　　4.2.2　任务实施 ·· 167
　　　　4.2.3　检查、评价与总结 ·· 168
　　任务 4.3　錾削加工 ··· 168
　　　　4.3.1　知识技术储备 ··· 168
　　　　4.3.2　任务实施 ·· 175
　　　　4.3.3　检查、评价与总结 ·· 175

项目 5　高精度平面加工 ·· 176
　　任务 5.1　刮削加工 ··· 177
　　　　5.1.1　知识技术储备 ··· 177
　　　　5.1.2　任务实施 ·· 183
　　　　5.1.3　检查、评价与总结 ·· 183
　　任务 5.2　研磨加工 ··· 183
　　　　5.2.1　知识技术储备 ··· 183
　　　　5.2.2　任务实施 ·· 188
　　　　5.2.3　检查、评价与总结 ·· 189

项目 6　装配加工 ··· 190
　　任务 6.1　装配基础知识 ·· 191
　　　　6.1.1　知识技术储备 ··· 191
　　　　6.1.2　任务实施 ·· 199
　　　　6.1.3　检查、评价与总结 ·· 199
　　任务 6.2　固定连接装配 ·· 200

6.2.1	知识技术储备	200
6.2.2	任务实施	206
6.2.3	检查、评价与总结	206

10 型游梁式抽油机教学工作页 208

任务 1	10 型游梁式抽油机——图样的识读与标注	209
任务 2	10 型游梁式抽油机备料加工——锉削加工	210
任务 3	10 型游梁式抽油机备料加工——锯削加工	213
任务 4	10 型游梁式抽油机孔系加工	214
任务 5	10 型游梁式抽油机螺纹加工	216
任务 6	10 型游梁式抽油机錾削加工	218
任务 7	10 型游梁式抽油机刮削加工	220
任务 8	10 型游梁式抽油机研磨加工	221
任务 9	10 型游梁式抽油机装配	223

附录 225

附录 1	10 型游梁式抽油机图纸	225
附录 2	单件小批量生产机械加工工艺卡片	229
附录 3	中小批量生产机械加工工序卡片	230
附录 4	大批量生产机械加工工序卡片	230

参考文献 231

项目1　钳工基础知识

钳工基础知识任务书

岗位工作过程	钳工是具有悠久历史的手工技术工种，有着"万能工种"的美誉 一名优秀的钳工在工作中，除了需要掌握扎实的技术能力外，还需要对零件进行工艺规划，包括每个零件的手动加工、修配和检测；制订工作步骤，如备齐生成图样、流程作业、作业设备、量检具等，去仓库领取物料、工量具；安排加工、检测、配合的步骤等 在从事机械行业之前，企业必须对即将上岗的员工进行安全教育，让员工学习企业各个岗位的安全知识，并严格遵守各类安全规章制度，保证人身安全 本项目主要从钳工基础知识和钳工生产安全两方面入手，将生产安全、6S管理制度、TPM管理制度与钳工工作岗位相结合，并植入PDCA理念，使企业员工在安全完成工作任务的前提下，养成良好的职业习惯和职业素养，以适应企业的管理模式，快速融入企业中去
学习目标	① 能够遵守企业对员工安全管理的相关条例，合理做好人身安全防护工作，实现不出事故或减少事故损失的目标 ② 能够认清企业中的各类安全标志 ③ 能够按照6S管理体系的要求进行工作，完成钳工实训教学区域的日常6S管理 ④ 能够根据TPM管理要求，完成全员生产维护工作 ⑤ 能将PDCA循环理念应用在6S管理和TPM管理中 ⑥ 明确钳工的工作性质与工作环境 ⑦ 了解钳工常用设备 ⑧ 掌握机械加工工艺规程制定 ⑨ 掌握工艺卡片和工序卡片的内容，并能够独立填写
学习过程	咨询：接受任务，并通过"学习目标"提前收集相关资料，对钳工工作内容和与钳工岗位相关的操作规范进行了解，收集相关资料信息 计划：根据了解到的信息事先准备好所需物品并了解实训车间TPM管理要求，结合收集到的资料进行整理，并进行学习安排 决策：确定好整个任务的学习计划，明确学习目标及学习结束后需完成的任务，与同学进行交流，表达自己的观点，相互学习 实施：认真学习钳工基础知识和安全知识，在实训学习期间始终遵守企业或实训车间的各项规范要求，并逐步理解TPM管理概念，根据钳工实训教学区域TPM要求，完成工作任务 检查：对照TPM管理表格，反映表格中的问题，提出持续改进计划的实施建议，并定期复习本次任务，检查各项操作是否符合安全规定，在实施过程中与同学互相监督检查 评价：利用好项目检查表，如实做好本次任务学习的评价，并能在每个执行环节做自我评价，积极展开讨论，相互学习和促进
学习任务	任务1.1　认识钳工 任务1.2　钳工健康安全生产环境认识
学习成果	① 以小组为单位对钳工工作区域的6S管理及TPM管理制度进行讨论，并进行汇报 ② 以小组为单位讨论关于钳工安全生产的相关注意事项，并进行汇报 ③ 以小组为单位完成钳工工作区域6S管理的实施工作 ④ 以小组为单位完成持续改进计划实施表

任务 1.1　认识钳工

1.1.1　知识技术储备

1.1.1.1　机械生产与钳工的关系

钳工加工是一门历史悠久的技术，其历史可以追溯到两千年以前，如古代铜镜就是通过研磨、抛光等工艺最终制成的。随着科学技术的迅速发展，很多钳工加工被机械加工所代替，但钳工加工作为机械制造中一种必不可少的工作，仍然具有相当重要的地位。钳工加工技术在机械制造技术发展中起到了十分重要的作用，它是机械制造冷加工技术的开创者，也是冷加工技术进步的推动者，它是很多机器零件制造中不可缺少的一种工艺手段，也是所有机械设备最终制造完成所必需的。

1. 钳工加工的作用

任何一台机械设备的制造都要经过零件的加工制造、部件组装、整机装配、调整试运行等阶段。其中有大量的工作是用简单工具靠手工操作来完成的，这就是钳工加工的工作性质。钳工加工的工作范围很广，主要包括以下几个方面。

（1）零件制造

有些零件，尤其是外形轮廓不规则的异形零件，在加工前往往要经过钳工的划线才能投入切削加工；有些零件的加工表面，采用机械加工的方法不太适宜或不能解决问题，这就要通过钳工利用錾、锯、锉、刮、研等工艺来完成。

（2）专用工、夹、量具的制造

在工业生产中，常会遇到专用工、夹、量具的制造问题。这类用具的特点是单件加工，表面畸形，精度要求高，用机械加工有困难或很不经济，此时可由钳工来制作。

（3）机械设备的装配调试

零件加工完毕，钳工要进行部件组装和整机组装，而后根据设备的工作原理和技术要求进行调整和精度检测，还要进行整机试运行，发现问题并及时解决。

（4）机械设备的维修

机械设备在运动中不可避免地会出现某些故障，这就需要钳工进行修理。机械设备使用一定时间后，会因为严重磨损而失去原有精度，需进行大修，这项工作也由钳工来完成。

（5）技术革新

经济的发展要求劳动生产率和产品质量进一步提高，因此，不断地进行技术革新，改进工具和工艺，也是钳工的重要工作内容。

2. 钳工加工的内容

钳工工作范围很广，而且随着生产技术的发展，钳工掌握的技术知识、技能和技巧在深度和广度上也逐步加深加大，从而形成了钳工专业的分工。目前，钳工主要分为普通钳工、工具钳工等。

钳工大多数是在钳台桌上以手工工具为主，对工件进行加工的。手工操作的特点是记忆性强，加工质量好坏主要取决于操作者技能水平的高低，它的工作范围广，且具有万能性和灵活性的优势，不受设备、场地等条件的限制，因此，凡是采用机械加工方法不太适宜或难以进行机械加工的场合，通常可由钳工来完成，尤其是机械产品的装配调试安装和维修等更需要钳工。所以说，钳工不仅是机械制造工厂中不可缺少的工种之一，而且是对产品的最终质量负有重要责任的工种。作为一名优秀的钳工，首先应不断提高自己的思想道德素质和科学文化素质，同时要掌握好各项基本操作技能，它包括划线、錾削、锉削、钻孔、扩孔、锪孔、铰孔、攻螺纹、套螺纹、矫正、弯曲、刮研、研磨、自用工具的刃磨和简单热处理及技术测量等；进而掌握零部件和产品的装配、修理和调试的技能。为了适应先进生产力的发展要求，提高产品质量和提高劳动生产率，钳工要充分发挥积极性、主动性和创造才能，时刻不忘改进工具和加工工艺，逐步实现钳工的半机械化和机械化，这对减轻劳动强度、保证产品质量的稳定性及提高生产率和经济效益，都具有十分重要的意义。

1.1.1.2 钳工的分类与工作环境

1. 钳工的分类

（1）装配钳工

装配钳工是指使用钳工常用工具、量具、钻床等，按技术要求对工件进行加工、维修、装配的人员。

（2）机修钳工

机修钳工是指使用工具、量具及辅助设备，对各类设备机械部分进行维护和修理的人员。

（3）划线钳工

划线钳工是指熟悉图纸，了解有关的加工工艺，对阀体、箱体以及各种复杂工件进行平面和立体划线的人员。

（4）模具钳工

模具钳工是指利用相关知识对模具进行设计，并使用机器或各种工具、量具进行模具制造的人员。

（5）工具钳工

工具钳工是指使用钳工工具、钻床等设备对刃具、量具、模具、夹具等进行加工、修整、组合装配、调试和修理的人员。

2. 钳工工作场地

钳工工作场地是指钳工的固定工作地点。为了工作方便，钳工工作场地布局一定要合理，符合安全文明生产的要求。

（1）合理布置主要设备

① 钳工工作台应安放在光线适宜、工作方便的地方，钳工工作台之间的距离应适当。面对面放置的钳工工作台还应在中间安装安全网。

② 砂轮机、钻床应安装在场地的边缘，尤其是砂轮机，一定要安装在安全可靠的地方。

（2）毛坯和工件的放置

毛坯和工件要分别摆放整齐，工件尽量放在搁架上，以免磕碰。

（3）合理摆放工、夹、量具

合理摆放工、夹、量具，常用工、夹、量具应放在工作位置附近，便于随时取用。工具、量具用完后应及时保养并放回原处。

（4）工作场地应保持整洁

每个工作日下班后，应按要求对设备进行清理、润滑，并把工作场地打扫干净。

1.1.1.3 钳工常用设备

1. 钳工工作台

钳工工作台也称钳工台或钳台桌,高度为 800～900mm。如图 1-1 所示,其主要作用是安装台虎钳和放置工、量具等。钳工台用木材或钢材制成,其式样可根据具体要求和条件决定。台面一般呈长方形,长、宽尺寸由工作需要确定,台虎钳安装到工作台台面后,钳口的高度与一般操作者的手肘平齐为宜,使得操作方便省力,如图 1-2 所示。钳工的基本操作大多在钳工工作台上进行。

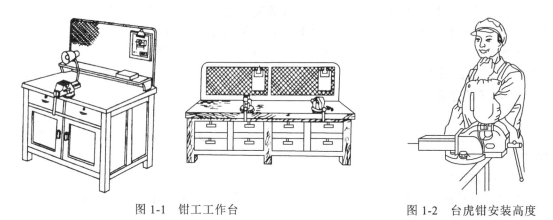

图 1-1 钳工工作台　　　　　图 1-2 台虎钳安装高度

2. 台虎钳

(1) 台虎钳的种类

台虎钳,又称虎钳,是用来夹持工件的通用夹具。台虎钳安装在钳工工作台上,用以夹持和固定加工件,是钳工加工的必备工具。钳工常用的台虎钳一般分为固定式台虎钳和回转式台虎钳两种,如图 1-3 所示。

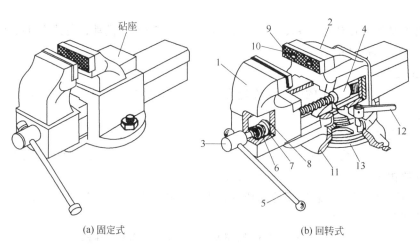

(a) 固定式　　(b) 回转式

图 1-3 台虎钳

1—活动钳身;2—固定钳身;3—丝杠;4—丝杠螺母;5—手柄;6—弹簧;7—挡圈;
8—销;9—钳口;10—螺钉;11—转座;12—锁紧手柄;13—夹紧盘

(2) 台虎钳的结构

由于回转式台虎钳使用较为灵活,因此使用广泛。回转式台虎钳的活动钳身 1 通过导轨与固定钳身 2 的导轨孔作滑动配合。丝杠 3 装在活动钳身上，可以旋转但不能轴向移动，并与安装在固定钳身内的丝杠螺母 4 配合。当转动手柄 5 使丝杠旋转时，就可带动活动钳身相对于固定钳身作进退移动，起夹紧或松开工件的作用。弹簧 6 借助挡圈 7 和销 8 固定在丝杠上，其作用是当放松丝杠时，可使活动钳身及时退出。在固定钳身和活动钳身上，各装有钢制钳口 9，并用螺钉 10 固定。钳口的工作面上制有交叉的网纹，使工件夹紧后不易产生滑动。钳口经过热处理淬硬，具有较好的耐磨性。固定钳身装在转座 11 上，并能绕转座轴线转动，当转到要求的方向时，扳动锁紧手柄 12 使夹紧螺钉旋紧，便可在夹紧盘 13 的作用下把固定钳身紧固不动。转座上有三个螺栓孔，用于转座与钳台固定。

（3）台虎钳的规格

台虎钳的规格使用钳口的宽度表示，相关参数如表 1-1 所示。

表 1-1 台虎钳的规格参数

规格/英寸	钳口宽度/mm	质量/kg
3	75	26
4	100	22
5	125	29
6	150	29
8	200	42
10	250	62
12	300	68

（4）使用台虎钳的注意事项

① 夹紧工件时，只允许依靠手的力量来扳动手柄，不允许用锤子敲击或套上长管子来扳手柄，以防丝杠、螺母或钳身因过载而损坏。

② 夹持工件时，应尽量将工件夹在钳口的中间位置，以避免钳口受力不均匀。

③ 在进行强力工作时（比如錾削），应尽量使作用力朝向固定钳身，否则将额外增加丝杠和螺母的载荷，容易造成螺纹的损坏。

④ 工作完毕后应将所夹持的工件卸下，避免丝杠及螺母长时间受力。

3. 钻床

（1）台式钻床

台式钻床简称台钻。台钻是一种小型钻床，常见的型号有 Z4013 型台式钻床等，如图 1-4 所示，是通常安放在工作台上使用的小型孔加工机床。其特点是：结构简单、操作方便、灵活性大、体积较小。一般用来加工直径不大于 13mm 的小孔。其主轴变速一般通过改变 V 带在塔式三角带轮上的安装位置来实现，可使主轴获得五种转速，主轴进给靠手动进给手柄来操作。

（2）立式钻床

立式钻床简称立钻，其主轴轴线在水平面内的位置是固定的。一般用来钻削、扩削、锪削、铰削中型工件上的孔及攻螺纹等。立钻是使用最普遍的钻床，其结构比较完善，其最大钻孔直径有 $\phi 25mm$、$\phi 35mm$、$\phi 40mm$ 和 $\phi 50mm$ 等。立钻与台钻相比，其刚度好、功率大，因而允许采用较高的切削用量，生产效率高，加工精度也较高，如图 1-5 所示。

立钻的特点是：因其主轴转速和进给量都有较大的变动范围，且还可自动走刀，所以可适应不同材料的加工和进行钻孔、扩孔，锪孔、铰孔、攻螺纹等。立式钻床适用于单件、小批量生产的中、小型零件的加工。

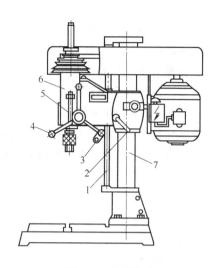

图 1-4 台式钻床

1—丝杠；2—紧固手柄；3—升降手柄；4—进给手柄；
5—标尺杆；6—头架；7—立柱

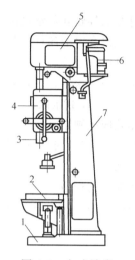

图 1-5 立式钻床

1—底座；2—工作台；3—主轴；4—进给变速箱；
5—主轴变速箱；6—电动机；7—立柱

（3）摇臂钻床

摇臂钻床简称摇臂钻，如图 1-6 所示。摇臂钻床适用于在较大型、中型工件上进行单孔或多孔加工。摇臂钻床的主轴箱能在摇臂上有较大的移动范围，摇臂既可以围绕立柱作 360°旋转，也可沿立柱上下升降，同时主轴箱还能在摇臂上作横向移动，操作时能快速、准确地调整刀具位置，对准被加工孔的中心，无需移动工件，使用方便灵活。其最大钻孔直径为 100mm，主轴中心线至立柱母线距离最大为 3150mm，最小为 570mm。摇臂钻床主轴转速范围和进给变动范围很广泛，加工范围也很广泛。应用于钻孔、扩孔、锪平面、沉孔、铰孔、镗孔、攻螺纹、环切大圆孔等多种孔的加工。

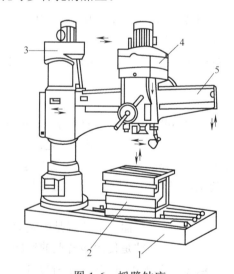

图 1-6 摇臂钻床

1—底座；2—工作台；3—立柱；4—主轴变速箱；5—摇臂

（4）手电钻

在装配和修理工作中，经常要在大的工件上钻孔，或在工件的某些特殊位置钻孔。在不便于使用钻床的场合，可用手电钻钻孔。常用的手电钻有手枪式和手提式，如图1-7所示。

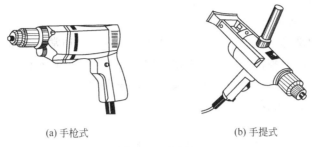

(a) 手枪式　　　　　　　(b) 手提式

图1-7　手电钻

（5）钻床附件

钻床附件主要包括钻头夹具和工件夹具两种。

① 钻头夹具。常用的钻头夹具有钻夹头和过渡套筒。

a. 钻夹头用于装夹直柄头。安装时，先将钻头柄部插入钻夹头的自动定心卡爪内，钻头柄部的夹持长度要大于15mm，然后用配套的钻床紧固扳手，顺时针旋转钻夹头外套，使之夹紧钻头。

b. 过渡套筒用于装夹锥柄钻头。当锥柄钻头的柄部锥体与钻床主轴锥孔一致时可直接安装，安装时先将钻柄部与主轴锥孔擦拭干净，并使钻头锥柄上的矩形舌部与主轴腰形孔的方向一致，用手握住钻头，利用向上的冲力一次安装完成。当钻头锥柄小于主轴锥孔时，应添加锥套来连接。锥柄钻头的拆卸是利用斜铁来完成的，拆卸时，将斜铁敲入锥套或主轴上的长方通孔内，斜铁斜面朝下，利用斜铁斜面向下的分力使钻头与锥套或主轴分离。

② 工件夹具。钻孔时根据工件的形状、大小及孔中心线的倾斜程度等来选择合适的装夹工具。装夹工具一般有手虎钳、平口钳、大力钳、螺栓压板等。

4. 砂轮机

砂轮机主要用来磨削各种刀具或工具，如磨削各种錾子、钻头、刮刀、样冲、划针等，也可以用来清理小零件的毛刺和毛边。砂轮机如图1-8所示，砂轮机由电动机、砂轮机座、机架和防护罩等组成，为了减少尘埃污染，应带有吸尘装置。

砂轮安装在电动机转轴两端，要做好平衡，使其在工作中平稳旋转。砂轮质硬且脆，转速很高，因此，使用时一定要遵循安全操作规程，防止砂轮碎裂造成人身事故或设备事故。

使用砂轮机应注意以下几点：

① 砂轮的旋转方向要正确，以使磨屑向下飞离，而不致伤人。

② 砂轮启动后，应等砂轮转动平稳后再开始磨削，若发现砂轮跳动明显，应及时停机，报告并修整。

③ 砂轮机在使用时，不能将磨削件与砂轮猛烈碰撞，且不能施加过大压力，防止砂轮碎裂。

④ 磨削的过程中，操作者应站在砂轮的侧面或斜对面，而不应站在正对面。

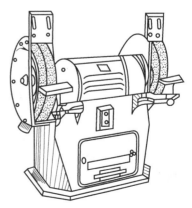

图1-8　砂轮机

项目1　钳工基础知识

⑤ 磨削时，工件应左右均匀移动，防止砂轮出现偏斜或凹槽。
⑥ 砂轮机的搁架与砂轮间的距离应保持在 3mm 以内，以防磨削件轧入，造成事故。
⑦ 应戴保护眼镜，防止细砂粒和铁屑飞入眼内。

1.1.1.4 机械加工工艺规程

机械加工的目的是将毛坯加工成符合产品要求的零件。通常，毛坯需要经过若干工序才能转化为符合产品要求的零件。同一种机器零件，可以采用几种不同的工艺过程完成，但其中总有一种工艺过程在某一特定条件下是最经济、最合理的。

1. 生产过程与工艺过程

（1）生产过程

所谓生产过程就是将原材料转变为成品所有相关劳动过程的总和。

机械产品的生产过程包括的内容有：

① 原材料（或半成品、元器件、标准件、工具、工装、设备）的购置、运输、检验、保管；

② 生产准备工作，如编制工艺文件、专用工装及设备的设计与制造等；

③ 毛坯制造；

④ 零件的机械加工及热处理；

⑤ 产品装配与调试、性能试验及产品包装、发运等。

机械产品的生产过程如图 1-9 所示。

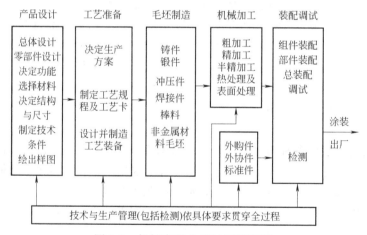

图 1-9 机械产品生产过程流程图

（2）工艺过程

工艺过程是指在生产过程中凡直接改变生产对象的尺寸、形状、性能（包括物理性能、化学性能、力学性能等）以及相对位置关系的过程。

工艺过程又可分为铸造、锻造、冲压、焊接、机械加工、装配等工艺过程。

以下讲述机械加工工艺过程的组成。

① 工序：是指一名（或一组）工人在同一个工作地对一个（或同时对几个）工件连续完成的那一部分工艺过程。

区分工序的主要依据是工人和工作地点不变，工作对象不变，工作连续。只要其中任意一个因素发生变动，则视为不同工序。工序是组成工艺过程的基本单元。

工序数目和工艺过程的确定与零件的技术要求、生产规模、现有工艺条件等有关。

② 工步：在被加工表面、切削用量、切削刀具均不变的情况下所完成的那部分工艺内容。

工步是构成工序的基本单元，其实质是工序的加工内容。由人和（或）设备连续完成的工序，该部分工序不改变工件的形状、尺寸和表面粗糙度，但它是完成工步所必需的，称为辅助工步，如更换刀具等。当同时对一个零件的几个表面进行加工时，则为复合工步。

③ 安装：工件每装夹一次所完成的那部分工艺内容。

安装是工序的一部分，每一个工序可能有一个安装，也可能有多个安装。在同一工序中，安装次数应尽量少，因安装次数少既可以提高生产效率，又可以减少由于多次安装带来的加工误差。

④ 工位：工件在每一个加工位置上所完成的那部分工艺内容。

如回转工作台或转位夹具等，采用多工位加工，可以提高生产率并保证被加工表面间的相互位置精度。

例：螺栓的机械加工工艺过程如图1-10所示。

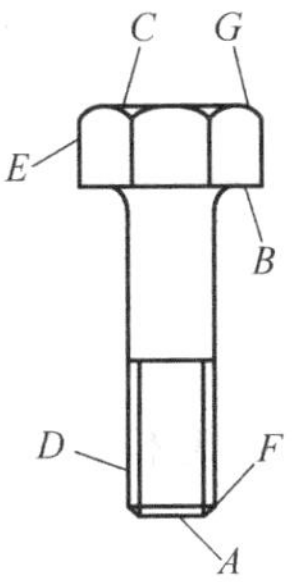

工序	安装次数	工步	工位	走刀
Ⅰ车	1（三爪定心卡盘）	① 车端面A	1	1
		② 车外圆E		1
		③ 车螺纹外径D		3
		④ 车端面B		1
		⑤ 倒角F		1
		⑥ 车螺纹		6
		⑦ 切断		1
Ⅱ车	1（三爪定心卡盘）	① 车端面C	1	1
		② 倒角G		1
Ⅲ铣	1（旋转夹具）	① 铣六方（复合工步）	3	3

图1-10 螺栓的机械加工工艺过程

2. 机械加工零件的生产类型

生产类型分为单件生产、成批生产和大量生产三种类型。

① 单件生产：产品品种繁多，每种产品仅生产一件或数件，工作地的加工对象经常改变。重型机器、大型船舶的制造和新产品的试制属于这种生产类型。

② 成批生产：产品品种较多，同一产品分批生产。通用机床的制造往往属于这种生产类型。

一次投入生产的同一产品（或零件）的数量称为生产批量。根据批量的大小，成批生产又可分为小批生产、中批生产、大批生产。就工艺过程的特点而言，小批生产与单件生产类似，大批生产与大量生产类似。

③ 大量生产：产品品种单一而固定，工作地长期进行一个零件某道工序的加工。汽车、拖拉机、轴承、缝纫机、自行车等的制造属于这种生产类型。

3. 机械加工零件生产的工艺特点

机械加工零件生产的工艺特点如表1-2所示。

表 1-2　机械加工零件生产的工艺特点

类型	单件生产	成批生产	大量生产
加工对象	经常改变	周期性改变	固定不变
毛坯的制造方法及加工余量	铸件用木模、手工造型；锻件采用自由锻。毛坯精度低，加工余量大	部分铸件用金属模，部分锻件采用模锻。毛坯精度中等，加工余量中等	铸件广泛采用金属模机器造型。锻件广泛采用模锻以及其他高生产率的毛坯制造方法。毛坯精度高，加工余量小
机床设备及其布置形式	采用通用机床。机床按类别和规定大小采用"机群式"排列布置	采用部分通用机床和部分高生产率的专用机床。机床设备按加工零件类别分"工段"排列布置	广泛采用高生产率的专用机床及自动机床。按流水线形式排列布置
工艺装备	多用标准夹具，很少采用专用夹具，靠划线及试切法达到尺寸精度；采用通用刀具与万能量具	广泛采用专用夹具，部分靠划线进行加工；较多采用专用刀具和专用量具	广泛采用先进高效夹具，靠夹具及调整法达到加工要求；较多采用高生产率的刀具和量具
对操作工人的要求	需要技术熟练的操作工人	操作工人需要一定的技术熟练程度	对操作工人的技术要求较低，对调整工人的技术要求较高
工艺文件	有简单的工艺过程卡片	有较详细的工艺规程，对重要零件需编制工艺卡片	有详细编制的工艺文件
零件的互换性	广泛采用钳工修配	零件大部分有互换性，少数用钳工修配	零件全部有互换性，某些配合要求很高的零件采用分组互换
生产率	低	中等	高
单件加工成本	高	中等	低

4. 机械加工工艺规程的制定

机械加工工艺规程是在总结实践经验的基础上，依据科学的理论和必要的工艺试验制定的，反映了加工中的客观规律。

零件的机械加工工艺规程是每个机械制造厂或加工车间必不可少的技术文件。生产前用它做生产的准备，生产中用它做生产的指挥，生产后用它做生产的检验。

（1）制定原则

① 技术上的先进性。

② 技术上的可行性。

③ 经济上的合理性。

④ 劳动条件的良好性。

（2）原始资料

制定工艺规程时，一般应具备以下资料：

① 被加工零件的零件图，包括必要的部件图和总装图。

② 零件的验收质量标准。

③ 零件的生产纲领和投产批量。

④ 毛坯材料和毛坯生产条件。

⑤ 现有的生产条件和资料，包括设备的规格、数量、性能、精度等级，以及工人的技术水平、专用设备和工装的设计制造能力等。

⑥ 国内外同类产品的有关工艺资料。

⑦ 各种相关手册、标准及指导性文件。

（3）基本步骤

① 研究产品的装配图和零件图，进行工艺分析。

a．熟悉产品的性能、用途、工作条件；

b．检查尺寸、视图、技术要求是否完整齐全；

c．审查各项技术要求是否合理；

d．审查零件材料选用是否合理；

e．审查零件结构的工艺性。

② 确定生产类型。制定工艺规程时，必须首先根据零件的生产纲领确定其生产类型，才能使制定的工艺规程与生产类型相适应，以取得良好的经济效益。

③ 熟悉或确定毛坯。毛坯的形状和尺寸越接近成品零件即毛坯精度越高，则零件的机械加工劳动量越小，材料消耗越少，因而机械加工的生产率提高，成本降低。但这样可能造成毛坯制造费用的提高。

应根据零件的材料及力学性能、零件的结构形状及外形尺寸、生产纲领和生产条件等多方面因素综合考虑毛坯种类及其制造方法。

④ 拟定工艺路线。选择定位基准，确定各表面加工方法，划分加工阶段，划分工序，确定工序等。在拟定工艺路线时，需同时提出几种可能的加工方案，然后通过技术、经济的对比分析，最后确定一种最为合理的工艺方案。

⑤ 确定各工序所用机床设备和工艺装备。对需要改装或重新设计的专用工艺装备要提出设计任务书。

选择机床设备的原则如下：

a．机床的主要规格尺寸应与被加工零件的外形轮廓尺寸相适应；

b．机床的精度应与工序要求的加工精度相适应；

c．机床的生产率应与被加工零件的生产类型相适应；

d．机床的选择应适应工厂现有的设备条件。

选择工艺装备的原则：

a．夹具的选择。单件小批生产，应尽量选用通用工具，为提高生产率可积极推广和使用成组夹具或组合夹具。大批大量生产可采用高效的液压、气动等专用工具。夹具的精度应与工件的加工精度要求相适应。

b．刀具的选择。一般采用通用刀具或标准刀具，必要时也可采用高效复合刀具及其他专用刀具。刀具的类型、规格和精度应符合零件的加工要求。

c．量具的选择。单件小批量生产应采用通用量具，大批大量生产应采用各种量规和一些高效的检验工具。选用的量具精度应与零件的加工精度相适应。

⑥ 确定各工序的加工余量，计算工序尺寸及公差。

⑦ 确定各工序的技术要求及检验方法。

⑧ 确定各工序的切削用量和工时定额。

⑨ 编制工艺文件。

1.1.1.5 机械加工工艺卡片和工序卡片

1. 机械加工工艺卡片

机械加工工艺卡片是指导工人操作和用于生产、工艺管理等的技术文件。描述整机的工序安排，就是以设计文件为依据，按照工艺文件的工艺规程和具体要求，把各种零件安装在指定位置上，构成具有一定功能的完整产品。由于机械加工的过程比较复杂，加工内容也不尽相同，因此各企业也根据自身情况对所加工的工件有针对性地制作工艺卡片。

单件小批生产由于分工较粗，所以其机械加工工艺规程可以相对简单，通常只说明零件的加工工艺路线，填写加工工艺卡，如附录2所示。

大批大量生产要求有细致规范的组织工作，因此需要有详细的机械加工工艺规程。除了工艺过程卡外，还应有相应的加工工序卡，如附录4所示。

中小批量生产常采用机械加工工艺卡，其详细程度介于工艺过程卡和加工工序卡之间，如附录3所示。

2. 机械加工工序卡片

工序卡片是工艺规程的一种形式。它是按零件加工的每一道工序编制的一种工艺文件。它的内容包括每一道工序的详细操作方法和要求等。它适用于大量生产的全部零件和成批生产的重要零件。在单件小批生产中，一些特别重要的工序也需要编制工序卡片。机械加工工序卡片是根据机械加工工艺卡片为一道工序制订的。它更详细地说明整个零件各个工序的要求，是用来具体指导工人操作的工艺文件。在这种卡片上要画工序简图，说明该工序每一工步的内容、工艺参数、操作要求以及所用的设备及工艺装备。一般用于大批大量生产的零件。

1.1.2 任务实施

1.1.2.1 计划与决策

① 小组接受任务后，根据任务要求，完成钳工基本知识的学习总结，并讨论、汇报。

② 以小组为单位，对工作现场进行布置。

③ 以小组为单位，根据任务内容查找资料、讨论，并对钳工常用设备保养和维护应注意的问题进行总结和汇报。

④ 汇报结束后结合教师的讲解对钳工常用设备进行保养和维护。

1.1.2.2 实施过程

实施过程见表1-3。

表1-3 实施过程

步骤	工作内容	备注
1	按要求布置检测现场	
2	以小组为单位讨论，总结学习内容	
3	以小组为单位，对学习内容进行汇报	
4	以小组为单位，熟悉工作环境，布置工作现场	
5	以小组为单位，根据任务内容查找资料、讨论、汇报	
6	以小组为单位，对钳工常用设备进行保养和维护	

1.1.3 检查、评价与总结

1.1.3.1 检查与评价

检查与评价见表1-4。

表 1-4 检查与评价

姓名		班级		学号		组别	
项目检查				评分标准：采用 10-9-7-5-0 分制			
序号	检查项目			学生自评	小组互评		教师评分
1	工作现场布置情况						
2	设备保养情况						
				总成绩			

姓名		班级		学号		组别	
能力评价				评分标准：采用 10-9-7-5-0 分制			
序号	检查项目			学生自评	小组互评		教师评分
1	学习内容汇报过程						
2	学习内容汇报完整度						
3	设备维护汇报情况						
4	设备维护汇报完整度						
5	语言表达能力						
				总成绩			

	分数计算：		成绩：	
项目检查=	$\dfrac{总分（Ⅰ）}{0.7}$ =		×0.5 =	
能力评价=	$\dfrac{总分（Ⅱ）}{0.7}$ =		×0.5 =	
		总成绩		

1.1.3.2 总结讨论

1．钳工种类都有哪些？请简述各种类钳工的工作内容。
2．钳工生产加工对工作环境有哪些要求？
3．什么是工序？什么是工步？什么是工位？
4．机械加工选择工艺装备的原则有哪些？

任务 1.2 钳工健康安全生产环境认识

1.2.1 知识技术储备

1.2.1.1 企业"6S"管理制度认识

1．"6S"管理的起源

"6S"管理是一种企业的管理模式，也称为"6S"现场管理法，是"5S"管理模式的升级。

"6S"管理法是 20 世纪起源于日本的一种管理模式，而后风靡全球。其因整理（seiri）、整顿（seiton）、清扫（seiso）、清洁（seiketsu）、素养（shitsuike）而得名，故最早简称"5S"。我国企业在引进这一管理模式时，另外加上了"安全（safety）"，因此称"6S"现场管理法。

随着时代的进步和"6S"管理的规范化，很多企业在"6S"管理的后边加上了"节约（saving）"成为"7S"，再加上"服务（service）"成为"8S"，再加上"客户满意（satifaction）"成为"9S"。

2. "6S"的基本含义

（1）整理（seiri）

① 整理的定义：将工作场所的所有物品区分为有必要和没有必要的，有必要的留下来，其他的都清除掉，腾出空间、空间活用，防止误用，塑造清爽的工作场所。

② 整理的目的：

a. 改善和增加作业面积。

b. 现场无杂物，行道通畅，提高工作效率。

c. 减少磕碰，保障安全，提高质量。

d. 消除管理上的混放、混料等差错事故。

e. 有利于减少库存量，节约资金。

f. 改变作风，提高工作积极性。

③ 整理的意义：将必需品、非必需品和不用品区分开来，进行分类摆放，区分什么是现场需要的，什么是现场不需要的。

必需品即为常用品，一般是指至少每周使用一次或一次以上的用品，应在车间加工现场进行保管。

非必需品即为非常用品，一般是指每月使用一次或两个月至一年使用一次的用品，应在车间指定场所（如库房）进行保管。

不用品，诸如用剩的材料、多余的半成品、切下的料头、切屑、垃圾、废品、多余的工具、报废的设备、工人的个人生活用品等，要坚决清除到生产现场以外。这项工作的重点在于坚决把现场不需要的东西清理掉。对于车间里各个工位或设备前后、通道左右、厂房上下、工具箱内外以及车间的各个死角，都要彻底搜寻和清理，达到现场无不用之物。

（2）整顿（seiton）

① 整顿的定义：整顿就是合理安排物品放置的位置和方法，并进行必要的标识。

② 整顿的目的：整顿的目的在于不浪费时间寻找物品，提高工作效率和产品质量，保障生产安全。使工作场所一目了然，工作环境整齐有序，既可以节约寻找物品的时间，又可以清除过多的积压物品。

③ 整顿的意义：整顿的意义是把需要的人员、工作、物品加以定量、定位。通过前一步整理后，对生产现场需要留下的物品进行科学合理的布置和摆放，以便用最快的速度取得所需要的物品，在最有效的规章制度和最简捷的流程下完成作业。

④ 整顿的要点：

a. 物品摆放要有固定的地点和区域，以便于寻找，消除因混放而造成的差错。

b. 物品摆放地点要科学合理。例如，经常使用的东西应放得近些（例如放在作业区内），偶尔使用或不常使用的东西则应放得远些（例如集中放在车间某处）。

c. 物品摆放目视化，定量装载的物品做到过目知数，摆放不同物品的区域采用不同的色彩和标记加以区别。

（3）清扫（seiso）

① 清扫的定义：清扫就是清除工作现场内的脏物、污物，清除作业区域的物料垃圾。

② 清扫的目的：清扫的目的在于将工作场所内看得见与看不见的地方清扫干净，保持工作场所干净、亮丽。

③ 清扫的意义：清扫的意义是去除工作场所的污垢，使异常的发生源很容易被发现，这是实施自主保养的第一步，可提高设备加工率，稳定品质，减少工业伤害。

④ 清扫的要点：

a．自己使用的物品，例如设备、工具等，要自己清扫，而不要依赖他人，不增加专门的清扫工人。

b．对设备的清扫，着眼于对设备的维护保养。清扫设备要同设备的点检结合起来，清扫即点检；清扫设备要同时做设备的润滑工作，清扫也是保养。

c．清扫也是为了改善。当发现地面有铁屑、油、水泄漏时，要查明原因，并采取措施加以改进。

（4）清洁（seiketsu）

① 清洁的定义：清洁是指将整理、整顿、清扫实施的做法制度化、规范化，维持其成果。

② 清洁的目的：将整理、整顿、清扫进行到底，并且制度化，经常保持环境处在美观的状态。

③ 清洁的意义：清洁的意义是通过对整理、整顿、清扫活动的坚持与深入，消除安全事故发生的根源，创造一个良好的工作环境，使职工愉快地工作。

④ 清洁的要点：

a．车间环境不仅要整齐，而且要做到清洁，保证工人身体健康，提高工人劳动热情。

b．不仅物品要清洁，而且工人本身也要做到清洁，例如工作服要清洁，仪表要整洁，及时理发、刮须、修指甲、洗澡等。

c．工人不仅要做到形体上的清洁，而且要做到精神上的"清洁"，待人要讲礼貌，要尊重别人。

d．要使环境不受污染，消除混浊的空气、粉尘、噪声和污染源，进一步消灭职业病。

（5）素养（shitsuike）

① 素养的定义：素养就是指人人按章操作、依规行事，培养习惯良好、遵守规则的员工，营造团队精神。

② 素养的目的：目的是提升"人的品质"，培养对任何工作都讲究认真的人。

③ 素养的意义：素养的意义在于努力提高人员的修养，使人员养成严格遵守规章制度的习惯和作风，素养是6S活动的核心。

（6）安全（safety）

① 安全的定义：安全就是指在工作过程中遵守企业的规章制度和安全要求，重视员工安全教育，每时每刻都有安全第一的观念，防患于未然。

② 安全的目的：建立起安全生产的环境，所有的工作应建立在安全的前提下。

③ 安全的意义：

a．重视安全生产，采取一切可能的措施保障员工的安全，努力防止事故的发生。

b．防微杜渐，防患于未然，把事故和职业危害消灭在萌芽状态。

c．综合运用法律、经济、科技和行政手段，标本兼治，重在治本，建立长效机制。

1.2.1.2 TPM 全员生产维护

1. TPM 的含义

TPM（total productive maintenance）意为"全员生产维护"，1971 年首先由日本人提出并倡导。其最初定义是全体人员，包括企业领导、生产现场工人以及办公室人员参加的生产、维修、保养体制。TPM 的目的是达到设备的最高效率，它以小组活动为基础，涉及设备全系统。

2. TPM 的目标

TPM 的主要目标是限制和降低以下六大损失：

① 产量损失。
② 闲置、空转与短暂停机损失。
③ 设置与调整停机损失。
④ 速度降低损失（速度损失）。
⑤ 残、次、废品损失，边角料损失（缺陷损失）。
⑥ 设备停机时间损失。

3. TPM 的发展史

TPM 的整个发展过程以时间点区分，如图 1-11 所示。

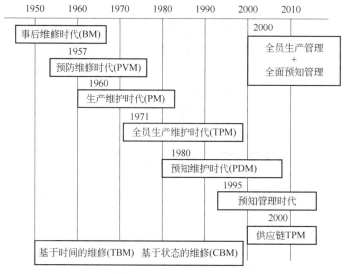

图 1-11　TPM 的发展

4. TPM 的三大管理思想

（1）预防哲学

防止问题发生是 TPM 的基本方针，称为预防哲学。其也是消除灾害、不良、故障的理论基础。为防止问题的发生，应当消除问题的根源，并为防止问题的再发生进行逐一的检查。

（2）"零"目标

TPM 以实现四个零为目标，即灾害为零、不良为零、故障为零、浪费为零。为了实现四个零，TPM 以预防保全手法为基础开展活动。

（3）全员参与和重复小团队

做好预防工作是 TPM 活动成功的关键。如果操作者不关注，相关人员不关注，领导不关注，是不可能做到全方位预防的。因为一个企业规模比较大，光靠几个几十个工作人员维护，就算是一天八个小时不停地巡查，也很难防止一些显在或潜在的问题发生。

重复小团队是指从高层到中层再一直到第一线的小团队的各阶层相互协作活动的组织。TPM 的推进组织为重复小团队，而重复小团队是执行力的保证。

5. TPM 重要指标

综合设备效率（overall equipment effectiveness，OEE）是用来评估设备效率状况，以及测定设备运转损失，并研究其对策的一种有效指标，最早由日本能率协会顾问公司提出。它是全球公认的衡量 TPM 的重要指标。

设备的综合效率基本构成如图 1-12 所示。从这些构成要素上，我们可以判断设备是否充分发挥出了其性能。基本上，综合效率越接近 100%越好，但受到各种因素的影响，一般机械型生产设备的综合效率能维持在 85%以上，或连续式生产型设备综合效率达 90%以上，就已经算不错了。当然这又会因行业、生产模式的不同有所差异。表 1-5 为设备损失构成分析表。

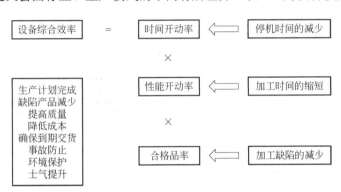

图 1-12 设备综合效率的基本构成

表 1-5 设备损失构成分析表

设备损失构成				参考定义
正常日历时间	停止时间	休息时间		影响设备运转的时间：员工休息时间、生产计划规定休息时间
		非设备因素停机时间		早会、案例发表会、班组成员交流会、教育培训、消防演习、体检、盘点、试验、能源动力设施中断引起的设备停止时间
		计划停机时间		计划预防维修、纠正性维修时间，TPM 活动日，每天下班前清扫时间
		无负荷时间		外包中间品或其他生产线延迟交付引起的待料
	负荷时间	停机时间	故障	突发故障引起的停止时间
			品种切换、调整、员工误操作停机	模具、工装夹具的更换，调整、试生产时间；员工操作责任项目中（其他）所包含的时间
		运作时间	速度损失 空转、临时停机	运转时间−加工数×实际加工时间
			速度损失 速度降低	设备理论加工速度与实际加工速度之差=加工数×（实际加工时间−理论加工时间）
		实际运作时间	质量损失 缺陷返工	正常生产加工时出现不合格品的时间；挑选复核不合格品导致的设备停止有效开动的时间
			质量损失 初期不合格品率	生产开始时，自故障小停机至恢复运转时，条件的设定、试加工、试冲等加工的不合格品的时间
			有效运转时间 价值运转时间	实际生产处附加价值的时间；生产合格品所用的时间

1.2.1.3 PDCA 循环

1. PDCA 循环的由来

PDCA 循环是一种科学的工作程序，最早是由美国贝尔实验室的休哈特博士提出，后经戴明博士在日本推广应用，所以又称"戴明环"。PDCA 循环是产品质量控制的一个原则，但是它不仅能控制产品质量管理的过程，同样也可以有效控制工作质量和管理质量。

2. PDCA 循环的四个阶段

所谓 PDCA，即是计划（plan）、执行（do）、检查（check）、调整（adjust）的首字母组合，一个完整的 PDCA 循环包括四个阶段，如图 1-13 所示。

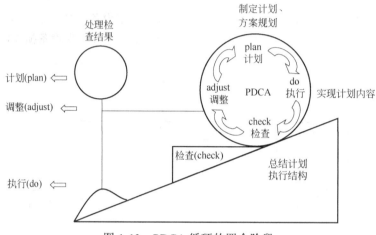

图 1-13 PDCA 循环的四个阶段

① P（plan）：第一阶段是计划。它包括分析现状、找出存在的问题并分析产生问题的原因、找出其中主要原因、拟定措施计划、预计效果五个步骤。

② D（do）：第二阶段是实施。执行技术组织措施计划。

③ C（check）：第三阶段是检查。把执行的结果与预定目标对比，检查计划执行情况是否达到预期效果。

④ A（adjust）：第四阶段是调整。对总结检查的结果进行处理，成功的经验加以肯定并适当推广，标准化；失败的教训加以总结，将未解决的问题放到下一个 PDCA 循环里。

以上四个过程周而复始地进行，一个循环结束了，解决了一些问题，未解决的问题进入下一个循环，这样阶梯式上升。

PCDA 循环实际上是有效进行任何一项工作合乎逻辑的工作程序。因此，在质量管理中，有人称其为质量管理的基本方法。无论哪一项工作都离不开 PDCA 循环，每一项工作都需要经过计划、执行计划、检查计划、对计划进行调整并不断改善这样四个阶段。

3. PDCA 循环的八大步骤

PDCA 的八大步骤如图 1-14 所示。

① 分析现状，找出问题。强调的是对现状的把握和发现问题的意识、能力，发现问题是解决问题的第一步，是分析问题的前提。

② 分析原因。找准问题后分析产生问题的原因至关重要，运用头脑风暴法等多种科学方法集思广益，把导致问题产生的所有原因统统找出来。

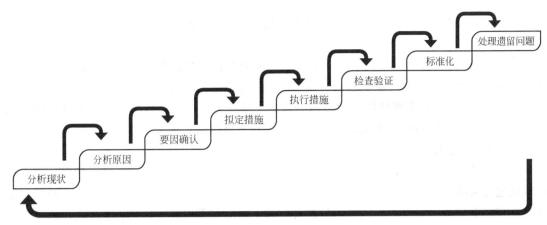

图 1-14　PDCA 的八大步骤

③ 要因确认。区分主因和次因是解决问题的关键。
④ 拟定措施、制订计划。措施和计划是执行力的基础，尽可能使其具有可操作性。
⑤ 执行措施、实施计划。高效的执行力是组织实现目标的重要一环。
⑥ 检查验证、评估效果。"下属只做你检查的工作，不做你希望的工作。"IBM 的前 CEO 郭士纳的这句话将检查验证、评估效果的重要性一语道破。
⑦ 标准化，固定成绩。标准化是维持企业管理现状不下滑，积累、沉淀经验的最好方法，也是企业管理水平不断提升的基础。可以这样说，标准化是企业管理系统的推动力，没有标准化，企业就不会进步，甚至下滑。
⑧ 处理遗留问题。所有问题不可能在一个 PDCA 循环中全部解决，遗留的问题会自动转入下一个 PDCA 循环，如此周而复始，螺旋上升。

4. PDCA 循环的特点

① 周而复始。PDCA 循环一定要按顺序进行，它靠组织的力量来推动，像车轮一样向前进，PDCA 循环的四个过程不是运行一次就完结，而是周而复始地进行。一个循环结束了，解决了一部分问题，可能还有问题没有解决，或者又出现了新的问题，之后再进行下一个 PDCA 循环，依此类推。

② 大环带小环。企业中，每个科室、车间、工段、班组，甚至个人的工作均有一个 PDCA 循环，这样逐层解决问题，而且大环套小环，一环扣一环，小环保大环，推动大环循环。这里大环与小环的关系，主要是通过质量计划指标连接起来，上一级的管理循环是下一级管理循环的依据，下一级的管理循环又是上一级管理循环的组成部分和具体保证。

③ 阶梯式上升。PDCA 循环不是在同一水平上循环，每循环一次，就解决部分问题，取得一部分成果，工作就前进一步，水平就提高一步。每通过一次 PDCA 循环，都要进行总结，提出新目标，再进行第二次 PDCA 循环，使质量管理的车轮滚滚向前。PDCA 每循环一次，质量水平和管理水平均提高一步。

1.2.1.4　HSE 简介

1. HSE 的定义

HSE 是健康（health）、安全（satety）、环境（environment）的英文缩写，全称为职业健康、安全与环境。

① 职业健康是指与工作相关的健康保健问题，例如职业病、职业相关病等。职业病是

指员工在工作及其他职业活动中,因接触职业危害因素而引起的,并列入国家公布的职业病范围的疾病。

② 安全是指在劳动生产过程中,努力改善劳动条件、克服不安全因素,使劳动生产在保证劳动者健康、企业财产不受损失、人民生命安全的前提下顺利进行。

③ 环境是指与人类密切相关的、影响人类生活和生产活动的各种自然力量或作用的总和,它不仅包括各种自然因素的组合,还包括人类与自然因素间相互形成的生态组合。

2. HSE 的意义

随着全球经济的发展,职业健康、安全和环境问题日益严重。严峻的职业健康、安全和环境问题要求我们在解决这类问题时不能仅依靠技术手段,而应该重视生产过程中的管理以及对人们职业健康、安全和环境意识的教育。对于国际和国内而言,从各个层面也越来越重视职业健康、安全和环境,越是发达的国家,重视程度越高。我国实施改革开放多年以来,对于这方面也越来越重视。

国际上对职业健康、安全与环境也有相应的管理体系,通过对环境、设备、人员操作等方面进行策划、管理、监督和控制,从而避免事故、保护环境、保证人员健康与安全,实现社会的持续和谐健康发展。

3. 职业健康、安全与环境范围

职业健康、安全与环境范围是指影响作业场所内员工、临时工、合同工、外来人员和其他人员安全健康的条件和因素;是对进入作业场所的任何人员的安全与健康的保护,但不包括职工其他劳动权利和劳动报酬的保护,也不包括一般的卫生保健和伤病医疗工作。作业场所一般是指组织生产活动的场所。

4. 企业员工的 HSE 责任

① 特种作业人员必须按照国家有关规定经过专门的安全作业培训,取得特种作业操作资格证书,方可上岗作业。

② 必须接受所有与工作需要相关的 HSE 教育和培训,掌握本职岗位所需要的安全生产知识,提高安全生产技能,增强事故预防和应急处理能力。

③ 必须遵守公司的健康、安全与环境规章制度和指令,并劝说和阻止他人的不安全活动和操作。

④ 上岗前,要检查个人防护用品、工具设备是否良好有效;确认自己是否处于良好的精神状态,如果有饮酒、疲劳、生病和情绪不稳定等状况严禁上岗。

⑤ 作业过程中,必须维护保养设备和工具,始终保持工作场所的整洁有序,正确使用化学制品和处理危险废物。

⑥ 作业后,要清理工作现场,收拾好工具,收拾好安全防护用品;确保没有遗留任何安全隐患后方可离开。

⑦ 当危险、伤害或环境事件发生时要立即报告,并协助事故伤害的救护和调查处理。

5. 企业员工的 HSE 权利

① 有权依法订立劳动合同、依法获得安全生产保障(劳动保护用品)、依法获得参加工伤社会保险的权利。

② 有权了解其他作业场所和工作岗位存在的危险因素、防范措施以及事故应急措施。

③ 有权拒绝违章指挥和强令冒险作业。

④ 发现直接危及人身安全的紧急情况时，有权停止作业或者在采取可能的应急措施后撤离作业场所。

⑤ 有权对本单位的安全生产工作提出建议，对安全生产工作中存在的问题提出批评、检举、控告。

⑥ 因安全生产事故受到损害的从业人员，除法律享有工伤社会保险外，依照有关部门民事法律尚可有获得赔偿的权利，还有权向本单位提出赔偿的要求。

1.2.1.5 企业安全生产与安全防护

安全就是我们人类能承受的事件状态。进入企业后，工作形式、工作环境发生了巨大的变化，因此工作行为就要受到各种制度的制约，来保障我们生命健康，实现安全生产。

因此，个人需要在工作实践中注意积累安全生产方面的经验，牢固树立"安全第一"的思想。

现今企业对安全生产的重视程度已达到空前，我国针对安全生产的定义主要分为三个阶段，即安全第一、预防为主、综合治理。

1. 工伤

工伤是指劳动者在工作或者其他职业活动中所发生的人身伤害或急性中毒。

工伤的三要素是指：在工作时间和工作地点，且从事与工作有关的事情。这三点是判定工伤的依据，三者缺一不可。

根据《企业职工伤亡事故分类》(GB 6441—1986)，按致害原因将事故类别分为 20 类。作为机械加工行业，主要发生的事故一般分为以下 6 类：

（1）物体打击

是指失控的物体在惯性力或重力等其他外力的作用下产生运动，打击人体而造成的人身伤亡事故。

事故案例：

2008 年 5 月某日，磨工磨削台尾芯（M-1332B，ϕ75mm×350mm）的外圆时，由于砂轮径向进给量过大，导致台尾芯飞出，打到机床防护挡板上，撞击后台尾芯落在床身上，同时防护板上的钢化玻璃窗被击碎，玻璃碎片打在某员工的面部。

（2）机械伤害

机械伤害是指机械设备运动（静止）部件、工具、加工件直接与人体接触引起的夹击、碰撞、剪切、卷入、铰、碾、割、刺等形式的伤害。

事故案例：

2001年5月某日，某厂冲床操作工在操作冲床加工时，发现冲模上有金属脏物，在未关闭冲床电源的情况下，左手拿抹布至保护罩内危险区进行擦拭，上模冲下使其受伤，导致左手部分手指断开。

（3）车辆伤害

车辆伤害是指企业机动车辆在行驶中引起的人体坠落和物体倒塌、飞落、挤压造成的伤亡事故。

事故案例：

2008年8月某日，某厂装配车间员工，在其段长将机床（产品）上的电机装到搬运车后货厢后，因为段长有其他工作，该员工便私自开车前往装配场地送电机，在由北向西转弯时，将正在生产现场进行调试机床的员工挤伤。

（4）起重伤害

起重伤害是指在各种起重作业（包括起重机安装、检修、试验）中发生的挤压、坠落、物体（吊具、吊重物）打击等造成的伤害。

事故案例：

2007年9月某日，某厂车间钳工带领几名徒弟进行产品装配时，由于在吊装时，用的吊环断裂，将该钳工砸到，头部碰到下面的滑枕上，当场死亡。

（5）高处坠落

高处坠落是指在高处作业中发生坠落造成的伤害事故。不包括触电坠落事故。

事故案例：

2006年12月某日，某厂点检部门员工夜班时接到报警电话，对方称该厂某高炉电力系统出现问题，导致高炉温度无法达到炼钢要求，该员工接到电话后与同事迅速前往现场，在攀爬高炉期间未将安全带系好，时逢冬季下雪，脚下打滑，从二十余米处坠落，当场身亡。

（6）触电伤害

包括各种设备、设施的触电，电工作业的触电，雷击等。

事故案例：

2012年7月某日，某厂铣床操作工在加工过程中出现铣床主轴停转现象，该员工在未向维修部门报告且未切断总电源的情况下，私自触碰机床主轴电气设备，由于主轴电源外皮裸露，导致机床外壳导电，致使该工人遭受电击，双臂截肢。

 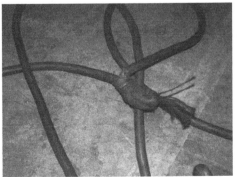

2. 工作应急处理预案

工伤应急处理预案如图1-15所示。

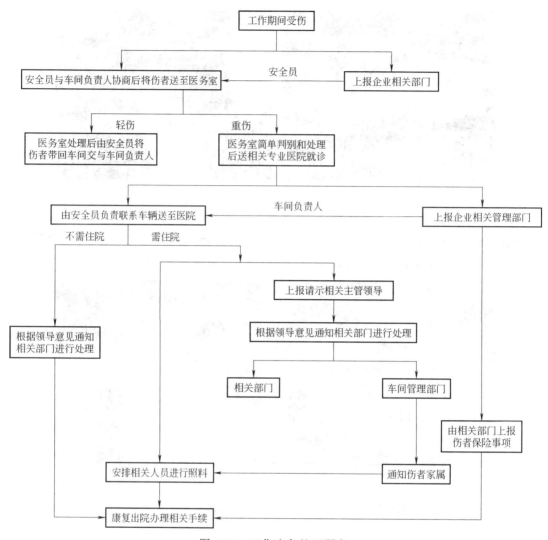

图 1-15 工伤应急处理预案

3. 机械伤害事故的预防

生产制造车间存在一定机械伤害事故发生的可能性。因此要牢记：运转中的机床不会区分被加工的零件和操作者的肢体，当被开动的机器夹住时，不可能用自己的力气将机器停下。因此每次开机床前，应先明确如下问题：

① 知道怎么使用这台机器吗？
② 使用这台机器有什么潜在的危险吗？
③ 所有的安全装置都就位了吗？
④ 操作程序安全吗？
⑤ 是否做的是力所能及的事？
⑥ 是否已做好所有的调整工作，并将所有的锁紧螺栓和卡钳夹紧了？
⑦ 工件装夹得牢固吗？
⑧ 佩戴好必需的防护装备了吗？
⑨ 知道关机的开关在哪里吗？

⑩ 所做的每件事都考虑了安全问题吗?

4. 安全色与安全标识

根据《安全标志及其使用导则》(GB 2894—2008),安全标识由安全色、几何图形和图形符号构成。安全标识分为禁止标识、警告标识、指令标识、提示标识以及补充标识。

(1) 禁止标识——红色

禁止标识是禁止或制止人们某些行动的图形标识。其几何图形是带斜杠的圆环,其中圆环与斜杠相连,用红色,图形符号用黑色,背景用白色,如表1-6所示。

表1-6 禁止标识

序号	图形标识	名称	序号	图形标识	名称
1		禁止吸烟	7		禁止转动
2		禁止烟火	8		禁止触摸
3		禁止携带火种	9		禁止攀登
4		禁止用水灭火	10		禁止入内
5		禁止启动	11		禁止停留
6		禁止合闸	12		禁止通行

续表

序号	图形标识	名称	序号	图形标识	名称
13		禁止靠近	17		禁止跳下
14		禁止堆放	18		禁止穿带钉鞋
15		禁止抛物	19		禁止饮用
16		禁止戴手套	20		禁止摆放易燃物

（2）警告标识——黄色

警告标识是警告操作人员与非操作人员可能发生危险的图形标识。其几何图形是黑色的正三角形、黑色符号和黄色背景，如表 1-7 所示。

表 1-7 警告标识

序号	图形标识	名称	序号	图形标识	名称
1		注意安全	3		当心爆炸
2		当心火灾	4		当心腐蚀

续表

序号	图形标识	名称	序号	图形标识	名称
5		当心中毒	10		当心车辆
6		当心触电	11		当心绊倒
7		当心机械伤人	12		当心坠落
8		当心落物	13		当心吊物
9		当心烫伤	14		当心伤手

（3）指令标识——蓝色

指令标识是指强调工作人员必须做出某种行为或动作的图形标识。其几何图形是圆形、白色图形符号和蓝色背景，如表 1-8 所示。

表 1-8 指示标识

序号	图形标识	名称	序号	图形标识	名称
1		必须穿防护服	2		必须戴防护眼镜

项目 1 钳工基础知识

续表

序号	图形标识	名称	序号	图形标识	名称
3		必须戴防尘口罩	7		必须穿防护鞋
4		必须戴护耳器	8		必须系安全带
5		必须戴防毒面具	9		必须戴安全帽
6		必须戴防护手套	10		必须戴防护帽

（4）提示标识——绿色

提示标识是指示意目标方向的图形标识。其几何图形是矩形、白色图形符号及文字和绿色背景，如表1-9所示。

表1-9 提示标识

序号	图形标识	名称	序号	图形标识	名称
1		安全出口	3		应急电话
2		急救站	4		避险处

5. 个人的安全防护

（1）眼睛的防护

机床在加工工件时，产生的高温金属切屑常会以很快的速度从刀具下飞出来，有的可能弹得很远，稍不注意就可能使周围的人眼睛受伤。

在车间进行相关操作时一定要做到时刻佩戴防护眼镜。大多数情况选用普通的平光镜，这种平光镜带有防振的玻璃镜片，刮伤的镜片可以重换。平光镜的镜架分架为固定式（如图1-16）和柔性可调式两种。

在进行任何磨削、钻削操作时必须佩戴防护罩眼镜（如图 1-17），防止飞溅的磨削颗粒和碎片从侧面打进眼睛。

若戴有近视镜，可以采用防护面罩（如图 1-18）对眼睛进行安全防护。

图 1-16　固定式平光镜　　　　图 1-17　防护罩眼镜　　　　图 1-18　防护面罩

（2）听力的防护

在机械加工车间里，当离噪声较大的装配生产线或冲压设备较近时，如何保护听力不受损害也是安全工作的重要内容。

卫生部在《工业企业职工听力保护规范》中规定每个工作日（8h）暴露于等效声级大于等于 85dB 的职工，应当进行基础听力测定和定期跟踪听力测定；若短期在噪声环境下工作，超过 115dB 则必须戴上防护耳塞（如图 1-19～图 1-21）。

图 1-19　回弹耳塞　　　　图 1-20　带线耳塞　　　　图 1-21　耳罩

表 1-10 为规定时间内允许噪声表。按照《金属切削机床　通用技术条件》（GB/T 9061—2006）的规定，机床噪声的容许标准是高精度机床应小于 75dB，精密机床和普通机床应小于 85dB。

（3）磨屑及有害烟尘的控制

磨屑是由砂轮机磨削工件或刀具的过程中不断产生的，它包含了大量对人体有害的细小金属颗粒和砂轮磨料。为了减少空气中磨屑的含量，大部分磨削加工机械安装了真空吸尘设备（如图 1-22、图 1-23）。此外，添加冷却液也有一定的除尘作用。

项目 1　钳工基础知识

表 1-10　规定时间内允许噪声表

序号	每个工作日接触噪声时间/h	允许噪声/dB
1	8	85
2	4	88
3	2	91
4	1	94
5	最高不得超过 115dB	

图 1-22　除尘式砂轮机

图 1-23　砂轮机吸尘装置

（4）工作时的服饰与头发

在机械加工车间工作时，应当穿短袖衬衫或将长袖卷过肘部，不要系领带，要穿工作服（如图 1-24）。

工作时，应该戴上工作帽，并将长发置于工作帽内，以免头发被卷入机器中，从而发生灾难性的事故（如图 1-25）。

操作机床不可戴手表和戒指，以免在机床加工中因剐带而造成严重伤害。

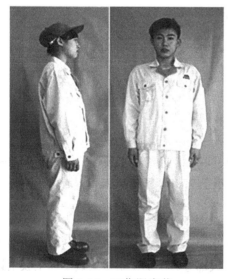

图 1-24　工作服穿戴

图 1-25　头发卷入机器

（5）脚部的防护

在机械加工车间里，脚部一般不存在太多的危险，但在繁忙的作业时一些工件很有可能落到脚上，同时地面上也有尖利的金属切屑。工作场地应穿着脚头有防护钢板的防砸鞋（如图 1-26）。

（6）手部的防护

从事机械加工的劳动者，应保护好双手。在加工操作过程中，机床上的金属屑不要用手直接接触，应使用刷子清除（如图 1-27）。因为切削不仅十分锋利，而且刚被切削下来时温度很高，特别是较长的切削尤其危险。

图 1-26 防砸鞋

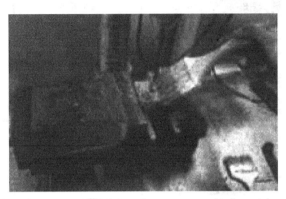

图 1-27 清除切屑

操作时严禁戴手套。若手套被机床部件剐带，手臂可能会被带入旋转的机器中。

各种冷却液和溶剂对人的皮肤都有刺激作用，经常接触可能会引起皮肤疾病或感染。所以应尽量少接触这些液体，如果无法避免，结束后立即洗手。

1.2.2 任务实施

1.2.2.1 计划与决策

对台虎钳、钳工桌、工具、量具、刃具、钻床及其他辅具等进行 6S 管理；对钳工实习区域进行 TPM。

准备应携带的物品，备好参观时的着装，学习企业或实训车间内的安全警示标识，了解参观的设备，查找车间安全与维护方面的相关资料。

1.2.2.2 实施过程

实施过程见表 1-11。

表 1-11 实施过程

步骤	工作内容	备注
1	认识企业或实训车间的生产设备	
2	关注企业或实训车间的现场生产管理	
3	参观企业或实训车间的健康安全标识	
4	观察企业或实训车间工作人员的工作状态、工作环境	
5	学习企业或实训车间的行为规范	
6	掌握企业或实训车间对服装穿戴的要求以及防护用品的穿戴	

1. 6S 管理

钳工 6S 管理样板如表 1-12 所示，用图文并茂的可视化管理来说明 6S 执行应该达到何种标准为合格。

表 1-12 钳工操作现场 6S 管理样板

钳工实训台		
图示	摆放位置	备注
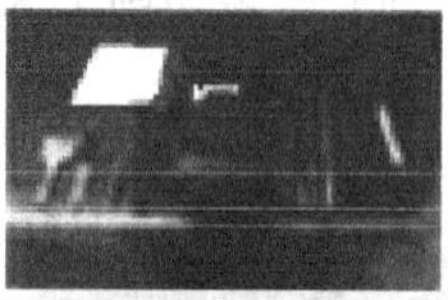	桌面摆放	实训过程中工具的摆放
	第一层抽屉	量具、防护眼镜、锤子、样冲、划针、图样、工具
	第二层抽屉	手锯、钢丝刷、毛刷、锉刀等
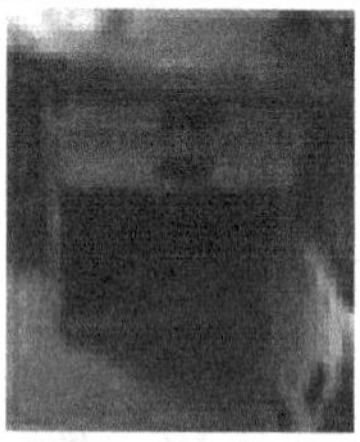	第三层工具箱	工装、工鞋、面纱等
	实训结束	台虎钳钳口合并，手柄竖直垂下，抽屉关好

划线平台		
图示	摆放位置	备注
	实训结束	V 形铁和高度游标卡尺摆放在平台中间位置

台式钻床		
图示	摆放位置	备注
	实训结束	平口钳放在底座台面上，夹头、扳手和钻头架在台面上整齐摆放

钳工操作现场 6S 流程，如表 1-13 所示。

表 1-13　钳工操作现场 6S 流程

步骤内容	工作内容		备注
	6S 前	6S 后	
整理	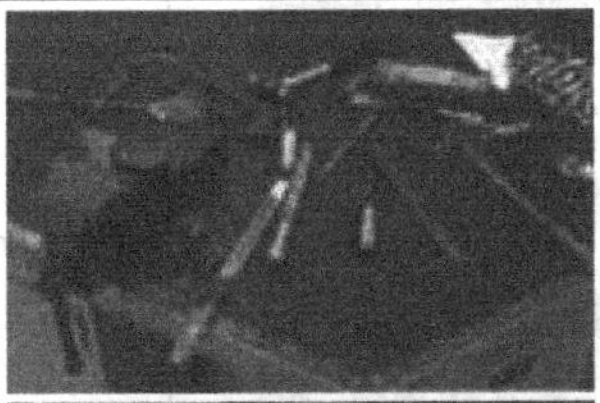 	 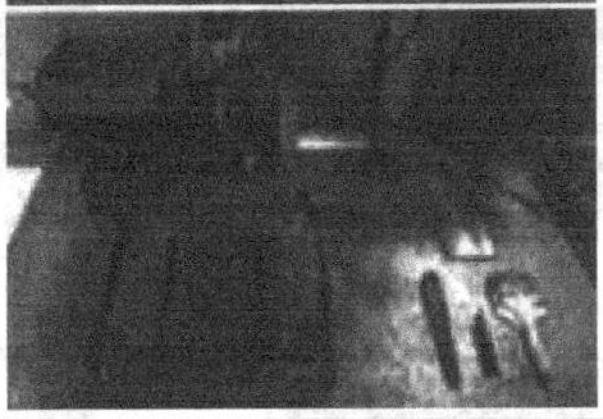	区分需要使用和不需要使用的东西，不需要使用的东西放回指定位置进行保存或处理掉
整顿	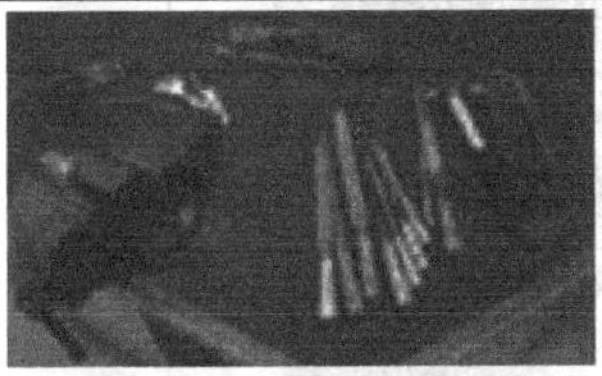  	  	合理安排物品摆放的位置和方法，并进行必要的标识
清扫	 	 	清除工作现场内的脏物、污物，清理作业区内的物料垃圾

项目 1　钳工基础知识

续表

步骤内容	工作内容		备注
	6S 前	6S 后	
清洁	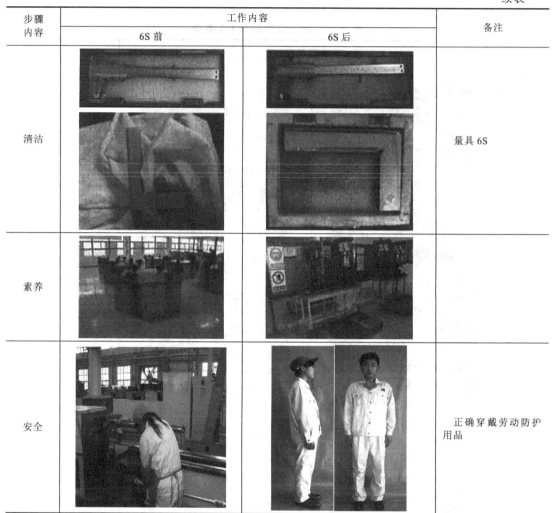		量具 6S
素养			
安全			正确穿戴劳动防护用品

完场上述步骤后，填写 6S 实施检查表，如表 1-14 所示。

表 1-14 6S 实施检查表

受检查部门			20 ～20 学年 第 学期 第 周											
名称	序号	检查内容	1	2	3	4	5	6	7	8	9	10	11	12	13
整理	1	钳工台的工具柜内和台面上有无摆放无关物品													
	2	台钻上、窗台上、地面上有无未清理杂物													
	3	教学区有无保持整齐，有无摆放无关物品													
整顿	4	安全指导手册、实训指导书、安全操作规程是否完善，摆放位置是否适当													
	5	工具摆放是否整齐													
	6	工具柜摆放是否整齐，是否按要求分类摆放													

续表

受检查部门			20　～20　学年 第　学期 第　周											
名称	序号	检查内容	1	2	3	4	5	6	7	8	9	10	11	12	13
清扫	7	每天下班前打扫工作区后有无废料、余料和铁屑													
	8	台钻清理是否符合标准													
	9	窗台、地面有无未清理的死角													
清洁	10	以上 3S 是否规范化													
	11	培训区是否保持整洁、美观													
素养	12	不随地吐痰、乱扔垃圾													
	13	车间内不得进食													
	14	区域内教学秩序正常,无喧哗、打闹、随意走动现象													
安全	15	劳动防护用品是否按要求穿戴													
	16	电气设备是否按要求开启和关闭													
	17	下课后学生主动开展6S,教师负责检查													

2. TPM 实施

完成设备的 TPM 任务,如表 1-15 所示。

表 1-15　设备 TPM 任务

流程	需要做什么	怎么做	为什么这样做
1	① 按点检表执行保养任务 ② 发现异常及时汇报	① 遵照点检表执行保养任务 ② 遵照升级计划汇报	① 保证设备清洁 ② 第一时间发现设备异常,避免重大损失
2	① 检查操作人员保养执行情况 ② 发现异常及时记录	① 熟知点检表内容 ② 遵照流程记录	① 保证按时完成保养任务 ② 第一时间发现设备异常,避免重大损失
3	① 处理设备停机 ② 执行保养任务 ③ 解决挡板反馈的隐患 ④ 实施改善	① 遵照流程处理故障 ② 遵照点检表执行保养任务 ③ 按照分析出的改善点实施改善	① 迅速修复故障 ② 保证按时完成保养任务 ③ 持续改进绩效考核,持续稳定改善
4	① 检查设备保养执行情况 ② 优化保养项目和周期 ③ 分析设备停机时间和备件耗用数据以确定改善 ④ 培训师及相关负责人改善保养有效性 ⑤ 培训相关人员提高技能	① 熟知检查表内容,检查完成情况,并签字 ② 定期分析设备停机时间备件数据,提供报告和 PDCA ③ 实施持续改进进程 ④ 根据设备停机时间记录增减保养项目,细化保养操作指导,调整保养周期 ⑤ 提供培训和辅导,提高相关人员技能	① 保证保养质量 ② 降低保养成本 ③ 提高人员技能
5	① 定期检查保养执行情况 ② 制定保养策略 ③ 学习优秀经验 ④ 协调各级员工共同参与	① 审核保养效率 ② 优化保养策略 ③ 分享优秀经验 ④ 推动全员参与	① 保证 TPM 执行和持续改善 ② 保证 TPM 与企业目标一致 ③ 激励员工参与

3. PDCA 循环实施

① 6S 持续改进计划实施表如表 1-16 所示。

表 1-16 6S 持续改进计划实施表

6S	地点：	问题：	负责人：	完成日期：	状态：
				效果：	
	日期/发起人：		建议：		
	解决方案：			后续日期：	
				跟进情况：	

② 机器持续改善计划实施表如表 1-17 所示。

表 1-17 机器持续改善计划实施表

机器	地点：	机器编号：	负责人：	完成日期：	状态：
				效果：	
	日期/发起人：		建议：		
	解决方案：			后续日期：	
				跟进情况：	

1.2.3 检查、评价与总结

1.2.3.1 检查与评价

检查与评价见表 1-18。

表 1-18 检查与评价

项目检查		评分标准：采用 10-9-7-5-0 分制		
序号	检查项目	学生自评	小组互评	教师评分
1	整个项目的实施，严格按标准执行			
2	项目执行过程中持续执行 6S 和 TPM			
3	清晰理解 6S 所代表的含义			
4	清晰了解 TPM 目标及管理思想			
5	了解 PDCA 循环的四个阶段、八大步骤			
6	钳工区域 6S			
7	钳工区域 TPM			
	总成绩			

能力评价		评分标准：采用 10-9-7-5-0 分制		
序号	检查项目	学生自评	小组互评	教师评分
1	钳工操作中，钳工桌面 6S			
2	工具箱 6S			
3	量具 6S			
4	钻床 6S			
5	车间地面、桌面等区域 6S			
6	钳工区域 TPM 点检表			
7	6S、机器 PDCA 计划实施表			
	总成绩			

分数计算：			成绩：	
项目检查=	$\dfrac{总分（Ⅰ）}{0.7}$	=	×0.5	=
能力评价=	$\dfrac{总分（Ⅱ）}{0.7}$	=	×0.5	=
		总成绩		

1.2.3.2 总结讨论

1．6S 管理的含义是什么？6S 管理有什么意义？
2．TPM 的含义是什么？TPM 的三大管理思想是哪些？
3．PDCA 循环的四个阶段是什么？简述 PDCA 循环的八大步骤。
4．为什么需要健康、安全的生产环境？
5．职业健康、安全与环境的含义是什么？
6．HSE 包含哪些责任和权利？
7．国家 HSE 政策有哪些？我们应该履行的职责都有什么？
8．当我们进入工作场所时，我们应该知道哪些规范？
9．如何预防机械伤害事故的发生？

项目2　下料加工

下料加工任务书

岗位工作过程	钳工在接受手动加工作业任务书后，首先需要对所要加工的零件进行工艺规划，包括每个零件的手动加工、修配和检测；制订工作步骤，如备齐生成图样、作业流程、作业设备、量检具等，去仓库领取物料、工量具；安排加工、检测、配合的步骤等
学习目标	① 能够了解图样的基础知识和绘制标准，并使用工具书进行查询 ② 能够熟练地绘制和识读零件图，并能够识读装配图 ③ 能够了解常用加工材料和刀具的性能，根据实际情况选择加工材料和切削刃具 ④ 能够熟练地使用划线工具在零件表面进行划线 ⑤ 能够熟练使用量具对零件的尺寸进行测量 ⑥ 能够简单地计算加工成本，并对成本进行核算 ⑦ 注意手动加工操作中的各项安全事项 ⑧ 能够将钳工使用零件、量具、工具的管理应用在 6S 管理和 TPM 管理中
学习过程	咨询：接受任务，并通过"学习目标"提前收集相关资料，对机械零件图样、加工材料、刀具材料、量具、划线、成本核算等信息进行收集，获取零件手动加工下料的有关信息及工作目标总体印象 计划：根据图样中零件的尺寸和数量，以小组为单位，讨论所需要的毛坯尺寸和数量以及刀具、量具等相关信息，进行成本核算后，填写工件和工具领取表 决策：与教师或师傅进行专业交流，回答问题，确认下料所需的毛坯、刀具、量具后，对加工成本进行最后的核算 实施：领取相应的毛坯、刀具、量具，根据核算后的成本进行下料加工 检查： ① 检查下好的毛坯料的尺寸和数量以及工、量、刃具的损耗情况，对比核算成本 ② 检查现场 6S 情况及 TPM 评价： ① 完成毛坯料的下料加工，并进行质量评价 ② 与同学、教师、师傅就评分分歧及产生原因、工作过程中存在的技术问题、理论知识问题等进行讨论，并勇于提出改进的建议
学习任务	任务 2.1　钳工制图与识图 任务 2.2　加工材料与刀具材料的选用 任务 2.3　钳工常用量具 任务 2.4　钳工划线与下料
学习成果	以小组为单位完成下料加工的相关学习任务，归纳、总结，并进行汇报

任务 2.1　钳工制图与识图

2.1.1　知识技术储备

2.1.1.1　机械制图基础知识

1. 图样

根据投影原理、标准或有关规定，表示工程对象（零件、机器等）并有必要的技术说明的图，称为图样。图样用于不同的工程领域，可分为不同的工程图样，如"机械图样""建筑图样""水利图样"等。在生产实际中，应用最广的工程图样是零件图和装配图。

（1）零件图

用于表示单个零件结构、大小和技术要求的图样称为零件图样，简称零件图。零件图是生产制造和检验零件的依据。图样中可采用多个图形表达其形状，将轴测图中表达不清楚的地方，清晰完整地表达出来，并且作图简单，结构尺寸和技术要求标注完整。

（2）装配图

用于表示产品及其组成部分的连接、装配关系及其技术要求的图样称为装配图样，简称装配图。装配图是机器（或部件）装配、检验、调试和维修的指导图样。

机械制图就是研究机械图样绘制（画图）和识读（看图）的规律与方法的一门学科，凡是从事工程技术工作的人员都必须具有画图的技能和看图的本领。

2. 国家标准

国家标准《机械制图》和《技术制图》是重要的工程技术标准，是绘制和阅读机械图样的准则和依据。

在标准代号"GB/T 14689—2008"中，"GB/T"称为"推荐性国家标准"，简称"国标"。"14689"表示标准顺序号，"2008"是标准批准的年份。

3. 图纸幅面和格式（GB/T 14689—2008）

（1）图纸幅面尺寸

图纸宽度与长度组成的图面，称为图纸幅面。基本幅面共有五种，其幅面代号及尺寸见表 2-1，也可以采用加长幅面（按基本幅面的短边成整数倍增加后得出），绘制图样时应优先采用基本幅面尺寸。

表 2-1　基本幅面及图框尺寸　　　　　　　　　　　　　　　　　单位：mm

幅面代号	A0	A1	A2	A3	A4
B×L（短边×长边）	841×1189	594×841	420×594	297×420	210×297
无装订边的留边宽度 e	20	20	20	10	10
有装订边的留边宽度 c	10	10	10	5	5
装订边的宽度 a	25	25	25	25	25

表 2-1 中 A1 图纸幅面是 A0 图纸幅面的对折，其尺寸关系如图 2-1 所示。

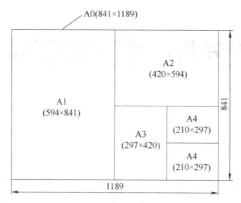

图 2-1 基本幅面的尺寸关系

（2）图框格式

图框是图纸上限定绘图区域的线框，如图 2-2、图 2-3 所示。在图纸上必须用粗实线画出图框，其格式分为不留装订边和留装订边两种。基本幅面的图框及留边宽度等，按表 2-1 中规定绘制。优先采用不留装订边的格式。

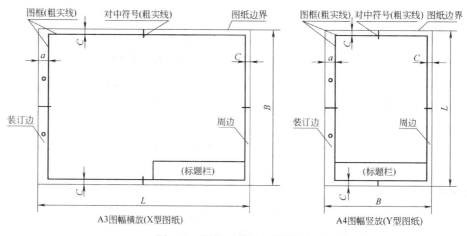

图 2-2 留装订边的图框格式

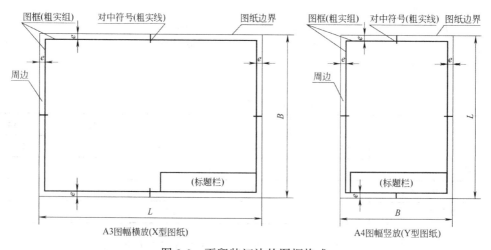

图 2-3 不留装订边的图框格式

（3）标题栏

在机械图样中必须画出标题栏，标题栏的位置一般应在图纸的右下角，如图 2-4 所示和图 2-5 所示。简化标题栏里面的格线是细实线，标题栏外框是粗实线。

						材料标记			单位名称	
标记	处数	分区	更改方案	签名	年月日				图样名称	
设计	签名	年月日	标准化	签名	年月日		重量	比例		
审核									图样代号	
工艺			批准			共　张　第　张				

图 2-4　标准标题栏格式

				比例		材料	
	系班						
制图		姓名		学号		数量	
设计					作业名称	质量	
审核						共　张　第　张	

图 2-5　简化标题栏

如果标题栏的长边置于水平方向并与图纸的长边平行，则构成 X 型图纸；若标题栏的长边与图纸的长边垂直，则构成 Y 型图纸，如图 2-2、图 2-3 所示。标题栏中文字反向为看图方向。

（4）比例（GB/T 14690—1993）

图中图形与其实物相应要素的线性尺寸之比，称为比例。一般情况下，比例标注在标题栏中的比例栏内，有特殊要求的图（如局部放大图），应注写在图形名称的上方。不论采用何种比例，图形中所标注的尺寸数值必须是实物的实际大小，与图形的大小无关。如图 2-6 所示为用不同比例绘制的图形。

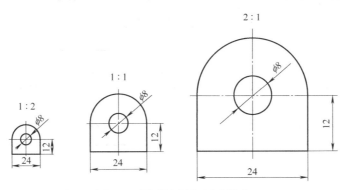

图 2-6　图形比例与尺寸数字

绘制图样时，应由表 2-2"优先选择系列"中选取适当的绘图比例。必要时，也允许从表 2-2"允许选择系列"中选取。

表 2-2 比例系列

种类	定义	优先选择系列	允许选择系列
原值比例	比值为 1 的比例	1:1	—
放大比例	比值大于 1 的比例	$5:1$、$2:1$、$5\times10^n:1$、$2\times10^n:1$、$1\times10^n:1$	$4:1$、$2.5:1$、$4\times10^n:1$、$2.5\times10^n:1$
缩小比例	比值小于 1 的比例	$1:2$、$1:5$、$1:10$、$1:(2\times10^n)$、$1:(5\times10^n)$、$1:(1\times10^n)$	$1:1.5$、$1:2.5$、$1:3$、$1:4$、$1:6$、$1:(1.5\times10^n)$、$1:(2.5\times10^n)$、$1:(3\times10^n)$、$1:(4\times10^n)$、$1:(6\times10^n)$

（5）字体（GB/T 14691—1993）

图样中除了用图形表示零件的结构形状外，还必须用数字及文字来说明它的大小和技术要求等其他内容。

字体的号数代表字体的高度，用 h 表示，字体高度的公称尺寸系列为 1.8mm、2.5mm、3.5mm、5mm、7mm、10mm、14mm、20mm。如果字体的高度大于 20mm，则字体的高度应按 2 的比率递增。

汉字应写成长仿宋体，并应采用国家正式公布的简化字。汉字的宽度一般为 $h/\sqrt{2}$，字高不应小于 3.5mm。

字母和数字有正体和斜体两种形式，斜体字的字头向右侧倾斜，与水平线约成 75°。

字母和数字分为 A 型和 B 型两类，A 型字体的笔画宽度 d 为字高 h 的 1/14，B 型字体的笔画宽度 d 为字高 h 的 1/10，即 B 型字体比 A 型字体的笔画要粗一点。

在同一张图样上，只允许选用一种形式的字体，如表 2-3 所示。

表 2-3 字体示例

字体		示例
长仿宋体汉字	5 号	学好机械制图，培养和发展空间想象能力
	3.5 号	计算机绘图是工程技术人员必须具备的绘图技能
拉丁字母	大写	ABCDEFGHIJKLMNOPQRSTUVWXYZ *ABCDEFGHIJKLMNOPQRSTUVWXYZ*
	小写	abcdefghijklmnopqrstuvwxyz *abcdefghijklmnopqrstuvwxyz*
阿拉伯数字	正体	0123456789
	斜体	*0123456789*
字体应用示例		10JS5(±0.003) M24-6h R8 10^3 S^{-1} 5% D_1 T_d 380kPa m/kg $\phi20^{+0.010}_{-0.023}$ $\phi25\frac{H6}{f5}$ $\frac{\text{II}}{1:2}$ $\frac{3}{5}$ $\frac{A}{5:1}$ $\sqrt{Ra\ 6.3}$ 460r/min 220V l/mm

（6）图线（GB/T 4457.4—2002）

图样中所采用的各种型式的线，称为图线。国家标准 GB/T 4457.4—2002《机械制图 图样画法 图线》规定了绘制机械图样的九种线型，见表 2-4，其图线的应用举例如图 2-7 所示。

表 2-4 线型及应用

图线名称	线 型	图线宽度	一般应用
粗实线	——————— d	d	可见棱边线、可见轮廓线、相贯线、螺纹牙顶线、螺纹长度终止线、齿顶圆（线）、剖切符号用线
细实线	———————	$d/2$	过渡线、尺寸线、尺寸界线、指引线和基准线、剖面线、重合断面的轮廓线、短中心线、螺纹牙底线、尺寸线的起止线、表示平面的对角线、零件成形前的弯折线、范围线及分界线、重复要素表示线（例如：齿轮的齿根线）、不连续同一表面连线、成规律分布的相同要素连线
细点画线	— · — · — 24d 6d	$d/2$	轴线、对称中心线、分度圆（线）、孔系分布的中心线
细虚线	- - - - - 12d 3d	$d/2$	不可见棱边线、不可见轮廓线
双折线	∿∿∿ 4d 24d 6d 30°	$d/2$	断裂处边界线、剖与不剖部分的分界线
波浪线	～～～～	$d/2$	断裂处边界线、剖与不剖部分的分界线
粗虚线	— — — —	d	允许表面处理的表示线
粗点画线	— · — · —	d	限定范围表示线
细双点画线	— ·· — ·· — 24d 9d	$d/2$	相邻辅助零件的轮廓线、可动零件的极限位置的轮廓线、重心线、成形前轮廓线、剖切面前的结构轮廓线、轨迹线、毛坯图中制成品的轮廓线、中断线

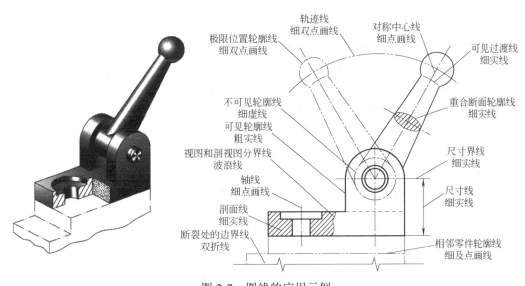

图 2-7 图线的应用示例

项目 2 下料加工 43

机械图样中采用粗细两种线宽,它们之间的比例为 2：1。图线的宽度应按图样的类型和尺寸在下列数系中选择：0.13mm,0.18mm,0.25mm,0.35mm,0.5mm,0.7mm,1.0mm,1.4mm,2mm(粗线一般用 0.7mm,细线宽度为 0.35mm)。

在同一图样中,同类图线的宽度应一致。

绘制图样时,应遵守以下规定和要求,如图 2-8 所示。

① 同一张图样中,同类图线的宽度基本一致。虚线、点画线和双点画线的线段长度和间隔,应各自大致相等。

② 两条平行线(包括剖面线)之间的距离,应不小于粗实线宽度的两倍,其最小距离不得小于 0.7mm。

③ 轴线、对称中心线、双点画线应超出轮廓线 2~5mm。点画线和双点画线的末端应是线段,而不是点或空隙。若圆的直径较小,两条点画线可用细实线代替。

④ 虚线、点画线与其他图线相交时,应在线段处相交,不应在点或空隙处相交。当虚线是粗实线的延长线时,粗实线应画到分界点,而虚线与分界点之间应留有空隙。当虚线圆弧与虚线直线相切时,虚线圆弧的线段应画到切点处,虚线直线至切点之间应留有空隙。

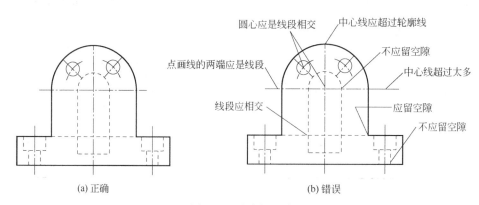

图 2-8 图线的画法

4. 图样的尺寸标注（GB/T 4458.4—2003）

零件的形状可以通过图形来表达,而零件的大小是通过标注的尺寸来体现的。尺寸标注是否准确与合理,影响着制造者与设计者之间的交流,对零件的加工工艺安排也会产生影响,所以图样上尺寸标注时应该做到正确、清晰、完整及合理。

（1）尺寸标注的基本规则

尺寸是用特定长度或角度单位表示的数值,并在技术图样上用图线、符号和技术要求表示出来。基本规则如下：

① 零件的真实大小应以图样上所注的尺寸数值为依据,与图形的大小和绘图的准确度无关。

② 零件的每一个尺寸,一般在图样上只标注一次,且应标注在反映该结构最清晰的图形上。

③ 标注尺寸时应尽可能使用符号和缩写词。尺寸数字前后常用的特征符号和缩写词见表 2-5。

表 2-5 常用的特征符号和缩写词

名称	符号和缩写词	名称	符号和缩写词	名称	符号和缩写词
直径	ϕ	厚度	t	沉孔或锪平	⊔
半径	R	正方形	□	埋头孔	∨
球直径	$S\phi$	45°倒角	C	弧长	⌒
球半径	SR	深度	↓	均布	EQS

（2）尺寸的组成

每个完整的尺寸一般由尺寸数字、尺寸线和尺寸界限组成，通常称为尺寸三要素，如图 2-9 所示。在图样中，尺寸线终端一般采用箭头的形式，如图 2-10 所示。

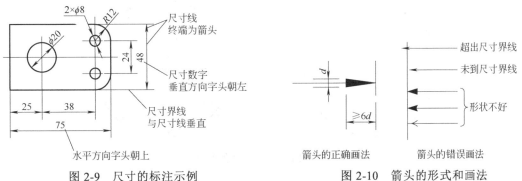

图 2-9　尺寸的标注示例　　　　　图 2-10　箭头的形式和画法

① 尺寸数字表示尺寸度量的大小。尺寸数字一般注写在尺寸线的上方或左方。尺寸数字的方向：水平方向字头朝上，竖直方向字头朝左，倾斜方向字头保持朝上的趋势，并尽量避免在图 2-11（a）所示的 30°范围内标注。当无法避免时，可按图 2-11（b）所示标注。

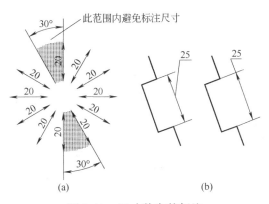

图 2-11　尺寸数字的标注

尺寸数字不可以被任何图线所通过，当不可避免时，图线必须断开，如图 2-12 所示。

标注角度的数字，一律水平方向书写，角度数字标注在尺寸线的中间处，必要时允许注写在尺寸线的上方或外面，如图 2-13 所示。

② 尺寸线表示尺寸度量的方向，只能用细实线绘制，标注线性尺寸时，尺寸线必须与所标注的线段平行。

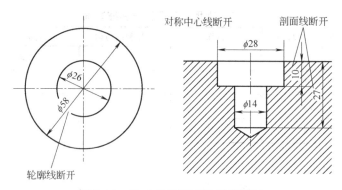

图 2-12　尺寸数字不可被图线通过

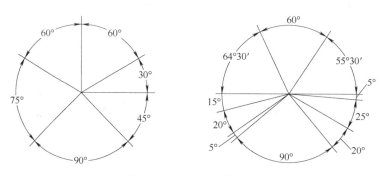

图 2-13　角度尺寸的注写

③ 尺寸界线表示尺寸的度量范围，应自图形的轮廓线、轴线、对称中心线引出，用细实线绘制。尺寸界线一般应与尺寸线垂直，必要时允许倾斜，如图 2-14 所示。

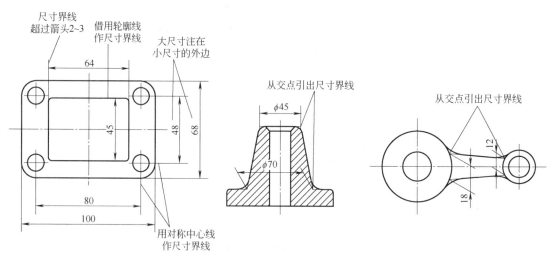

图 2-14　尺寸界线的画法

（3）常见尺寸的标注方法

① 圆、圆弧及球面尺寸的注法。圆的直径和圆弧半径的尺寸线终端应画成箭头。标注直径尺寸时，应加注直径符号"ϕ"；标注半径尺寸时，加注半径符号"R"，且尺寸线必须通过圆心。如图 2-15 所示。

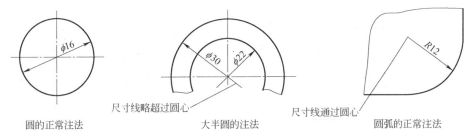

图 2-15 直径、半径尺寸的注法

标注大于半圆的圆弧直径,当圆弧的半径过大或在图纸范围内无法标出圆心位置时,可采用折线的形式标注。当不需标出圆心位置时,则尺寸线只画靠近箭头的一段。标注球面的直径或半径时,应在直径符号或半径符号前加注"S"。如图 2-16 所示。

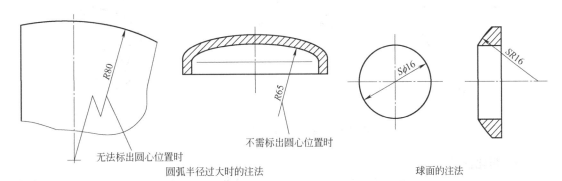

图 2-16 大圆弧和球面的注法

② 小尺寸的注法。在没有足够的位置画箭头或注写数字时,允许用圆点或斜线代替箭头,但最外两端箭头仍应画出。当直径或半径尺寸较小时,箭头和数字都可以布置在圆弧的外面。如图 2-17 所示。

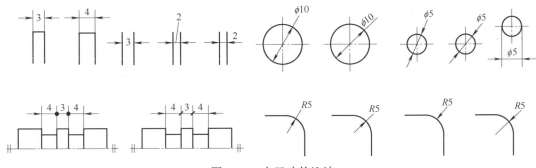

图 2-17 小尺寸的注法

③ 对称图形的尺寸注法。对于对称图形,应把尺寸标注为对称分布;当对称图形只画出一半或略大于一半时,尺寸线应略超过对称线或断裂处的边界线,此时仅在尺寸线的一端画出箭头。如图 2-18 所示。

④ 弦长或弧长的尺寸注法。标注弦长或弧长时,其尺寸界线均应平行于该弦的垂直平分线(弧长的尺寸线画圆弧)。当弧度较大时,也可沿径向引出标注。如图 2-19 所示。

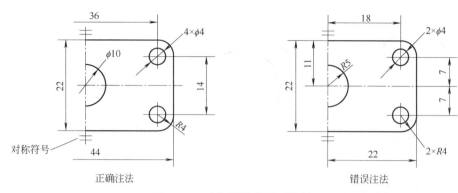

图 2-18 对称图形的尺寸注法

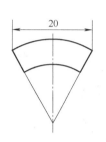 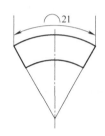 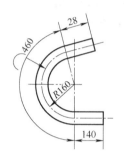

图 2-19 弦长或弧长的尺寸注法

（4）简化注法

① 标注尺寸时，可使用单边箭头；也可采用带箭头的指引线；还可采用不带箭头的指引线，如图 2-20 所示。

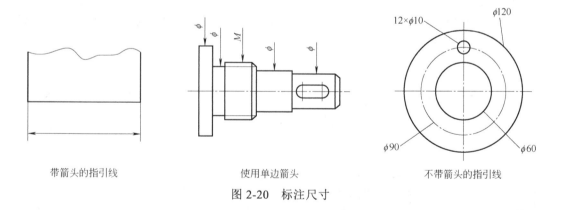

图 2-20 标注尺寸

② 一组同心圆弧，可用共用的尺寸线和箭头依次标注半径；圆心位于一条直线上的多个不同心的圆弧，可用共用的尺寸线和箭头依次标注半径；一组同心圆，可用共用的尺寸线和箭头依次标注直径，如图 2-21 所示。

③ 在同一图形中，对于尺寸相同的孔、槽等组成要素，可仅在一个要素上注出其尺寸和数量，并用缩写词"EQS"表示"均匀分布"。当组成要素的定位和分布情况在图形中已明确时，可不标注其角度，并省略"EQS"，如图 2-22 所示。

④ 标注板状零件的厚度时，可在尺寸数字前加注厚度符号"t"，如图 2-23 所示。

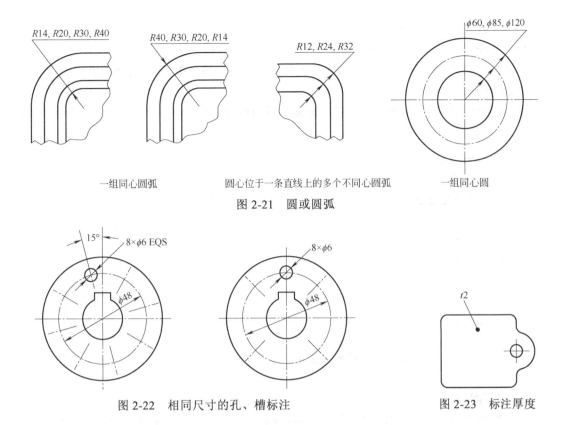

图 2-21 圆或圆弧

图 2-22 相同尺寸的孔、槽标注　　图 2-23 标注厚度

2.1.1.2 投影法与三视图

1. 投影及投影法

（1）投影法及其分类

投射线通过物体，向选定的面投射，并在该面上得到图形的方法称为投影法。根据投影法所得到的图形，称为投影。投影中心、物体、投影面是获得投影的三个必备要素，如图 2-24 所示。

根据投射线之间的相互位置关系可分为中心投影法（投射线汇交于一点）和平行投影法（投射线相互平行）。根据投射线与投影面的相对位置（垂直或倾斜），平行投影法又分为正投影法和斜投影法，如图 2-25 所示。由于正投影法容易表达空间物体的形状和大小，度量性好，作图简便，所以在工程上应用最广。机械工程图样多采用正投影法绘制，正投影法是机械制图的理论基础。

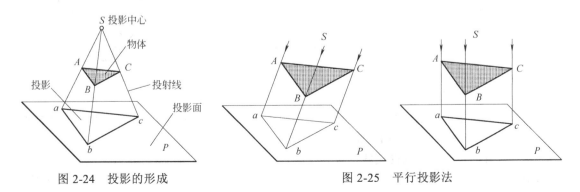

图 2-24 投影的形成　　图 2-25 平行投影法

项目 2 下料加工

（2）正投影的基本性质

根据直线或平面与投影的相对位置关系，正投影具有以下特性：

① 真实性。平面（直线）平行于投影面，投影反映实形（实长），这种性质称为真实性，如图2-26所示。

② 积聚性。平面（直线）垂直于投影面，投影积聚成直线（一点），这种性质称为积聚性，如图2-27所示。

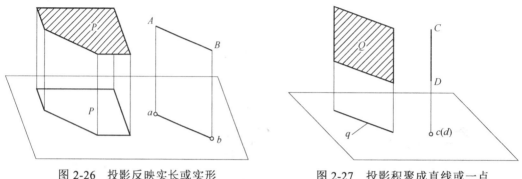

图2-26　投影反映实长或实形　　　　图2-27　投影积聚成直线或一点

③ 类似性。平面（直线）倾斜于投影面，投影变小（短），这种性质称为类似性，如图2-28所示。

2. 三视图

物体在投影面上的投影称为视图。绘制视图时，可见棱线和轮廓线用粗实线绘制，不可见棱线和轮廓线用细虚线绘制。一般情况下，一个视图不能完整地表达物体的形状，如图2-29所示。为了将物体的形状和大小表达清楚，必须增加由不同投影方向所得到的几个视图，这些视图相互补充，才能将物体表达清楚，常采用的是三视图。

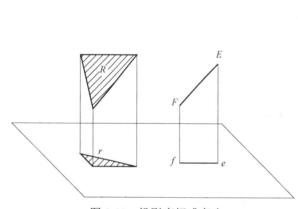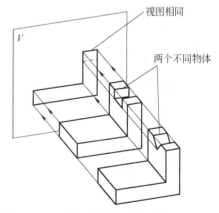

图2-28　投影变短或变小　　　　图2-29　一个视图不能确定物体的形状

（1）三视图的形成

三投影面体系由三个相互垂直的正立投影面（简称正面或 V 面）、水平投影面（简称水平面或 H 面）和侧立投影面（简称侧面或 W 面）组成，如图2-30所示。

相互垂直的投影面之间的交线，称为投影轴，它们分别是：OX 轴（X 轴），是 V 面与 H 面的交线，代表左右（长度）方向；OY 轴（Y 轴），是 H 面与 W 面的交线，代表前后（宽度）

方向；OZ 轴（Z 轴），是 V 面与 W 面的交线，代表上下（高度）方向。三条投影轴相互垂直，其交点称为原点，用 O 表示。

如图 2-31 所示，将物体置于三投影面体系中，分别向三个投影面进行投射，得到物体的三视图：从物体的前面向后投影，在 V 面上得到的视图称为主视图；从物体的上面向下投影，在 H 面上得到的视图称为俯视图；从物体的左面向右投影，在 W 面上得到的视图称为左视图。

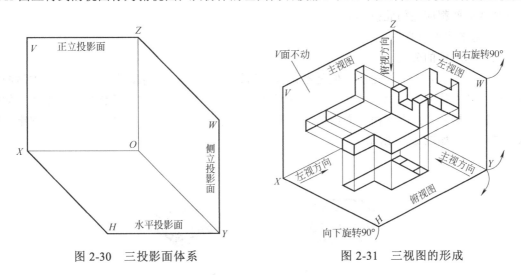

图 2-30 三投影面体系　　　　　图 2-31 三视图的形成

为了便于读图和绘图，需将三个相交的投影面展开在同一平面内，展开后的三视图如图 2-32（a）所示。

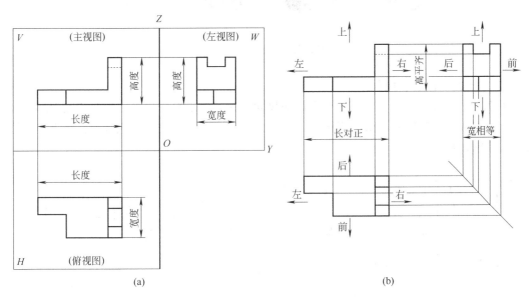

图 2-32 三视图的展开

（2）三视图的规律

由三视图的形成可知，每个视图都表示物体两个方向的尺寸和四个方位，如图 2-32（b）所示。

① 主视图反映了物体上下、左右的位置关系，即反映了物体的高度和长度。

项目 2　下料加工　51

② 俯视图反映了物体左右、前后的位置关系，即反映了物体的长度和宽度。

③ 左视图反映了物体上下、前后的位置关系，即反映了物体的高度和宽度。

由此得出三视图的投影规律：主视图与俯视图长对正；主视图与左视图高平齐；俯视图与左视图宽相等。

"长对正、高平齐、宽相等"是三视图画图和看图必须遵循的最基本的投影规律，物体的整体或局部都应遵循此投影规律。

3. 基本体的三视图

（1）基本体的分类

零件的形状是千变万化的，但是不论零件的结构简单还是复杂，都是由一些基本体演变而来的，基本体分为平面立体和曲面立体两大类。表面均为平面的立体称为平面立体，如棱柱、棱锥、棱台等；表面由曲面或曲面与平面组成的立体称为曲面立体，如圆柱、圆锥、圆球、圆环等。如图 2-33 所示。

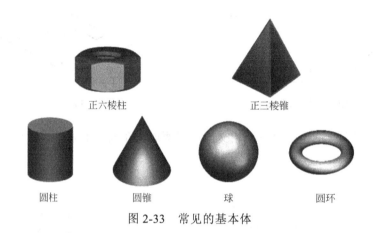

图 2-33 常见的基本体

（2）平面立体的尺寸标注

平面立体应标注长、宽、高三个方向的尺寸。为了便于看图，确定顶面和底面形状大小的尺寸最好标注在反映其实形的视图上，如图 2-34 所示。标注正方形尺寸时，在正方形边长尺寸数字前，加注正方形符号"□"。

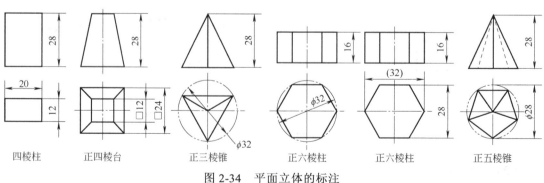

图 2-34 平面立体的标注

对于圆柱、圆锥、圆台和圆环，应标注底圆直径和高度尺寸，并在直径数字前加注直径符号"ϕ"，如图 2-35 所示。标注圆球、半圆球的尺寸时，在数字前加注球直径符号"$S\phi$"或球半径符号"*SR*"。直径尺寸一般标注在非圆视图上。当尺寸集中标注在一个非圆视图上时,一个视图即可表达清楚它们的形状和大小。

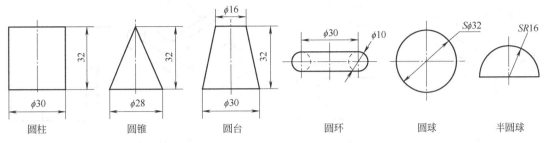

图 2-35 曲面立体的尺寸注法

4. 组合体的三视图

(1) 组合体的组合形式

组合体的组合有叠加和切割两种基本形式,常见的是这两种形式的综合。

① 叠加型。由若干个基本体叠加而成的组合体称为叠加型组合体,如图 2-36(a)所示。
② 切割型。由基本体切割而成的组合体称为切割型组合体,如图 2-36(b)所示。
③ 综合型。既有叠加又有切割的组合体称为综合型组合体,如图 2-36(c)所示。

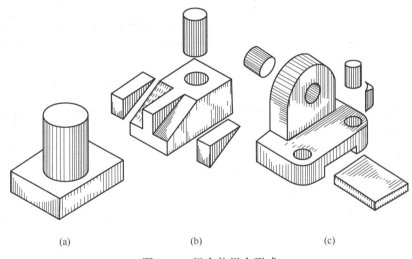

图 2-36 组合体组合形式

(2) 组合体表面的连接形式

在分析组合体时,无论以何种方式构成组合体,各基本体的相邻表面之间的连接都存在一定的连接关系,按其表面形状和相对位置关系可分为表面平齐、不平齐、相交和相切等四种情况。连接关系不同,连接处投影的画法也不同。

① 表面不平齐。两基本体表面不平齐时,两表面投影的分界处应用粗实线隔开,如图2-37所示。
② 表面平齐。两基本体表面平齐时,构成一个完整的平面,画图时不可用线隔开,如图 2-38 所示。

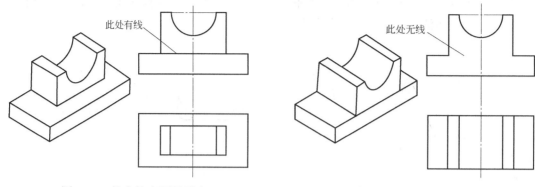

图 2-37 组合体表面不平齐　　　　　　图 2-38 组合体表面平齐

③ 表面相切。相切的两个基本体表面光滑连接，相切处无分界线，视图上不应该画线，如图 2-39 所示。

④ 表面相交。两基本体表面相交时，相交处有分界处，视图上应画出表面交线的投影，如图 2-40 所示。

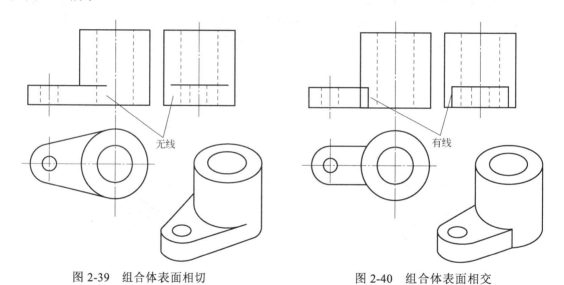

图 2-39 组合体表面相切　　　　　　图 2-40 组合体表面相交

（3）形体分析法

形体分析法是将复杂形体简单化的一种思维方法。画组合体视图，一般采用形体分析法，将组合体分解成若干基本体，分析它们的相对位置和组合形式，逐个画出各基本体的三视图。

画组合体的三视图时，可采用"先分后合"的方法。即假想组合体分解成若干个基本体，然后按其相对位置逐个画出各基本体的投影，综合起来，就能得到整个组合体的视图。这样，就可把一个比较复杂的问题分解成几个简单的问题加以解决。

为了便于画图，通过分析，将组合体分解成若干个基本体，并搞清它们之间相对位置和组合形式的方法，称为形体分析法。如图 2-41 所示的支承座，可分析为由底板、肋板、空心圆柱筒三个部分经切割、叠加而成。

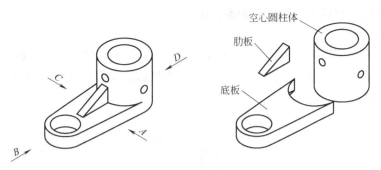

图 2-41 形体分析法

（4）组合体的尺寸标注

① 带切口形体的尺寸注法。立体被截切后，除标注基本体的尺寸外，还要注出表示截平面位置的尺寸。但要注意，由于几何体与截平面的相对位置确定后，切口的交线即完全确定，因此，不应在交线上标注尺寸。图 2-42 中画"×"的尺寸为多余尺寸。

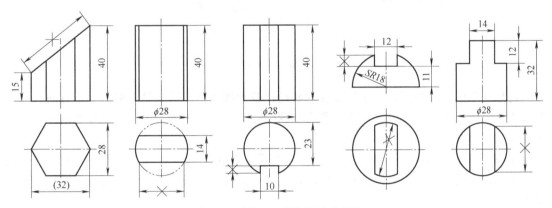

图 2-42 带切口形体的尺寸注法

② 常见结构的尺寸注法。组合体常见结构的尺寸注法如图 2-43 所示。

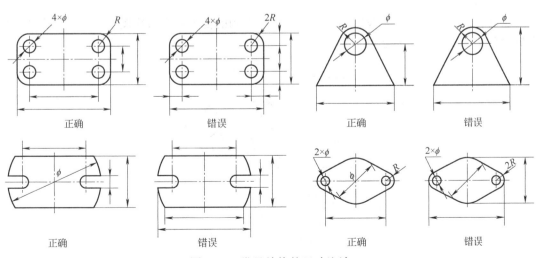

图 2-43 常见结构的尺寸注法

5. 局部视图、斜视图、剖视图和断面图

（1）局部视图

当零件在平行于某基本投影面方向上仅有某局部结构形状需要表达，而又没有必要画出其完整的基本视图时，可将零件的某一部分向基本投影面投射，这样得到的视图，称为局部视图。如图 2-44 所示。

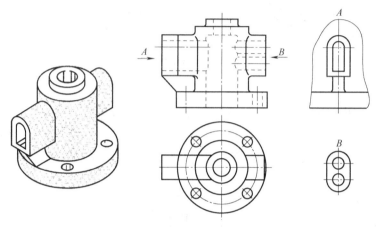

图 2-44　局部视图

局部视图的适用情况：当零件主要形状已在基本视图中表达清楚，但在某个方向有部分形状需要表达又没有必要画出该方向整个视图时，可以只画出该方向上基本视图的一部分。画局部视图时应注意以下几点：

① 局部视图的画法：局部视图的范围（断裂）边界用波浪线（或双折线）表示，如局部视图 A。当所表达的局部结构是完整的，且外轮廓线又封闭时，波浪线可省略不画，如局部视图 B。

② 画局部视图时，一般应标注，其方法与向视图相同。局部视图常画在所反映视图的附近；当局部视图按投影关系配置，中间又没有其他视图隔开时，可省略标注，如俯视图。

（2）斜视图

将零件向不平行于基本投影面的平面投射所得到的视图称为斜视图，主要用于表达零件上倾斜结构的实形，如图 2-45 所示。

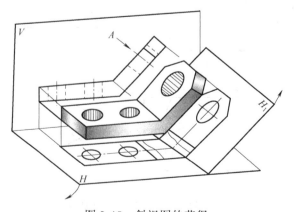

图 2-45　斜视图的获得

斜视图必须标注投射方向,视图名称、字母一律水平书写。其余部分不必全部画出,而用波浪线断开。斜视图通常按向视图的配置形式配置并标注,必要时允许将斜视图旋转配置。表示该视图名称的大写拉丁字母应靠近旋转符号的箭头端。也允许将旋转符号角度标注在字母之后。允许图形旋转的角度超过90°。如图 2-46 所示。

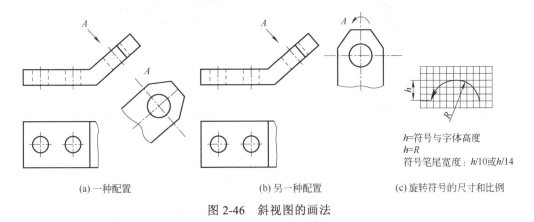

图 2-46　斜视图的画法

（3）剖视图

假想用剖切面剖开零件,将位于观察者和剖切面之间的部分移去,而将其余部分向投影面投射所得的图形,称为剖视图。如图 2-47 所示。

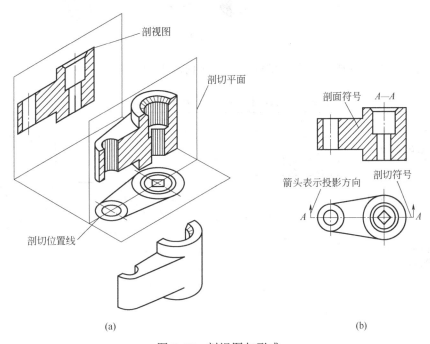

图 2-47　剖视图与形成

① 剖视图的画法。

a．确定剖切面的位置。一般常用平面作为剖切面（也可用柱面）。为了表达零件内部的真实形状,剖切平面一般应通过零件内部结构的对称平面或孔的轴线,并平行于相应的投影面。剖切平面的选择：通过零件的对称面或轴线且平行或垂直于投影面,如图 2-48 所示。

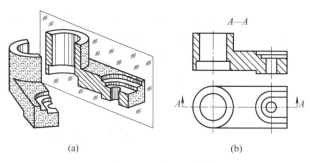

图 2-48 全剖视图

b. 画剖视图。剖切平面剖切到的零件断面轮廓和其后面的可见轮廓线,都用粗实线画出,如图 2-49 所示。

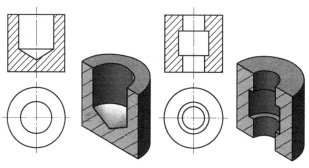

图 2-49 剖视图画法

c. 画剖面符号。应在剖切面切到的断面轮廓内画出剖面符号。剖面符号见表 2-6。

表 2-6 剖面符号(GB/T 4457.5—2013)

剖面类型	剖面符号	剖面类型	剖面符号
金属材料(已有规定剖面符号者除外)		线圈绕组元件	
转子、电枢、变压器等迭钢片		非金属材料(已有规定剖面符号者除外)	
型砂、粉末冶金、砂轮、陶瓷、硬质合金		玻璃及供观察用的其它透明材料	
木材	纵剖面	液体	
	横剖面		

② 剖视图的标注。为了便于看图,在画剖视图时,应将剖切位置、剖切后的投射方向和剖视图名称标注在相应的视图上。标注的内容有以下三项:

a．剖切符号。用以表示剖切面的位置。在相应的视图上，用剖切符号（5～8mm 的粗实线）表示剖切面的起讫和转折处位置，并尽可能不与图形的轮廓线相交。

b．投射方向。在剖切符号的两端外侧，用箭头指明剖切后的投射方向。

c．剖视图的名称。在剖视图的上方用大写拉丁字母标注剖视图的名称"×—×"，并在剖切符号的一侧注上同样的字母。

③ 剖视图省略标注的情况。

a．当剖视图按基本视图关系配置时，可省略箭头。

b．当单一剖切平面通过零件的对称平面或基本对称平面，且剖视图按基本视图关系配置时，可以不加标注。如图 2-50 所示。

④ 画剖视图应注意的问题。

a．假想剖切：剖视图是假想把零件剖切后画出的投影，其它未取剖视的视图应按完整的零件画出。

b．虚线处理：为了使剖视图清晰，凡是其它视图上已经表达清楚的结构形状，其虚线省略不画。

c．剖视图中不要漏线：剖切平面后的可见轮廓线应画出，如表 2-7 所示。

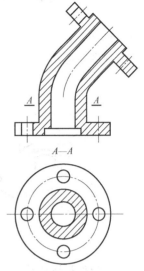

图 2-50　剖视图的标注

表 2-7　剖视图中漏线的示例

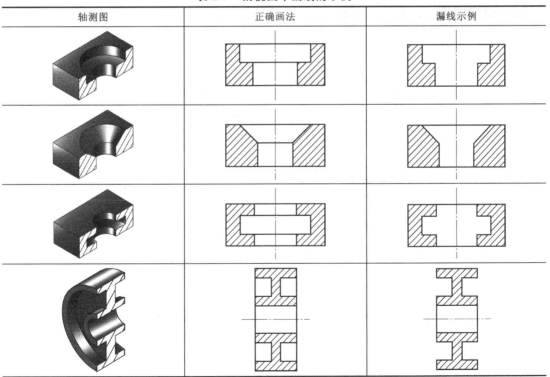

⑤ 剖视图种类。根据剖开零件的范围，可将剖视图分为全剖视图、半剖视图和局部剖视图。国家标准规定，剖切面可以是平面也可以是曲面，可以是单一的剖切面也可以是组合的剖切面。绘图时，应根据零件的结构特点，恰当地选用单一剖切面、几个平行的剖切平面

或几个相交的剖切面(交线垂直于某一投影面),绘制零件的全剖视图、半剖视图和局部视图。

a. 全剖视图。用剖切面将零件完全剖开后所得的剖视图称为全剖视图。适用范围:外形较简单,内形较复杂,重点表达内形。如图 2-48、图 2-49 所示。

b. 半剖视图。当零件具有对称平面时,在垂直于对称平面的投影面上投影,并以对称中心线为分界,一半画成剖视图以表达内形,另一半画成视图以表达外形得到的视图,称为半剖视图。适用范围:主要用于内、外形状都需要表示的对称零件。如图 2-51 所示。

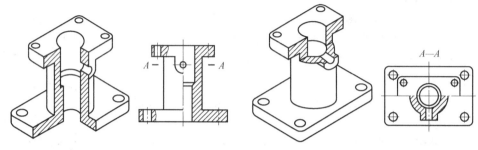

图 2-51　半剖视图

画半剖视图时应注意:图中剖与不剖的两部分应以细点画线为界;零件的内部结构如果已在剖开部分的视图中表达清楚,则在未剖开部分的视图中不再画细虚线。

c. 局部剖视图。用剖切面将零件局部剖开,并通常用波浪线表示剖切范围,所得的剖视图称为局部剖视图,如图 2-52 所示。

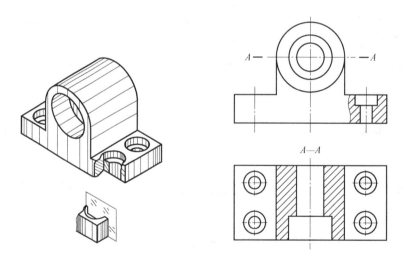

图 2-52　局部剖视图

局部剖视图主要用于以下几种情况:零件上只有局部的内部结构形状需要表达,而不必画成全剖视图;零件具有对称面,但不宜采用半剖视图表达内部形状;不对称零件的内、外部形状都需要表达。

画局部剖视图应注意的问题:波浪线只能画在零件表面的实体部分,不得穿越孔或槽(应断开),也不能超出视图之外;波浪线不应与其它图线重合或画在它们的延长线位置上;当被剖切结构为回转体时,允许将该结构的轴线作为局部剖视图与视图的分界线;当用单一剖切平面剖切,且剖切位置明显时,局部剖视图的标注可省略;当剖切平面的位置不明显或剖视图不在基本视图位置时,应标注剖切符号、投射方向和局部剖视图的名称。

⑥ 剖切面。

a. 单一剖切面。

单一剖切平面:用一个平行于某基本投影面的平面作为剖切平面,应用较多,如前述的全剖视图、半剖视图、局部剖视图都是采用这种剖切平面剖切的。

单一斜剖切平面:用一个不平行于任何基本投影面的剖切平面剖开机件,这种剖切方法称为斜剖,如图 2-53 所示。斜剖视图标注不能省略,最好配置在箭头所指方向,也允许放在其它位置。允许旋转配置,但必须标出旋转符号。

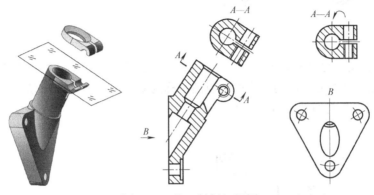

图 2-53 单一斜剖切视图

b. 几个相交的剖切面(旋转剖)。几个相交的剖切面必须保证其交线垂直于某一基本投影面。用两相交的剖切平面剖开机件的方法称为旋转剖。适用范围:可用于表达轮、盘类机件上的孔、槽结构及具有公共轴线的非回转体机件,如图 2-54 所示。在画旋转剖视图时,必须标出剖切位置,在它的起讫和转折处,用相同字母标出,并指明投影方向。

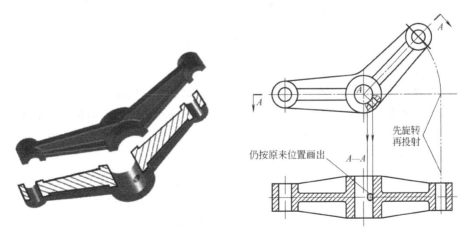

图 2-54 旋转剖切视图

c. 几个平行的剖切平面。用几个平行的剖切平面剖开机件的方法通常称为阶梯剖,如图 2-55 所示。几个平行的剖切平面可能是两个或两个以上,各剖切平面的转折处必须是直角。在阶梯剖视图中,不能画出各剖切平面转折处的界线。要正确选择剖切平面的位置,在图形内不应出现不完整的要素。

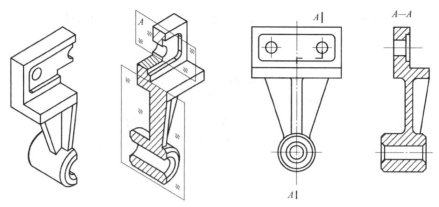

图 2-55　阶梯剖视图

d. 组合的剖切平面（复合剖）。在以上各种方法都不能简单而又集中地表示出机件的内形时，可以把它们结合起来应用，这种剖视图就称为复合剖，如图 2-56 所示。使用这种方法做剖视图时，应将各剖切平面当成一个平面作图。

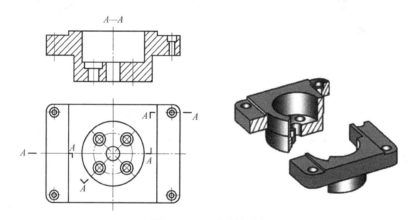

图 2-56　复合剖视图

（4）断面图

断面图主要用于表达零件某一局部的断面形状，如肋板、轮辐、键槽、小孔等。

假想用剖切平面将零件的某处切断，仅画出断面的图形，称为断面图。断面图与剖视图的区别在于：断面图仅画出断面的形状，而剖视图除画出断面的形状外，还要画出剖切面后面零件的完整投影。如图 2-57 所示。

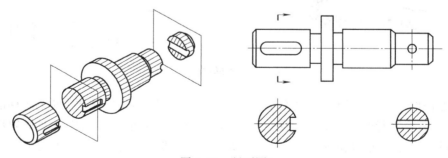

图 2-57　断面图

① 移出断面图。断面图在视图之外，称为移出断面图。移出断面图的轮廓线用粗实线绘制，并尽量配置在剖切符号或剖切平面的延长线上，必要时也可以画在图纸的适当位置，如图2-57及图2-58所示。

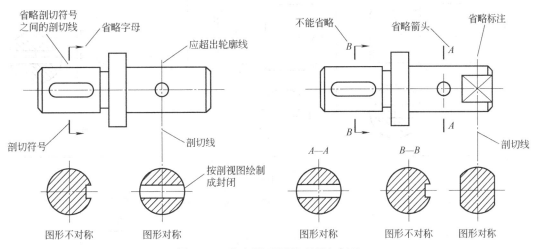

图2-58 移出断面图的配置与标注

当剖切平面通过由回转面形成的孔或凹坑，会出现完全分离的两个断面时，这些结构也应按剖视图画出，如图2-59所示。

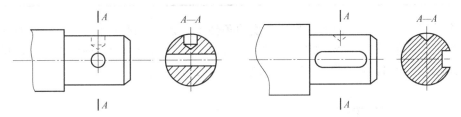

图2-59 孔或凹坑的移出断面图

由两个或两个以上相交平面剖切所得的移出断面图，中间一般应断开，如图2-60所示。

当剖切平面通过非圆回转面，会出现完全分离的断面时，这样的结构也应按剖视图画出，如图2-61所示。

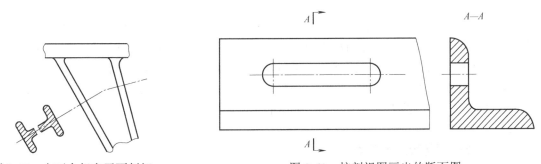

图2-60 由两个相交平面剖切所得的移出断面图

图2-61 按剖视图画出的断面图

移出断面图的标注形式及内容与剖视图相同。标注可按照具体情况简化或省略，见表2-8。

项目2 下料加工 63

表 2-8 移出断面图的标注

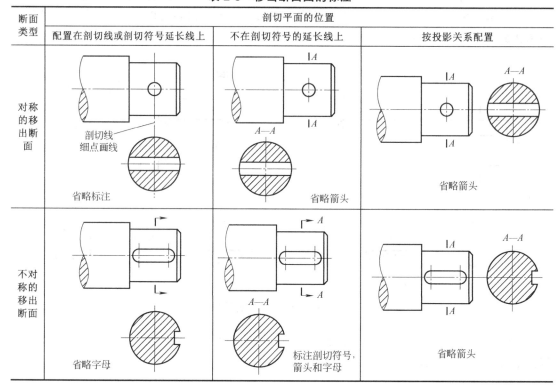

② 重合断面图。在不影响图形清晰度的条件下，断面图画在视图里面，称为重合断面图。重合断面图轮廓线用细实线绘制。当视图中的轮廓线与断面图的图线重合时，视图中的轮廓线仍应连续画出。重合断面图省略标注，如图 2-62 所示。

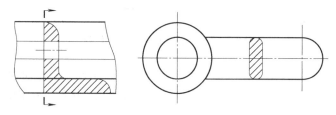

图 2-62 重合断面图的画法及标注

③ 局部放大图。为了把零件上某些结构在视图上表达清楚，可以将这些结构用大于原图形所采用的比例画出，这种图形称为局部放大图。局部放大图可画成视图、剖视图、断面图，它与被放大部分的表达方式无关。绘制局部放大图时，用细实线圈出被放大的部位，并尽量配置在被放大部位的附近。当同一物体有几个被放大部位时，必须用罗马数字依次标明，并在上方标注出相应的大写罗马数字和采用的比例。当只有一处被放大时，在局部放大图上方只需注明所采用的比例，如图 2-63 所示。

2.1.1.3 零件图与装配图识读

1. 识图的基本要领

（1）几个视图联系起来看

一个视图不能确定物体形状。如图 2-64（a）～（c）所示，主视图都相同，但表示了三

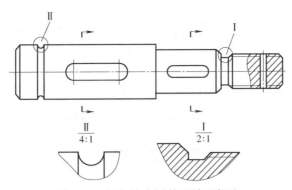

图 2-63 局部放大图的画法及标注

个不同的物体。有时只看两个视图也无法确定物体的形状，如图 2-64（d）～（f）所示，它们的主、俯两个视图完全相同，但实际上也是三个不同的物体。

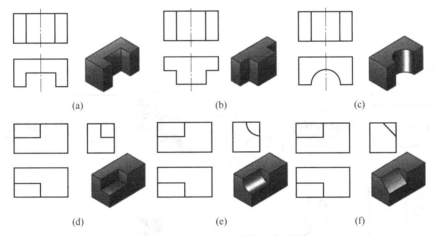

图 2-64 各视图应联系起来识图

由此可见，读图时，必须把所给的视图联系起来，才能想象出物体的确切形状。

（2）明确视图中的线框和图线的含义

视图由一个封闭线框组成，而线框又由图线构成，因此弄清它们的确切含义和它们所表示的具体形体是十分必要的。

① 图线的含义。如图 2-65 所示，视图中的图线主要有粗实线、细虚线和细点画线。

a．粗实线或细虚线（包括直线和曲线）可以表示：具有积聚性的面（平面或柱面）的投影；两个面（两平面、两曲面或一平面和一曲面）交线的投影；曲面的专项轮廓线的投影。

b．细点画线可以表示：回转体的轴线；对称中心线；圆的对称中心线。

② 线框的含义。如图 2-66 所示，视图中的线框有以下三种情况：

a．一个封闭的线框。表示物体的一个面（平面、曲面、组合面）或孔洞，如图 2-66（a）所示。

b．相邻的两个封闭线框。表示物体上位置不同的两个面。不同线框代表不同的面，它们表示的面有左右、前后、上下的相对位置关系，可以通过这些线框在其他视图中的对应投影加以判断，如图 2-66（b）所示。

c．大封闭线框包含小线框。表示在大平面体（或曲面体）上凸出或凹下的各个小平面体（或曲面体），如图 2-66（c）所示。

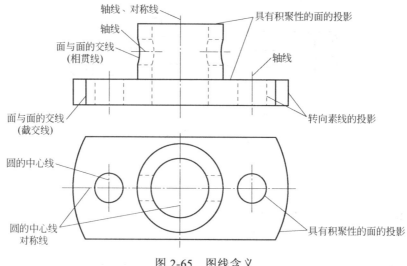

图 2-65 图线含义

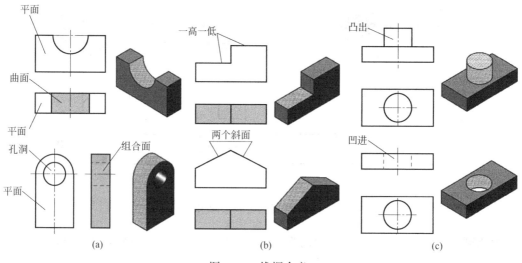

图 2-66 线框含义

（3）看图的方法和步骤

① 形体分析法。形体分析法既是画图、标注尺寸的基本方法，也是读图的基本方法。通过化整为零的分析，可以使复杂的问题简单化，达到较快看懂复杂图形的目的。

看图的一般步骤是：

a. 抓住特征部分看图。所谓特征是指物体的形状特征和组成物体的各基本形体间的位置特征，即形状特征和位置特征两部分。

形状特征：形状特征视图是最能反映物体位置形状的视图。如图 2-67（a）所示，若只看俯、左视图，则无法确定物体的结构形状。如果将主、俯视图（或主、左视图）配合起来看，即使不要另一个视图，也能想象出它的结构形状。因此，主视图是形状特征明显的视图。如图 2-67（b）所示，若只看主、左视图，则除了板厚以外，其他形状就很难分析了。如果将主、俯视图配合起来看，即使不要左视图也能想象出它的全貌。因此俯视图是反映该物体形状特征明显的视图。采用同样的分析方法，图 2-67（c）中的左视图，是形状特征明显的视图。

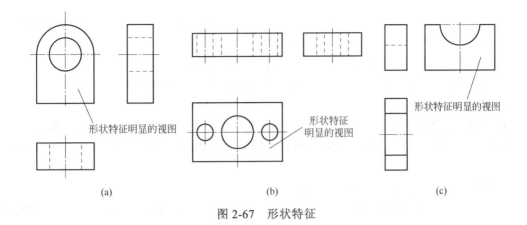

图 2-67 形状特征

位置特征：位置特征视图是最能反映物体位置的视图。如图 2-68 中的主视图，大线框中包含两个小线框（一个圆、一个矩形），如果只看主、俯视图，则无法确定两个形体哪个凸出、哪个凹进。但如果将主、左视图配合起来看，则不仅形状容易想清楚，圆柱凸出、四棱柱凹进也能确定。因此，左视图是反映该物体各组成部分位置特征明显的视图。

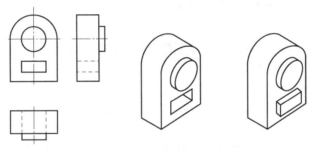

图 2-68 位置特征

物体上每一组成部分的特征，并非集中在一个视图上。因此，在分部分时，无论哪个视图（一般以主视图为主），只要形状、位置特征有明显之处，就应从该视图入手，这样就能较快地将其分解成若干个组成部分。

b．对准投影想形状。依据投影"三等"规律，从反映特征部分的线框（一般表示该部分形体）出发，分别在其他两视图上找出对应投影，并想象出它们的形状。

c．综合起来想整体。分析了各部分的形状以后，根据各部分在视图中的相互位置关系和组合形式，综合想象出物体整体形状。

一般的看图顺序是：先看主要部分，后看次要部分；先看容易确定的部分，后看难以确定的部分；先看某一组成部分的整体形状，后看其细节部分形状。

② 线面分析法。有许多切割体有时无法运用形体分析法将其分解成若干个组成部分，这时读图就需要运用线面分析法。用线面分析法看图，就是运用投影规律，通过识别线、面等几何要素的空间位置、形状，进而想象出物体的形状和相对位置，从而得到组合体的整体形状。在看切割体的视图时，主要靠线面分析法。

（4）尺寸标注应遵循的基本原则

① 机件的真实大小以图样上所注的尺寸数值为依据，与图形的大小及绘制的准确度无关。

② 图样中（包括技术要求和其他说明）的尺寸，以毫米为单位时，不需标注单位符号（或名称）。如果采用其他单位，则应注明相应的单位符号。

③ 图样中的所注尺寸为最后完工尺寸，否则应另加说明。

④ 每一尺寸一般只标注一次，并应标注在反映该结构最清晰的图形上。

2. 零件图的识读

通过识读零件图对该零件的结构形状特点进行分析，了解零件在机器或者部件中的位置、作用和加工方法。然后根据图示的形状、尺寸、技术要求和标题栏等内容读懂零件图。

（1）零件图的内容

一张完整的零件图包括以下四个内容：

① 一组视图。用一组视图（视图、剖视图、断面图、局部放大图等）完整、清晰地表达零件的内、外结构形状。

② 完整的尺寸。在零件图中应正确、完整、清晰、合理地标注出零件各形体的大小及相对位置尺寸等制造零件所需的全部尺寸。

③ 技术要求。零件图中必须将制造零件应达到的质量要求（如表面粗糙度、极限与配合、几何公差、热处理及表面处理等），以及在制造和检验时所应达到的技术要求，用规定的代（符）号、数字、字母和文字简明、准确地表示出来。不便用代号标注的技术要求，可用文字注写在标题栏的上方或左侧。

④ 标题栏。在零件图右下角，在标题栏内写出该零件的名称、数量、质量、材料、比例、图号，以及设计、绘图人员的签名、日期等。

（2）识读零件图的一般步骤

① 看标题栏。了解零件的名称、材料、用途、数量等，然后通过装配图或其他资料了解零件的作用及与其他零件的装配关系。

② 看零件形状。先从主视图出发，联系其他视图、利用投影关系进行分析。一般先采用形体分析法逐个弄清零件各部分的结构形状。对某些难以看懂的结构，可运用线面分析法进行投影分析，彻底弄清它们的结构形状和相互位置关系，看懂零件各部分的形状，然后综合想象出整个零件的形状。

③ 看结构尺寸。进行尺寸分析时，先找出零件长、宽、高三个方向的尺寸基准，然后从基准出发，搞清楚哪些是主要尺寸。再用形体分析法找出各部分的定形尺寸和定位尺寸。在分析中要注意检查是否有多余的尺寸和遗漏的尺寸，并检查尺寸是否符合设计和工艺要求。

④ 看技术要求。分析零件的尺寸公差、形位公差、表面粗糙度和其他技术要求，弄清楚零件的哪些尺寸要求高，哪些尺寸要求低，哪些表面要求高，哪些表面要求低，哪些表面不加工，以便进一步考虑相应的加工方法。

3. 装配图的识读

阅读装配图的目的是从装配图中了解部件中各个零件的装配关系，分析部件的工作原理，并能分析和读懂其中主要零件及其他有关零件的结构形状。

识读装配图的一般步骤：

（1）概括了解

看标题栏了解部件的名称，对于复杂的部件可以通过说明书或参考资料了解部件的构造、工作原理和用途。看零件编号和明细栏了解零件的名称、数量和它在图中的位置。

(2）分析视图

分析各视图的名称及投影方向，弄清剖视图、剖面图的剖切位置，从而了解各视图的表达意图和重点。

(3）分析装配关系、传动关系和工作原理

分析各条装配干线，弄清各零件间的相互配合要求，以及零件间的定位、连接方式、密封等问题。再进一步搞清运动零件与非运动零件的相对运动关系。

(4）分析零件、读懂零件的结构形状

结合零件的作用和零件间的装配关系，对装配图上和零件图上的尺寸及技术要求等进行全面的归纳总结，形成一个完整的认识，全面识读装配图。

2.1.2 任务实施

2.1.2.1 计划与决策

① 小组接受任务后，根据任务要求，完成钳工制图与识图知识的学习总结，并讨论、汇报。

② 以小组为单位，根据任务内容对零件图进行识读和标注。

③ 以小组为单位讨论，结合教师的讲解记录识图与标注的重点知识，并反馈问题。

2.1.2.2 实施过程

① 以小组为单位，根据本次任务所学内容，对附录1图样中的零件图进行识读，并根据加工标准，补全图样中应有的尺寸公差与形位公差。

② 以小组为单位，查找资料、讨论，回答工作页中知识问答部分的问题。

2.1.3 检查、评价与总结

2.1.3.1 检查与评价

请指导教师根据学生对本次任务的完成情况，根据工作页评分要求对每组每名同学所负责的工作任务进行评分。

2.1.3.2 任务小结

本次任务主要介绍了钳工对机械图样的绘制、识读与标注的内容。通过本次任务的学习与训练，学生应掌握图样、零件图和装配图的基本知识以及图纸幅面和格式等相关问题。重点掌握三视图的绘制方法和标注方法，尤其是对尺寸公差和形位公差的标注，应在课后查找相关资料进行总结。

任务 2.2　加工材料与刀具材料的选用

2.2.1 知识技术储备

2.2.1.1 金属材料

金属材料是指金属元素或以金属元素为主构成的具有金属特性的材料的统称。它是目前人们最为熟悉、制造业使用最为广泛的一种材料。自然界中有70多种纯金属，其中常见的有铁、铜、铝、镍、金、银、铅、锌等。而合金是指由两种或两种以上的金属或非金属结合而成，且具有金属特性的材料。金属材料种类繁多，习惯上分成黑色金属和有色金属两类。

1. 黑色金属

黑色金属又称为钢铁材料、铁类合金，包括含铁90%以上的工业纯铁，含碳2%～4%的铸铁，含碳小于2%的碳钢，以及各种用途的不锈钢、耐热钢、高温合金、精密合金等。广义的黑色金属还包括铬、锰及其合金。黑色金属材料的性能较好且加工方便，因此，是机械制造业中应用最广泛的金属材料。

铁是目前应用最广泛的金属材料，它的化学符号是Fe，原子序数是26。它是过渡金属的一种，是地壳含量第二高的金属元素。纯铁具有银白色金属光泽，有良好的延展性、导电性、导热性，有很强的铁磁性，密度为$7.86g/cm^3$，在一个标准大气压下熔点为1535℃，沸点为2750℃。

根据元素组成和性能特点，黑色金属分为三大类，即铸铁、碳素钢及合金钢。

（1）铸铁

铸铁是含碳质量分数大于2.11%的Fe-C合金。真正有工业应用价值的铸铁，其含碳量一般为2.5%～6.67%。工业用铸铁是以铁(Fe)、碳(C)、硅(Si)为主要组成元素并含有锰(Mn)、磷(P)、硫(S)等杂质的多元合金。有时为了进一步提高铸铁的性能或得到某种特殊性能，还加入铬（Cr）、钼（Mo）、钒（V）、铝（Al）等合金元素或提高硅（Si）、锰（Mn）、磷（P）等元素的含量，这种铸铁称为合金铸铁。根据碳的存在形式不同，又可将铸铁分为白口铸铁、灰口铸铁、可锻铸铁、球墨铸铁、蠕墨铸铁和合金铸铁六大类。

① 白口铸铁。碳、硅含量较低，碳主要以渗碳体形态存在，断口呈银白色。凝固时收缩大，易产生缩孔、裂纹。硬度高，脆性大，不能承受冲击载荷。多用作可锻铸铁的坯件和制作耐磨损的零部件。

② 灰口铸铁。碳元素全部或大部分以石墨形式存在的铸铁，称为灰口铸铁，其断口呈暗灰色。灰口铸铁有良好的减振效果，用灰口铸铁制作机器设备的底座或机架等零件时，能有效地吸收机器振动的能量。其还具有良好的润滑性能、良好的导热性能，这是因为石墨是热的良好导体。此外，灰口铸铁的熔炼也比较方便，并且还有良好的铸造性能。由于灰口铸铁流动性能良好，线收缩率和体收缩率较小，铸件不易产生开裂，因此适宜于铸造各种结构复杂的铸件和薄壁铸件，如汽车的气缸体、气缸盖等。

③ 可锻铸铁。碳元素绝大部分以絮状石墨形态存在的铸铁称为可锻铸铁，俗称马口铁。它是由碳元素和硅元素含量较低的铁水浇注成白口铸铁，再经过长时间高温退火而形成的。石墨呈团絮状分布，简称韧铁。其组织性能均匀，耐磨损，有良好的塑性和韧性。用于制造形状复杂、能承受强动载荷的零件。

在退火过程中，随着组织转变时的冷却速度不同，所形成的机体组织也不同，有黑心可锻铸铁和珠光体可锻铸铁等。

黑心可锻铸铁具有较好的塑性和韧性，而且其强度、硬度低，常用于制造载荷不大、需承受较高冲击和振动的零件，如汽车后桥、弹簧支架、低压阀门、管接头、工具扳手等。

珠光体可锻铸铁具有较高的强度、硬度和良好的耐磨性，常用于制造载荷较大、耐磨损并具有一定韧性要求的重要零件，如石油管道、炼油厂管道、商用及民用建筑供气和供水系统的管件等。

需要注意的是，可锻铸铁实际上是不能锻造的，一般用于铸造。

④ 球墨铸铁。碳元素绝大部分以球状石墨形态存在，断口呈银灰色的铸铁称为球墨铸

铁。球墨铸铁是将灰口铸铁铁水经球化处理后获得，析出的石墨呈球状，简称球铁。球墨铸铁比普通灰口铸铁有较高的强度、较好的韧性和塑性。其牌号以"QT"后面附两组数字表示，例如 QT45-5（第一组数字表示最低抗拉强度，第二组数字表示最低延伸率），用于制造内燃机、汽车零部件及农机具等。另外，球墨铸铁经过热处理后，机械性能有较大提高，能替代部分碳钢和合金钢。机械工业中，我们经常听到的"以铁代钢"中的铁，主要就是指球墨铸铁。

⑤ 蠕墨铸铁。蠕墨铸铁是 20 世纪 60 年代中期开始发展起来的一种新型铸铁材料。它是将灰口铸铁铁水经蠕化处理后，向铁水中加入蠕化剂（稀土、镁钛合金等），使石墨形成短蛹状形态而形成的铸铁，因此称为蠕墨铸铁。蠕墨铸铁不仅具有较高的抗拉强度、较好的塑性和韧性，而且具有良好的导热性、减振性、铸造性和切削加工性等性能，常用于制造柴油机气缸盖、进排气管、制动盘和制动鼓等。

⑥ 合金铸铁。在普通铸铁中加入适量合金元素（如硅、锰、磷、镍、铬、钼、铜、铝、硼、钒、锡等）而获得。合金元素使铸铁的基体组织发生变化，从而具有相应的耐热、耐磨、耐腐蚀、耐低温或无磁等特性。合金铸铁用于制造矿山、化工机械和仪器、仪表等的零部件。

（2）碳素钢

碳素钢是指含碳量小于等于 2.06% 的 Fe-C 合金。按化学成分（含碳量）分类，碳素钢可分为工业纯铁、低碳钢、中碳钢和高碳钢。其中，工业纯铁是含碳量小于 0.04% 的 Fe-C 合金；低碳钢是含碳量小于 0.25% 的钢，其强度低、塑性好、焊接性能好，如 Q235-A；中碳钢是含碳量为 0.25%～0.6% 的钢，其强度及塑性适中，用于紧固件和锻件，如 35 钢；高碳钢是含碳量大于 0.6% 的钢，其强度和硬度高，塑性差，可制作弹簧、钢丝绳等，如 65Mn。

常用的碳素钢主要有碳素结构钢、优质碳素结构钢、铸钢。

① 碳素结构钢。碳素结构钢的含碳量为 0.06%～0.38%，杂质元素硫、磷的含量较多，但冶炼容易、价格低廉，并具有较高的塑性和良好的焊接性能，能满足一般的使用要求。因此，一般大量用于机械中普通零件的制造。

② 优质碳素结构钢。优质碳素结构钢的化学成分和机械性能均得到严格保证，杂质元素硫、磷的含量少，热处理后，其机械性能较好，常用于制造较为重要的零件。

③ 铸钢。铸钢是将钢液直接浇注成零件毛坯的碳钢。其含碳量一般为 0.2%～0.6%，具有较好的机械性能、焊接性能，但铸造性能并不理想，常用于制造形状复杂、强度和韧性要求高的零件，如火车车轮、锻锤机架、砧座、轧辊和高压阀门等。

（3）合金钢

合金钢是指除 Fe、C 元素外，还加入了其他元素的钢，也是在普通碳素钢基础上适量地添加一种或多种合金元素而构成的 Fe-C 合金。该类钢材中由于添加了不同的合金元素，并采取了适当的加工工艺，故能够获得较高的强度和较好的韧性、耐磨性、耐腐蚀性、耐低温性、耐高温性、无磁性等特殊性能，按合金元素的种类不同可分为铬钢、锰钢、铬锰钢、铬镍钢、铬镍钼钢、硅锰钼钒钢等。

2. 有色金属

狭义的有色金属又称非铁金属，指除铁（Fe）、铬（Cr）、锰（Mn）三种金属外的金属和合金，如铜、锡、铅、锌、铝以及黄铜、青铜、铝合金和轴承合金等。

广义的有色金属还包括有色合金。有色合金的强度和硬度一般比纯金属高，电阻比纯金属大，电阻温度系数小，具有良好的综合力学性能。常用的有色合金材料有铝及铝合金、铜及铜合金、镁及镁合金、镍及镍合金、锡及锡合金、钛及钛合金、锌及锌合金、钼及钼合金、锆及锆合金等。

另外在工业上还采用铬、镍、锰、钼、钴、钒、钨、钛等，这些金属主要用作合金附加物，以改善金属的性能，其中钨、钛、钼等多用于生产刀具用的硬质合金。以上这些有色金属都称为工业用金属，此外还有贵重金属（铂、金、银等）和稀有金属（包括放射性的铀、镭等）。

(1) 有色金属的发展及应用

工业中最常用的有色金属是铜及铜合金、铝及铝合金，因为它们具有一些特殊的使用性能，所以在现代的工业技术中是不可或缺的材料。同时，有色金属是我国经济发展的基础材料，机械制造、电力、建筑、汽车、航天等行业都以有色金属为基础。现在世界上有许多国家，尤其是发达国家都在争相发展有色金属工业，增加有色金属的战略储备。

(2) 我国有色金属的特点

我国有色金属资源丰富，品种比较齐全，在矿产资源中，有色金属是我国的一大优势。我国有色金属资源的一个特点是复合矿多，不但多种有色金属常共生在一起，而且有些铁矿中也含有大量的有色金属，如攀枝花铁矿中含有大量的钒、钛，包头铁矿中含有大量的稀土。我国钨和稀土等7种金属的储量居世界第一位，铅、镍、钼、铌等5种金属的储量也相当丰富。

(3) 常用的有色金属

铝及铝合金有三大优点：质量轻，比强度大；具有良好的导电性和导热性；耐腐蚀性好。工业纯铝具有银白色，有金属光泽，塑性极好，但强度低，难以满足结构零件的性能要求，主要用作配制铝合金及代替铜制作导线、电器和散热器等。

① 纯铝。纯铝呈银白色，有金属光泽，为面心立方晶格，无同素异构转变。纯铝的密度为 $2.7 \times 10^3 \text{kg/m}^3$，大约是铁的 1/3，熔点为 660℃，是一种轻型金属。纯铝的导电性和导热性较好，仅次于银、铜和金，居第四位。纯铝耐大气及海水腐蚀。纯铝的强度很低（Rm=40～50MPa），但塑性很高（A=35%～50%，Z=80%），能通过冷热压力加工制成各种型材，如丝线箔等。

纯铝的用途非常广泛，主要应用是代替贵重的铜合金制作电线、电缆；配制各种铝合金，制作要求质量轻、导热性好、耐大气腐蚀但强度要求不高的器具及包覆材料等；以及制作屏蔽壳体、反射器、散热器及化工容器等。

② 铝合金。铝合金是在纯铝中加入铜（Cu）、锰（Mn）、硅（Si）、镁（Mg）、锌（Zn）等合金元素而形成的。铝合金不仅能保持纯铝密度小、耐腐蚀性和导热性好的优点，而且其强度比纯铝更高。铝合金常用于制造质量轻、强度要求较高的零件，在汽车及航空制造等部门得到了广泛的应用。

按其加工方法可分为形变铝合金和铸造铝合金。形变铝合金的合金含量较低，塑性较好，可以通过压力加工制成各种型材、板材等，用于制造建筑门窗、飞机蒙皮及构件油箱、铆钉等；铸造铝合金具有较好的铸造性和耐蚀性，应用较为广泛，可用于生产形状复杂及有一定力学性能要求的零件，如内燃机活塞、气缸头、气缸散热套等。

铝合金的用途非常广泛，在航空航天领域用于制作飞机蒙皮、机身框架、大梁、旋翼、螺旋桨、油箱、壁板和起落架支柱，以及火箭锻环、宇宙飞船壁板等；交通运输领域用作汽车、地铁车辆、铁路客车、高速客车的车体结构件材料，也作为车门窗、货架、汽车发动机零件、空调器、散热器、车身板、轮毂及舰艇用材；在包装领域用于饮料、食品、化妆品、药品、香烟、工业产品等的包装；在印刷领域用于制作 PS 版，铝基 PS 版是印刷业的一种新型材料，用于自动化制版和印刷；在建筑领域用于建筑物构架、门窗、吊顶、装饰面等，如各种建筑门窗、幕墙用铝型材、铝幕墙板、压型板、花纹板、彩色涂层铝板等；在家电领域用于各种母线、架线、导体、电器元件、冰箱、空调、电缆等。

③ 纯铜。纯铜为紫红色，又称为紫铜，纯铜的含铜量为 99.50%～99.95%（质量分数），熔点为 1083℃，密度为 $8.91×10^3 kg/m^3$，无磁性，在固态时具有面心立方晶格结构，无同素异构转变。

纯铜属重金属，强度低，塑性好，具有极好的导电性，在大气中具有较好的耐蚀性，并具有抗磁性。纯铜多用于制造电器元件或冷凝器、散热器和热交换器等。

④ 铜合金。纯铜因其强度低而不能作为结构材料使用，因此，工业中广泛使用的是铜合金。

黄铜是以锌为主要添加元素的铜合金，因其具有美丽的金黄色，故称为黄铜。在普通黄铜中常加入锡、铅、铝、硅、锰、铁等合金元素，这些元素的加入可不同程度地提高黄铜的强度、硬度和耐蚀性。铝、锡、锰、镍等元素可提高合金的耐蚀性和耐磨性；锰用于提高合金的耐热性；硅可改善合金的铸造性能；铅可改善合金的切削加工性能和润滑性等。黄铜主要用于制造弹壳、冷凝器管、弹簧、轴套以及耐蚀零件等。

白铜是以镍为主要添加元素的铜合金，因呈银白色而得名。普通白铜（只加镍）具有优良的塑性、耐热性和耐蚀性。特殊白铜有很高的耐蚀性、强度和塑性，适用于制造精密仪器零件、医疗器械等。其他铜合金统称为青铜，如锡青铜、铝青铜、硅青铜、铅青铜等。

3. 金属材料的性能

（1）金属材料的物理性能

金属材料在各种物理条件作用下所表现出来的性能称为物理性能，金属材料的物理性能主要包括密度、熔点、导电性、导热性、热膨胀性、磁性等。

① 密度：同一温度下单位体积物质的质量称为密度（单位 g/cm^3 或 kg/m^3），与水密度之比叫相对密度。

② 熔点：材料在缓慢加热时由固态转变为液态并有一定潜热吸收或放出时的转变温度，称为熔点。

③ 导电性：材料传导电流的能力称为导电性，以电导率（单位 S/m）表示。

④ 导热性：材料传导热量的能力称为导热性，用热导率[单位 W/(m·K)]表示。

⑤ 热膨胀性：材料因温度改变而引起的体积变化现象称为热膨胀性，一般用线膨胀系数来表示。

⑥ 磁性：材料在磁场中能被磁化或导磁的能力称为导磁性或磁性，通常用磁导率（单位 H/m）来表示。

（2）金属材料的化学性能

① 耐蚀性：金属材料在常温下抵抗大气、水蒸气、酸及碱等介质腐蚀的能力称为耐蚀性。

② 抗氧化性：金属材料在高温下抵抗周围环境中的氧气氧化作用的能力称为抗氧化性。

（3）金属材料的力学性能

材料在外力作用下所表现的一些性能（如强度、刚度、韧性等），称为材料的力学性能。金属材料的力学性能主要是指强度、疲劳极限、硬度、塑性和韧性等。

① 强度：金属材料在载荷作用下抵抗塑性变形和断裂的能力称为强度。强度的大小通

常用应力来表示,强度越高,材料所能承受的载荷越大。强度特性的指标主要有屈服强度(用符号 R_e 表示,单位为 MPa)和拉伸强度(用符号 R_m 表示,单位为 MPa)。

② 疲劳极限:材料在受到随时间交替变化的荷载作用时,所产生的应力也会随时间作用交替变化,这种交变应力超过某一极限强度而且长期反复作用即会导致材料破坏,这个极限称为材料的疲劳极限。

③ 塑性:塑性是指金属材料在载荷作用下断裂前发生不可逆永久变形的能力,评定材料塑性的指标通常是伸长率和断面收缩率。

④ 硬度:材料抵抗局部变形,特别是塑性变形、压痕或划痕的能力称为硬度。硬度是金属材料重要的力学性能指标,它不仅可以间接地反映材料强度的高低,还可以反映材料耐磨性的高低。一般来说,材料的硬度越高,耐磨性越好。

⑤ 韧性:金属材料的强度、塑性和硬度这些力学性能指标都是在静载荷作用下测得的,但有许多机械零件和工具在实际工作中往往要受到冲击载荷的作用,如发动机活塞、连杆、曲轴等零件在做功行程中受到很大的冲击载荷;汽车在起步、换挡及制动时其钢板弹簧、齿轮、传动轴、半轴等零件会受到很大的冲击载荷。制造此类零件所用的材料必须考虑其抗冲击载荷的能力,通常用冲击韧度来评定材料抵抗冲击的能力。

4. 金属材料的热处理

金属材料的热处理是将固态金属或合金采用适当的方式进行加热、保温和冷却以获得所需要的组织结构与性能的工艺。用于制造机器的金属材料大多都还要经过热处理。经过热处理的材料其性能会有所变化,这样更有利于机器长久地正常运转。

金属材料的热处理目的在于提高零件的使用性能、充分发挥钢材的潜力、延长零件的使用寿命、改善工件的工艺性能和经济性能。

热处理的方法有退火、正火、淬火、回火及表面热处理等。任何一种热处理均由加热、保温、冷却三阶段所组成。

(1)退火

退火是指将金属或合金加热到一定温度并保温一段时间,然后缓慢冷却的热处理工艺。

退火的主要目的是降低材料硬度,改善其切削加工性,细化材料内部晶粒,均匀组织及消除毛坯在成形(锻造、铸造、焊接)过程中所造成的内应力,为后续的机械加工和热处理做好准备。

常用的退火方法有消除中碳钢铸件缺陷的完全退火、改善高碳钢切削加工性能的球化退火和去除大型铸锻件内应力的去应力退火等。

(2)正火

正火是指将钢加热到一定温度并保温一段时间,然后出炉,在空气中冷却的热处理工艺。在实际生产中,材料正火的目的与退火相似,但由于正火冷却速度比退火冷却速度快,故同类钢正火后的硬度和强度要略高于退火后的硬度和强度,而且由于正火不是随炉冷却,所以生产率高、成本低。因此,在满足性能要求的前提下,应尽量采用正火。对于普通要求的机械零件,有时也可以将正火作为最终工序。

(3)淬火

淬火是指将钢加热到一定温度,保温一段时间后在水或油等冷却介质中快速冷却的热处理方法。淬火主要用来提高钢的硬度和强度,但淬火会引起内应力,使钢变脆,所以淬火后必须回火。

（4）回火

回火是指将淬火后的工件加热到临界点以下的温度，并保温一段时间，然后以一定的方式冷却到室温的热处理工艺。回火是淬火的继续，回火后可减少或消除工件淬火后产生的内应力，调整钢件的硬度和强度，使工件获得所需的综合力学性能。

（5）表面淬火

表面淬火是指将工件表面迅速加热达到淬火温度并奥氏体化，然后迅速予以冷却，使表层被淬为马氏体组织的热处理工艺。表面淬火能够提高工件表层的硬度、耐磨性和疲劳强度，而心部仍保持足够的塑性和韧性。表面淬火可分为感应加热表面淬火、火焰加热表面淬火和激光加热表面淬火等。

（6）化学热处理

化学热处理是指将工件置于化学介质中加热保温，改变其表层的化学成分、组织和性能的处理方法。常用的化学热处理方法有渗碳、渗氮和氰化三种。

2.2.1.2 非金属材料

长期以来，机械工程材料一直以金属材料为主，这是因为金属材料具有许多优良性能，如强度高、热稳定性好、导电导热性好等。但金属材料也存在着密度大、耐腐蚀性差、电绝缘性不好等缺点。而非金属材料有着金属材料所不及的某些性能，且原料来源广泛，自然资源丰富，成形工艺简单、多样，因此广泛应用于航空、航天等许多工业部门以及高科技领域，甚至已经深入到人们的日常生活用品中，正在改变着人类长期以来以金属材料为中心的时代。通常，非金属材料是指金属材料以外的其他一切材料。而机械工程上使用的非金属材料主要有高分子材料、陶瓷材料和复合材料等。

1. **高分子材料**

高分子材料是以高分子化合物为主要组分的材料。通常高分子化合物具有较高的强度、塑性、弹性等力学性能，而低分子化合物不具备这些性能。

高分子化合物分有机高分子化合物和无机高分子化合物（如石棉、云母等）两类。有机高分子化合物又分天然的和合成的两种，由人工合成方法制成的有机高分子化合物称为合成有机高分子化合物。机械工程上使用的高分子材料，如塑料、合成橡胶、合成纤维、涂料和胶黏剂等均是合成有机高分子化合物。

塑料是指以合成树脂高分子化合物为主要成分，加入某些添加剂之后且在一定的温度、压力下塑制成形的材料和制品的总称。塑料按用途可分为工程塑料、通用塑料、特种塑料。

工程塑料是指具有类似金属性能，可以替代某些金属用来制造工程构件或机械零件的一类塑料。它们一般有较稳定的力学性能，耐热耐蚀性较好，且尺寸稳定性好，如 ABS、尼龙、聚甲醛等。

（1）常用热塑性塑料

① 聚乙烯（PE），抗拉强度为 3.9～38MPa，使用温度在-70～100℃之间。聚乙烯的主要特点是加工性能、耐蚀性好，具有优良的电绝缘性，但热变形温度较低，力学性能较差。低密度聚乙烯质轻、透明，吸水性小，化学稳定性好。高密度聚乙烯具有良好的耐热、耐磨和化学稳定性，表面硬度高，尺寸稳定性好。

低密度聚乙烯一般用于耐腐蚀材料，如小载荷齿轮、轴承材料，还用于工业薄膜、农用薄膜、包装薄膜、中空容器及电线电缆包皮等。高密度聚乙烯适用于中空制品、电气及通用机械零部件等，如机器罩盖、手柄、手轮、坚固件、衬套、密封圈、轴承及小载荷齿轮，耐腐蚀容器涂层、管道以及包装薄膜等。

② 聚丙烯（PP），抗拉强度为 40～49MPa，使用温度在-35～120℃之间。聚丙烯的主要特点是无毒、无味、无臭，呈半透明蜡状固体，密度小，几乎不吸水，具有优良的化学稳定性和高频绝缘性，但低温脆性大，不耐磨，易老化。

聚丙烯主要用于化工管道、容器、医疗器械、家用电器部件及汽车工业、中等负荷的轴承元件、密封制件等，如套盒、风扇罩、车门、方向盘等，还可用于电器、防腐、包装材料。

③ 聚苯乙烯（PS），抗拉强度为 50～80MPa，使用温度在-30～75℃之间。聚苯乙烯是无毒、无味、无臭、无色的透明状固体，具有良好的化学稳定性和介电性能、优良的电绝缘性，着色性好，易于成形。但脆性大，耐热性低，耐油和耐磨性差。

聚苯乙烯主要用于日用品、装潢、包装及工业制品，还可用于各类外壳、汽车灯罩、玩具及电信零件等。

④ 丙烯腈-丁二烯-苯乙烯（ABS），抗拉强度为 21～63MPa，使用温度在-40～90℃之间。丙烯腈-丁二烯-苯乙烯主要特点是具有较好的抗冲击性和尺寸稳定性，良好的耐寒、耐热、耐油及化学稳定性；成形性好，可用注射、挤出等方法成形。

丙烯腈-丁二烯-苯乙烯主要用于汽车、机器制造、电器工业等方面制作齿轮、轴承、泵叶轮、把手、电机外壳、仪表壳等。经表面处理可作为金属代用品，如铭牌、装饰品等。

⑤ 聚四氟乙烯（PTFE），俗称"塑料王"（F-4），抗拉强度为 21～63MPa，使用温度在-180～260℃之间。聚四氟乙烯主要特点是使用温度范围广泛，化学稳定性好，电绝缘性、润滑性、耐候性好；摩擦系数和吸水性小；但强度低，尺寸稳定性差。

聚四氟乙烯主要用于耐腐蚀件、减摩耐磨件、密封件、绝缘件及化工用反应器、管道等。在机械工业中常用于无油润滑材料，如轴承、活塞环等。

⑥ 聚酰胺（PA），俗称尼龙，抗拉强度为 47～120MPa，使用温度应低于 100℃。聚酰胺的主要特点是具有较高的强度和韧性，耐磨、耐水、耐疲劳、减摩性好并有自润滑性，抗霉菌、无毒等。但吸水性大，尺寸稳定性差；耐热性不高。

聚酰胺主要用于制作一般机械零件、减摩耐磨件及传动件，如轴承、齿轮、螺栓、导轨贴合面等，还可作高压耐油密封圈，喷涂于金属表面作防腐耐磨涂层。其多采用注射、挤出、浇注等方法成形，并可用车、钻、胶接等方法进行二次加工成形。

⑦ 聚氯乙烯（PVC），抗拉强度为 10～50MPa，使用温度在-15～55℃之间。聚氯乙烯的主要特点是具有较高的机械强度，较大的刚性，良好的绝缘性，较好的耐化学腐蚀性，不燃烧、成本低、加工容易；但耐热性差，冲击强度较低，有一定的毒性。其可根据加入增塑剂用量的不同分为硬质和软质两种。

硬质聚氯乙烯主要用于工业管道、给排水管、建筑及家用防火材料和化工耐蚀的结构材料，如输油管、容器；软质聚氯乙烯主要用于电线、电缆的绝缘包皮，农用薄膜、工业包装等，但因其有毒，不适于食品包装。

⑧ 聚甲醛（POM），抗拉强度是 58～75MPa，使用温度在-40～100℃之间。聚甲醛的主要特点是具有较高的疲劳强度、较好的耐磨性和自润滑性，具有很高的硬度、刚性和抗拉强度；吸水性小，尺寸稳定性、化学稳定性及电绝缘性好；但其耐酸性和阻燃性比较差，密度较大。

聚甲醛主要用于汽车、机床、化工、电气、仪表及农机等行业的各种结构及零部件，如汽车零部件、减摩耐磨及传动件等。同时可代替金属制作各种结构零件，如轴承、齿轮、汽车面板、弹簧衬套等。

⑨ 聚碳酸酯（PC），抗拉强度为 65～70MPa，使用温度在-100～130℃之间。聚碳酸酯的主要特点是无毒、无味、无臭，呈微黄的透明状固体，具有优良的透光性、极高的冲击韧性和耐热耐寒性（可在-100～130℃范围内使用），具有良好的电绝缘性和尺寸稳定性，吸水性小，阻燃性好。但摩擦系数大，高温易水解，且有应力开裂倾向。

聚碳酸酯在机械工业中多用于耐冲击及高强度零部件的制造；在电气工业中可制作电动工具外壳和收录机、电视机等中的元器件，广泛应用于仪表、电信、交通、航空、光学照明、医疗器械等方面。其不但可代替某些金属和合金，还可代替玻璃、木材等进行广泛使用。

（2）橡胶

橡胶是一种具有高弹性的高分子材料，分子量一般在几十万以上，甚至达到百万，是由许多细长而柔软的分子链组成，分子间的作用力很大，其主链通常是柔性链，容易发生链的内旋转，使分子卷曲成团状，互相缠绕，不易结晶。

橡胶的品种很多，按其来源可分为天然橡胶和合成橡胶两种。

① 天然橡胶（NR），属于通用橡胶类，抗拉强度为 25～30MPa，使用温度在-55～100℃之间。天然橡胶主要特点是橡树的胶乳通过一定的过程生成片状生胶再经过硫化后制成的橡胶制品，回弹性能好。这种橡胶有较高的弹性、较好的耐磨性和加工性，其综合力学性能优于多数合成橡胶，但耐氧、耐油、耐热性差，容易老化变质。

天然橡胶广泛用于制造轮胎、胶带、胶管、胶鞋及各种通用橡胶制品等。

② 丁苯橡胶（SBR），属于通用橡胶类，抗拉强度为 15～21MPa，使用温度在-50～140℃之间。丁苯橡胶由丁二烯、苯聚乙烯共聚而成，回弹性能一般。丁苯橡胶与天然橡胶相比，具有良好的耐热性、耐磨性、耐油性、绝缘性和抗老化性，且价格低廉；能与 NR 以任意比例混用。在大多数情况下可代替 NR 使用。缺点是生胶强度低，黏性差，成形困难，硫化速度慢。制成的轮胎在使用中发热量大，弹性差。

丁苯橡胶主要用于制造轮胎、胶带、胶布、胶管、胶鞋等，是天然橡胶理想的代用品。

③ 顺丁橡胶（BR），属于通用橡胶类，抗拉强度为 18～25MPa，使用温度在-70～100℃之间。顺丁橡胶的性能接近天然橡胶，且回弹性能好，耐磨性和耐寒性好，但抗撕裂性及加工性能差。

顺丁橡胶多与其他橡胶混合使用，用于制造轮胎、胶管、耐寒制品、减振器制品等。

④ 氯丁橡胶（CR），属于通用橡胶类，抗拉强度为 25～27MPa，使用温度在-35～130℃之间。氯丁橡胶由氯丁二烯聚合而成。氯丁橡胶力学性能好，且有优良的耐油性、耐热性、耐酸性、耐老化性、耐燃烧性等。但它的电绝缘性差，回弹性能一般，密度大，加工难度大，价格较贵。

氯丁橡胶主要用于制作运输带、胶管、胶带、胶黏剂、电缆护套以及耐蚀管道、各种垫圈和门窗嵌条等。

⑤ 丁基橡胶（HR），属于通用橡胶类，抗拉强度为 17～21MPa，使用温度在-40～130℃之间。丁基橡胶由异丁烯和少量烯戊二烯低温共聚而成。其耐热性、绝缘性、抗老化性较好，透气性极小，回弹性能一般，耐水性好；但强度低、加工性差，硫化速度慢。

丁基橡胶主要用于制造轮胎内胎、水坝衬里、绝缘材料、防水涂层及各种气密性要求高的橡胶制品等。

⑥ 丁腈橡胶（NBR），属于通用橡胶类，抗拉强度为 15～30MPa，使用温度在-10～170℃

之间。丁腈橡胶是丁二烯与丙烯腈的弹性共聚物。其具有优良的耐油性、耐燃烧性、耐热性、耐磨性和耐老化性,且对某些有机溶剂具有很好的抗腐蚀能力。但回弹性能一般,电绝缘性和耐臭氧性差。

丁腈橡胶主要用作耐油制品,如输油管、燃料桶、油封、耐油垫圈等。

⑦ 聚氨酯橡胶(UR),属于特种橡胶类,抗拉强度为 20~35MPa,使用温度在-30~70℃之间。其具有较高的强度和弹性,优异的耐磨性、耐油性,但其回弹性能一般,耐水、酸、碱性较差。

聚氨酯橡胶主要用于制造胶轮、实心轮胎、耐磨件和特种垫圈等。

⑧ 氟橡胶(FBM),属于特种橡胶类,抗拉强度为 20~22MPa,使用温度在-10~280℃之间,具有突出的耐腐蚀性和耐热性,能抵御酸、碱、油等多种强腐蚀介质的侵蚀。但回弹性能一般,低温性和加工性相对较差。

氟橡胶主要用于我国飞行器的高级密封件、胶管以及耐腐蚀材料等。

⑨ 硅橡胶(Q),属于特种橡胶类,抗拉强度为 4~10MPa,使用温度在-100~250℃之间,具有独特的耐高温和低温性,电绝缘性好,抗老化性强。但强度低,耐油性差,回弹性能差,价格高。

硅橡胶主要用于制造耐高、低温零件,绝缘件以及密封、保护材料等。

高分子材料的主要弱点是易老化。对于塑料老化的表现为褪色、失去光泽和开裂;对于橡胶老化的表现是变脆、龟裂、变软、发黏。老化的原因是大分子链发生了降解或交联。降解使大分子变成小分子,甚至单体,因而其强度、弹性、熔点、黏度等降低。最常见的降解是炭化,如烧焦的食物和木头。交联是分子链生成化学键,形成网状结构,从而使其性能变硬、变脆。橡胶老化的主要原因是被氧化而进一步发生交联,由于交联的增加,使橡胶变硬。影响老化的外因有热、光、辐射、应力等物理因素(使其失去弹性)以及氧、臭氧、水、酸、碱等化学因素(使其变脆、变硬和发黏)。

2. 陶瓷材料

传统意义上的"陶瓷"是指使用天然材料(长石和石英等)经烧结成形的陶器和瓷器的总称。现今意义上的陶瓷材料已有了巨大变化,许多新型陶瓷已经远远超出了硅酸盐的范畴,陶瓷材料是指各种无机非金属材料的通称。所谓现代陶瓷材料是指将人工合成的高纯度粉状原料(如氧化物、氮化物、碳化物、硅化物、硼化物、氟化物等)用传统陶瓷工艺方法制造的新型陶瓷。它具有高硬度、高熔点、高抗压强度、耐磨损、耐氧化、耐腐蚀等优点。作为结构材料在许多场合是金属材料和高分子材料所不能替代的。

① 氧化铝陶瓷,主要组成物为 Al_2O_3,一般含量大于 45%,具有优良的耐高温性,高温下长期使用蠕变很小,无氧化,强度大大高于普通陶瓷,硬度很高,仅次于金刚石,具有优良的电绝缘性能和强的耐酸碱侵蚀性。高纯度的氧化铝陶瓷还能抵抗金属或玻璃熔体的侵蚀。

氧化铝陶瓷广泛用来制备耐磨、抗蚀、绝缘和耐高温材料,如用作坩埚、发动机火花塞、高温耐火材料、热电偶套管、密封环等,也可作刀具和模具。

② 氧化锆陶瓷,呈弱酸性或惰性,耐侵蚀,耐高温,但抗热震性差,能抗熔融金属的浸蚀,且作添加剂可大大提高陶瓷材料的强度和韧性。

氧化锆陶瓷主要用作坩埚(铂、铑等金属的冶炼)、高温炉子和反应堆的隔热材料、金属表面的防护涂层等,也常常是陶瓷增韧的材料。

③ 氧化镁陶瓷,是通过加热白云石(镁的碳酸盐)矿石,除去 CO_2 而制成的。其特点

是能抗各种金属碱性渣的腐蚀作用,但机械强度低、热稳定性差,容易水解。

氧化镁陶瓷是典型的碱性耐火材料,常用作炉衬的耐火砖,也可用于制作坩埚、炉衬和高温装置等。

④ 氧化铍陶瓷,除了具备一般陶瓷的特性外,氧化铍陶瓷最大的特点是导热性极好,和铝相近;具有很高的热稳定性。虽然其强度性能不高,但抗热冲击性较高。

氧化铍陶瓷常用于制造坩埚、真空陶瓷和原子反应堆陶瓷等,还可以用于制作激光管、晶体管散热片、集成电路的外壳和基片等。

⑤ 碳化硅陶瓷,主要组成物是Si_3N_4,具有优异的化学稳定性和良好的电绝缘性能。除氢氟酸外,能耐各种酸和碱的腐蚀,也能抵抗熔融有色金属的浸蚀;有良好的耐磨性,摩擦系数小,是一种优良的耐磨材料;热膨胀系数小,抗热震性高。

碳化硅陶瓷常用于耐高温、耐磨、耐蚀和绝缘的零件,如高温轴承、燃气轮机叶片在腐蚀介质中使用的密封环、热电偶套管、输送铝液的管道和阀门,炼钢生产的铁水流量计、农药喷雾器的零件以及金属切削刀具等。

⑥ 碳化硼陶瓷,碳化硼晶体结构与石墨相似,性能也有很多相似之处,故又称"白石墨"。它有良好的耐热性、热稳定性、导热性、高温介电强度,是理想的散热材料和高温绝缘材料,并能抵抗大部分熔融金属的浸蚀,且具有良好的自润滑性,硬度较低,可与石墨一样进行各种切削加工。

碳化硼陶瓷主要用于高温耐磨材料和电绝缘材料、耐火润滑剂等。如制造熔炼半导体的坩埚及冶金用高温容器、半导体散热绝缘零件、高温轴承、热电偶套管及玻璃成形模具等。

⑦ 碳化硅陶瓷,主要组成物是SiC。碳化硅具有很高的热传导能力,抗热震性高,抗蠕变性能好,化学稳定性好,且热稳定性、耐蚀性、耐磨性也很好,是一种具有高强度、高硬度的耐高温陶瓷,也是目前耐高温强度最高的陶瓷。

碳化硅陶瓷常用于加热元件、石墨表面保护层以及砂轮和磨料等,如火箭尾喷管的喷嘴、浇注金属中的喉嘴以及炉管、热电偶套管等,还可用作高温轴承、高温热交换器、核燃料的包封材料以及各种泵的密封圈等。

3. 复合材料

复合材料是由两种以上不同化学成分或不同组织结构的物质,经人工合成而得到的多相材料。它不仅具有各组成材料的优点,而且还能获得单一材料无法具备的优良综合性能。人类在生产和生活中创造了许多人工复合材料,如钢筋混凝土、轮胎、玻璃钢等。

复合材料的比强度大,可减小零件自重;比模量(弹性模量/密度)大,可提高零件相度。这对宇航、交通运输工具等在要求保证性能的前提下减轻自重具有重大的实际意义。复合材料的抗疲劳性、减振性、减摩性和高温性能好,其疲劳极限是抗拉强度的70%~80%,而金属材料的疲劳极限只有其抗拉强度的40%~50%。

(1) 纤维增强复合材料

① 玻璃纤维增强复合材料,是以玻璃纤维为增强剂,以树脂为黏结剂而制成的,俗称玻璃钢。

以热塑性塑料如尼龙、聚苯乙烯等为基体相制成的热塑性玻璃钢,与基体材料相比,强度、抗疲劳性、冲击韧度均可提高2倍以上,达到或超过某些金属的强度,可用来制造轴承、齿轮、仪表盘、壳体等零件。

以热固性树脂,如环氧树脂、酚醛树脂等为基体相制成的玻璃钢,具有密度小,比强度高，耐蚀性、绝缘性、成形工艺性好的优点，可用来制造车身、船体、直升机旋翼、仪表元器件等。

② 碳纤维增强复合材料。这类材料通常是由碳纤维与环氧树脂、酚醛树脂、聚四氯乙烯树脂等所组成，具有密度小，强度、弹性模量及疲劳极限高，冲击韧性好，耐腐蚀、耐磨损等特点，可用作飞行器的结构件，齿轮、轴承等机械零件，以及化工设备和耐蚀件。

（2）层叠复合材料

层叠复合材料是由两层或两层以上不同材料复合而成的。用层叠法增强的复合材料的强度、刚度、耐磨、耐蚀、绝热、隔声、减轻自重等性能都分别得到了改善。

三层复合材料是由两层薄而强度高的面板（或称蒙皮）及中间一层轻而柔的材料构成。面板一般由强度高、弹性模量大的材料组成，如金属板等；中间夹层结构有泡沫塑料和蜂窝格子两大类。这类材料的特点是密度小、刚性和抗压稳定性高、抗弯强度好，常用于航空、船舶、化工等工业，如船舶的隔板及冷却塔等。

（3）颗粒复合材料

颗粒复合材料是由一种或多种颗粒均匀分布在基体材料内而制成的。大小适宜的颗粒高度弥散分布在基体中主要起增强作用。

常见的颗粒复合材料有两类：

① 金属颗粒与塑料复合。金属颗粒加入塑料中，可改善导热、导电性能，降低线膨胀系数。将铅粉加入氟塑料中，可作轴承材料；含铅粉多的塑料可作为射线的屏罩及隔音材料。

② 陶瓷颗粒与金属复合。陶瓷颗粒与金属复合即是金属陶瓷。二者复合，取长补短，使金属陶瓷具有硬度和强度高、耐磨损、耐腐蚀、耐高温和热膨胀系数小等优点，是一种优良的工具材料，其硬度可与金刚石媲美，如 WC 硬质合金刀具就是一种金属陶瓷。

4. 新型材料

（1）纳米材料

纳米材料是 20 世纪 80 年代初发展起来的一种新材料，它具有奇特的性能和广阔的应用前景，被誉为跨世纪的新材料。纳米材料又称超微细材料，其粒子粒径范围在 1～100nm 之间。

由于纳米材料具有优越的性能，它在信息科学领域、生物工程领域、医药学领域、化工领域、材料学领域、航天领域、制造与加工领域、军事领域、环境科学领域等都得到了广泛的应用。

（2）超导材料

超导性是指在特定温度、特定磁场和特定电流条件下电阻趋于零的材料特性，凡具有超导性的物质都称为超导材料或超导体。超导材料是近年发展最快的功能材料之一。

（3）高温材料

所谓高温材料一般是指在 600℃以上，甚至在 1000℃以上能满足工作要求的材料，这种材料在高温下能承受较高的应力并具有相应的使用寿命。常见的高温材料是高温合金，出现于 20 世纪 30 年代，其发展和使用温度的提高与航天航空技术的发展紧密相关。

2.2.1.3 刀具材料的选用原则

金属切削加工是利用刀具切除被加工零件多余材料从而获得合格零件的加工方法，它是机械制造业中最基本的方法。想要很好地完成一项加工任务，除了要有扎实的基本功以外，也需要质量过硬的刀具相配合，才能充分发挥其应有的效能，取得良好的经济效益。

在现代机械制造业中，机械加工的切削刀具对于提高生产效率、改进产品质量起到关键的作用。随着刀具材料迅速发展，各种新型刀具材料，其物理、力学性能和切削加工性能都有了很大的提高，应用范围也不断扩大。而在金属切削加工中，刀具是必不可少的一部分，而刀具材料的选择更是重要的一部分。由于目前国家各工厂所用的刀具材料非常复杂，并且刀具材料的性能优劣能够影响加工零件表面的切削效率、刀具寿命等，而在金属切削过程中刀具切削部分在高温下承受着很大的切削力与剧烈摩擦，所以为了提高工件表面质量、刀具寿命及切削效率，刀具材料应具备以下性能：

① 硬度和耐磨性。刀具材料的硬度必须高于工件材料的硬度，一般要求在60HRC以上。刀具材料的硬度越高，耐磨性就越好。

② 强度和韧性。刀具材料应具备较高的强度和韧性，以便承受切削力、冲击和振动，防止刀具脆性断裂和崩刃。

③ 耐热性。刀具材料的耐热性要好，能承受高的切削温度，具备良好的抗氧化能力。

④ 工艺性能和经济性。刀具材料应具备好的锻造性能、热处理性能、焊接性能、磨削加工性能等，而且要追求高的性能价格比。

当前使用的刀具材料主要分为四大类：工具钢（包括碳素工具钢、合金工具钢、高速钢）、硬质合金、陶瓷、超硬质刀具材料，一般机加工使用最多的是高速钢与硬质合金。

1. 工具钢

用来制造刀具的工具钢主要有三种：碳素工具钢、合金工具钢和高速钢。工具钢的主要特点是耐热性差，但抗弯强度高，价格便宜，焊接与刃磨性能好，故广泛用于中低速切削的成形刀具，不宜高速切削。

（1）碳素工具钢

按化学成分分类，碳素工具钢属于非合金钢；按主要质量等级和主要性能及使用特性分类，碳素工具钢属于特殊质量非合金钢。碳素工具钢常用于制作刀具、模具和量具，其加工性良好，价格低廉，使用范围广泛，所以它在工具钢中用量较大。由于碳素工具钢生产成本极低，原材料来源方便，易于冷热加工，在热处理后可获得相当高的硬度，并且碳素工具钢在切削温度高于250~300℃时，马氏体要分解，使得硬度降低，碳化物分布不均匀，淬火后变形较大，易产生裂纹，淬透性差，淬硬层薄，所以只适用于作切削速度很低的刀具，如锉刀、手用锯条等。

（2）合金工具钢

合金工具钢是在碳素工具钢基础上加入铬、钨、钒等合金元素，以提高淬透性、韧性、耐磨性和耐热性的一类钢种，它主要用于制造量具、刀具、耐冲击工具和冷热模具及一些特殊用途的工具。由于合金工具钢热硬性达325~400℃，允许切削速度为10~15m/min，所以其目前主要用于低速工具，如丝锥、板牙等。

（3）高速钢

高速钢（high speed steel，HSS）是含W、Mo、Cr、V等元素较多，具有高硬度、高耐磨性的工具钢，又称白钢或锋钢。高速钢是综合性能较好、应用范围最广的一种刀具材料，主要用来制造复杂的薄刃和耐冲击的金属切削刀具，也可制造高温轴承和冷挤压模具等。高速钢经过热处理后硬度达62~66HRC，抗弯强度约为3.3GPa，耐热性为600℃左右，此外还具有热处理变形小、能锻造、易磨出较锋利的刃口等优点，常用于制造结构复杂的成形刀具、孔加工刀具，如铣刀、拉刀、切齿刀具等。

① 通用型高速钢。一般可分钨钢、钨钼钢两类。这类高速钢含碳（C）0.7%～0.9%。按钢中含钨量的不同，可分为含钨为12%或18%的钨钢，含钨为6%或8%的钨钼系钢，含钨为2%或不含钨的钼钢。通用型高速钢具有一定的硬度（63～66HRC）和耐磨性、高的强度和韧性、良好的塑性和加工工艺性，因此广泛用于制造各种复杂刀具。

a．钨钢：通用型高速钢钨钢的典型牌号为 W18Cr4V（简称 W18），具有较好的综合性能，在 6000℃时的高温硬度为 48.5HRC，可用于制造各种复杂刀具，具有可磨削性好、脱碳敏感性小等优点，但由于碳化物含量较高，分布较不均匀，颗粒较大，所以强度和韧性不高。

b．钨钼钢：是指将钨钢中的一部分钨用钼代替所获得的一种高速钢。钨钼钢的典型牌号是 W6Mo5Cr4V2（简称 M2）。M2 的碳化物颗粒细小均匀，强度、韧性和高温塑性都比 W18Cr4V 好。另一种钨钼钢为 W9Mo3Cr4V（简称 W9），其热稳定性略高于 M2，抗弯强度和韧性都比 W6Mo5Cr4V2 好，具有良好的可加工性能。

② 高性能高速钢。高性能高速钢是指在通用型高速钢中再增加一些碳、钒及 Co、Al 等合金元素，以提高它的耐热性和耐磨性的新钢种。主要有以下几大类：

a．高碳高速钢。高碳高速钢（如 95W18Cr4V），常温和高温硬度较高，适用于制造用于加工普通钢和铸铁的耐磨性要求较高的钻头、铰刀、丝锥和铣刀等或加工较硬材料的刀具，不宜承受大的冲击。

b．高钒高速钢。典型牌号为 W12Cr4V4Mo（简称 EV4），含钒量提高到 3%～5%，耐磨性好，适合切削对刀具磨损极大的材料，如纤维、硬橡胶、塑料等，也可用于加工不锈钢、高强度钢和高温合金等材料。

c．钴高速钢。属含钴超硬高速钢，典型牌号为 W2Mo9Cr4VCo8（简称 M42），有很高的硬度，其硬度可达 69～70HRC，适合于加工高强度耐热钢、高温合金、钛合金等难加工材料。M42 可磨削性好，适于制作精密复杂刀具，但不宜在冲击切削条件下工作。

d．铝高速钢。属含铝超硬高速钢，典型牌号为 W6Mo5Cr4V2Al（简称 501），6000℃时的高温硬度也可达到 54HRC，切削性能相当于 M42，适宜制造铣刀、钻头、铰刀、齿轮刀具、拉刀等，用于加工合金钢、不锈钢、高强度钢和高温合金等材料。

e．氮高速钢。典型牌号为 W12Mo3Cr4V3N（简称 V3N），属含氮超硬高速钢，硬度、强度、韧性与 M42 相当，可作为含钴高速钢的替代品，用于低速切削难加工材料和低速高精度加工。

③ 熔炼高速钢和粉末冶金高速钢。按制造工艺不同，高速钢可分为熔炼高速钢和粉末冶金高速钢。

a．熔炼高速钢：普通高速钢和高性能高速钢都是用熔炼方法制造的。它们经过冶炼、铸锭和镀轧等工艺制成刀具。熔炼高速钢容易出现的严重问题是碳化物偏析。硬而脆的碳化物在高速钢中分布不均匀，且晶粒粗大（可达几十微米），对高速钢刀具的耐磨性、韧性及切削性能会产生不利影响。

b．粉末冶金高速钢（PM HSS）：粉末冶金高速钢是将高频感应炉熔炼出的钢液，用高压氩气或纯氮气使之雾化，再急冷而得到细小均匀的结晶组织（高速钢粉末），再将所得的粉末在高温、高压下压制成刀坯，或先制成钢坯再经过锻造、轧制成刀具形状。与熔融法制造的高速钢相比，PM HSS 具有的优点是碳化物晶粒细小均匀，强度和韧性、耐磨性相对熔炼高速钢都提高不少。在复杂数控刀具领域 PM HSS 刀具将会进一步发展并占据重要地位。典型牌号如 F15、FR71、GF1、GF2、GF3、PT1、PVN 等，可用来制造大尺寸、承受重载、冲击性大的刀具，也可用来制造精密刀具。

2. 硬质合金

硬质合金是由难熔金属的硬质化合物和黏结金属通过粉末冶金工艺制成的一种合金材料。硬质合金具有耐热性好，切削效率高，强度和韧性较好，耐磨，耐腐蚀等性能。常用的硬质合金中含有大量的WC、TiC，因此硬度、耐热性均高于工具钢。硬质合金是当今主要的刀具材料之一，硬质合金广泛用作刀具材料，如车刀、铣刀、钻头、镗刀等。

硬质合金刀具比高速钢刀具切削速度高4~7倍，刀具寿命高5~80倍，但硬质合金脆性大，不能进行切削加工，难以制成形状复杂的整体刀具，因而常制成不同形状的刀片，采用焊接，粘接，机械夹持等方法安装在刀体或模具上使用。因此大多数车刀、端铣刀和部分立铣刀等均采用硬质合金制造。

（1）硬质合金的种类

按主要化学成分区分，硬质合金可分为碳化钨基硬质合金和碳（氮）化钛[TiC（N）]基硬质合金。

碳化钨基硬质合金包括钨钴类（YG）、钨钴钛类（YT）、添加稀有碳化物类（YW）三类，它们各有优缺点，主要成分为碳化钨（WC）、碳化钛（TiC）、碳化钽（TaC）、碳化铌（NbC）等，常用的金属黏结相是Co。

碳（氮）化钛基硬质合金是以TiC为主要成分（有些加入了其他碳化物或氮化物）的硬质合金，常用的金属黏结相是Mo和Ni。

ISO（国际标准化组织）将切削用硬质合金分为三类：

K类，包括K10~K40，相当于我国的YG类（主要成分为WC、Co）。

P类，包括P01~P50，相当于我国的YT类（主要成分为WC、TiC、Co）。

M类，包括M10~M40，相当于我国的YW类[主要成分WC-TiC-TaC（NbC）-Co]。

各个牌号分别以01~50之间的数字表示从高硬度到最大韧性之间的一系列合金。

（2）硬质合金刀具的性能特点

a．高硬度：硬质合金刀具是由硬度和熔点很高的碳化物（称硬质相）和金属黏结剂（称黏结相）经粉末冶金方法而制成的，其硬度达89~93HRA，远高于高速钢，在5400℃时，硬度仍可达82~87HRA，与高速钢常温时硬度（83~86HRA）相同。硬质合金的硬度值随碳化物的性质、数量、粒度和金属黏结相的含量而变化，一般随金属黏结相含量的增多而降低。在黏结相含量相同时，YT类合金的硬度高于YG类合金，添加TaC（NbC）的合金具有较高的高温硬度。

b．抗弯强度和韧性：常用硬质合金的抗弯强度在900~1500MPa范围内。金属黏结相含量越高，则抗弯强度也就越高。当黏结剂含量相同时，YG类（WC-Co）合金的强度高于YT类（WC-TiC-Co）合金，并随着TiC含量的增加，强度降低。硬质合金是脆性材料，常温下其冲击韧度仅为高速钢的1/30~1/8。

（3）常用硬质合金刀具的应用

YG类合金主要用于加工铸铁、有色金属和非金属材料。细晶粒硬质合金（如YG3X、YG6X）在含钴量相同时比中晶粒的硬质合金硬度和耐磨性要高些，适用于加工一些特殊的硬铸铁、奥氏体不锈钢、耐热合金、钛合金、硬青铜和耐磨的绝缘材料等。

YT类硬质合金的突出优点是硬度高、耐热性好、高温时的硬度和抗压强度比YG类高、抗氧化性能好。因此，当要求刀具有较高的耐热性及耐磨性时，应选用TiC含量较高的牌号。

YT类合金适合于加工塑性材料，如钢材，但不宜加工钛合金、硅铝合金。

YW类合金兼具YG、YT类合金的性能，综合性能好，它既可用于加工钢料，又可用于加工铸铁和有色金属。这类合金如适当增加钴含量，强度可很高，可用于各种难加工材料的粗加工和断续切削。

3. 陶瓷

随着新技术革命的发展，要求不断提高切削加工生产率和降低生产成本，特别是数控机床的发展，要求开发比硬质合金刀具切速更高、更耐磨的新型刀具。近几年来，随着对高温结构陶瓷领域研究的不断深入，使氮化硅陶瓷的性能有了很大提高，从而使氧化硅陶瓷刀具在我国迅速发展起来。

陶瓷刀具是以氧化铝（Al_2O_3）或以氮化硅（Si_3N_4）为基体再加入少量金属，在高温下烧结而成的一种刀具材料。陶瓷刀具具有硬度高、耐磨、耐热、化学性能稳定、摩擦系数低、强度与韧性低和热导率低等特点，因此陶瓷刀具一般适用于在高速下精细加工硬材料。陶瓷刀具广泛应用于高速切削、干切削、硬切削以及难加工材料的切削加工。陶瓷刀具可以高效加工传统刀具根本不能加工的高硬材料，实现"以车代磨"；陶瓷刀具的最佳切削速度可以比硬质合金刀具高2～10倍，从而大大提高了切削加工生产效率；陶瓷刀具材料使用的主要原料是地壳中最丰富的元素，因此，陶瓷刀具的推广应用对提高生产率、降低加工成本、节省战略性贵重金属具有十分重要的意义，也将极大促进切削技术的进步。

（1）陶瓷刀具的种类

陶瓷刀具材料种类一般可分为氧化铝基陶瓷、氮化硅基陶瓷、复合氮化硅-氧化铝基陶瓷三大类。其中以氧化铝基和氮化硅基陶瓷刀具材料应用最为广泛。氮化硅基陶瓷的性能更优越于氧化铝基陶瓷。

（2）陶瓷刀具的性能特点

① 硬度高、耐磨性能好：陶瓷刀具的硬度虽然不及PCD和PCBN高，但大大高于硬质合金和高速钢刀具，达到93～95HRA。陶瓷刀具可以加工传统刀具难以加工的高硬材料，适合于高速切削和硬切削。

② 耐高温、耐热性好：陶瓷刀具在1200℃以上的高温下仍能进行切削。陶瓷刀具具有很好的高温力学性能，Al_2O_3陶瓷刀具的抗氧化性能特别好，切削刃即使处于炽热状态，也能连续使用。因此，陶瓷刀具可以实现干切削，从而可省去切削液。

③ 化学稳定性好：陶瓷刀具不易与金属产生粘接，且耐腐蚀、化学稳定性好，可减小刀具的粘接磨损。

④ 摩擦系数低：陶瓷刀具与金属的亲合力小，摩擦系数低，可降低切削力和切削温度。

（3）陶瓷刀具的应用

陶瓷是主要用于高速精加工和半精加工的刀具材料之一。陶瓷刀具适用于切削加工各种铸铁（灰铸铁、球墨铸铁、可锻铸铁、冷硬铸铁、高合金耐磨铸铁）和钢材（碳素结构钢、合金结构钢、高强度钢、高锰钢、淬火钢等），也可用来切削铜合金、石墨、工程塑料和复合材料。

陶瓷刀具材料性能上存在着抗弯强度低、冲击韧性差的问题，不适于在低速、冲击负荷下切削。

4. 超硬质刀具

超硬质刀具是随着现代工程材料在加工硬度方面提出更高要求而应运而生的，超硬材料的化学成分及其形成硬度的规律和其他刀具材料不同。现代刀具材料高速钢、硬质合金、陶瓷的主要硬质成分是碳化物、氧化物、氮化物，这些化合物的硬度高达 3000HV，加上黏结物质其总体硬度在 2000HV 以下。对于现代工程材料的加工在某些情况下，上述刀具材料的硬度已无法满足需求，于是就产生了超硬质刀具材料。

超硬质刀具材料有很多种，如金刚石、立方氮化硼等，它具有优异的机械性能、物理性能和其他性能，具有很高的硬度、良好的导热性、较高的杨氏模量、较小的密度和较低的断裂韧性，热膨胀很小，其中有些性能适合于刀具。

（1）金刚石刀具

金刚石具有较高的硬度及其他优异性能，它制作的刀具应用范围更广泛，可以加工各种难加工的材料以及非难加工材料，但天然金刚石价格昂贵，主要用于有色金属及非金属的精密加工。

① 金刚石刀具的种类。

a．天然金刚石刀具：天然金刚石作为切削刀具已有上百年的历史了，天然单晶金刚石刀具经过精细研磨，刃口能磨得极其锋利，刃口半径可达 0.002μm，能实现超薄切削，可以加工出极高的工件精度和极低的表面粗糙度，是公认的、理想的和不能代替的超精密加工刀具。

b．PCD 刀具：天然金刚石价格昂贵，金刚石广泛应用于切削加工的还是聚晶金刚石（PCD）。自 20 世纪 70 年代初，采用高温高压合成技术制备的聚晶金刚石（polycrystauine diamond，PCD）刀片研制成功以后，在很多场合下天然金刚石刀具已经被人造聚晶金刚石所代替。PCD 原料来源丰富，其价格只有天然金刚石的几十分之一至十几分之一。

PCD 刀具无法磨出极其锋利的刃口，加工的工件表面质量也不如天然金刚石，现在工业中还不能方便地制造带有断屑槽的 PCD 刀片。因此，PCD 只能用于有色金属和非金属的精切，很难达到超精密镜面切削。

c．CVD 金刚石刀具：20 世纪 70 年代末至 80 年代初，CVD 金刚石技术在日本出现。CVD 金刚石是用化学气相沉积法（CVD）在异质基体（如硬质合金、陶瓷等）上合成的金刚石膜，CVD 金刚石具有与天然金刚石完全相同的结构和特性。

CVD 金刚石的性能与天然金刚石十分接近，不仅兼有天然单晶金刚石和聚晶金刚石（PCD）的优点，还在一定程度上克服了它们的不足。

② 金刚石刀具的性能特点。

a．极高的硬度和耐磨性：天然金刚石是自然界已经发现的最硬的物质。金刚石具有极高的耐磨性，加工高硬度材料时，金刚石刀具的寿命为硬质合金刀具的 10～100 倍，甚至高达几百倍。

b．具有很低的摩擦系数：金刚石与一些有色金属之间的摩擦系数比其他刀具都低，摩擦系数低，加工时变形小，可减小切削力。

c．切削刃非常锋利：金刚石刀具的切削刃可以磨得非常锋利，天然单晶金刚石刀具可高达 0.002～0.008μm，能进行超薄切削和超精密加工。

d．具有很高的导热性能：金刚石的热导率及热扩散率高，切削热容易散出，刀具切削部分温度低。

e．具有较低的热膨胀系数：金刚石的热膨胀系数比硬质合金小许多，由切削热引起的刀具尺寸的变化很小，这对尺寸精度要求很高的精密和超精密加工来说尤为重要。

③ 金刚石刀具的应用。金刚石刀具多用于在高速下对有色金属及非金属材料进行精细

切削及镗孔。适合加工各种耐磨非金属，如玻璃钢粉末冶金毛坯、陶瓷材料等；各种耐磨有色金属，如各种硅铝合金；各种有色金属光整加工。金刚石刀具的不足之处是热稳定性较差，切削温度超过 700～800℃时，就会完全失去其硬度；此外，它不适于切削黑色金属，因为金刚石（碳）在高温下容易与铁原子作用，使碳原子转化为石墨结构，刀具极易损坏。

（2）立方氮化硼刀具

用与金刚石制造方法相似的方法合成的第二种超硬材料——立方氮化硼（CBN）具有较高硬度和高热稳定性，在大气中加热至10000℃也不发生氧化。由于立方氮化硼对铁族元素呈惰性，且对于黑色金属具有极为稳定的化学性能，故最适合制作切削各种淬硬质钢（碳素工具钢、合金工具钢、高速钢等）以及各种铁基、镍基、钴基和其他热喷涂（焊）零件。

① 立方氮化硼刀具的种类。立方氮化硼（CBN）是自然界中不存在的物质，有单晶体和多晶体之分，即 CBN 单晶和聚晶立方氮化硼（polycrystalline cubic bornnitride，PCBN）。CBN 是氮化硼（BN）的同素异构体之一，结构与金刚石相似。

PCBN 是在高温高压下将微细的 CBN 材料通过结合相（TiC、TiN、Al、Ti 等）烧结在一起的多晶材料，是目前利用人工合成的硬度仅次于金刚石的刀具材料，它与金刚石统称为超硬刀具材料。PCBN 主要用于制作刀具或其他工具。

PCBN 刀具可分为整体 PCBN 刀片和与硬质合金复合烧结的 PCBN 复合刀片。

PCBN 复合刀片是在强度和韧性较好的硬质合金上烧结一层0.5～1.0mm 厚的PCBN 而成的，其性能兼有较好的韧性和较高的硬度及耐磨性，它解决了 CBN 刀片抗弯强度低和焊接困难等问题。

② 立方氮化硼刀具的性能特点。立方氮化硼的硬度虽略次于金刚石，但远远高于其他高硬度材料。CBN 的突出优点是热稳定性比金刚石高得多，可达 1200℃以上（金刚石为 700～800℃），另一个突出优点是化学惰性大，与铁元素在 1200～1300℃下也不起化学反应。立方氮化硼的主要性能特点如下。

a．高的硬度和耐磨性：CBN 晶体结构与金刚石相似，具有与金刚石相近的硬度和强度。PCBN 特别适合于加工从前只能磨削的高硬度材料，能获得较好的工件表面质量。

b．具有很高的热稳定性：CBN 的耐热性可达 1400～1500℃，比金刚石的耐热性（700～800℃）几乎高 1 倍。PCBN 刀具可用比硬质合金刀具高 3～5 倍的速度高速切削高温合金和淬硬钢。

c．优良的化学稳定性：CBN 与铁系材料在 1200～1300℃时也不起化学作用，不会像金刚石那样急剧磨损，所以它仍能保持硬质合金的硬度；PCBN 刀具适合于切削淬火钢零件和冷硬铸铁，可广泛应用于铸铁的高速切削。

d．具有较好的导热性：CBN 的导热性虽然赶不上金刚石，但是在各类刀具材料中 PCBN 的导热性仅次于金刚石，大大高于高速钢和硬质合金。

e．具有较低的摩擦系数：低的摩擦系数可使切削时切削力减小，切削温度降低，提高加工表面质量。

③ 立方氮化硼刀具的应用。立方氮化硼适于精加工各种淬火钢、硬铸铁、高温合金、硬质合金、表面喷涂材料等难切削材料。加工精度可达 IT5（孔为 IT6），表面粗糙度值可小至 Ra 1.25～0.20μm。

立方氮化硼刀具材料的韧性和抗弯强度较差。因此，立方氮化硼车刀不宜用于低速、冲击载荷大的粗加工；同时不适合切削塑性大的材料（如铝合金、铜合金、镍基合金、塑性大的钢等），因为切削这些金属时会产生严重的积屑瘤，而使加工表面恶化。

刀具材料必须根据所加工的工件和加工性质来选择。刀具材料的选用应与加工对象合理匹配。切削刀具材料与加工对象的匹配，主要指二者的力学性能、物理性能和化学性能相匹配，以获得最长的刀具寿命和最大的切削加工生产率。

各种刀具材料的主要性能指标如表 2-9 所示。

表 2-9　各种刀具材料的主要性能指标

种类		密度/(g/cm³)	耐热性/℃	硬度	抗弯强度/MPa	热导率/[W/(m·K)]	热膨胀系数/×10⁻⁶℃⁻¹
聚晶金刚石		3.47~3.56	700~800	>9000HV	600~1100	210	3.1
聚晶立方氮化硼		3.44~3.49	1300~1500	4500HV	500~800	130	4.7
陶瓷刀具		3.1~5.0	>1200	91~95HRA	700~1500	15.0~38.0	7.0~9.0
硬质合金	钨钴类	14.0~15.5	800	89~91.5HRA	1000~2350	74.5~87.9	3~7.5
	钨钴钛类	9.0~14.0	900	89~92.5HRA	800~1800	20.9~62.8	
	通用合金	12.0~14.0	1000~1100	约 92.5HRA			
	TiC 基合金	5.0~7.0	1100	92~93.5HRA	1150~1350		8.2
高速钢		8.0~8.8	600~700	62~70HRC	2000~4500	15.0~30.0	8~12

2.2.1.4　加工零件选材原则

1. 使用性能原则

（1）零件的使用性能

零件的使用性能主要是指零件在正常使用状态下应具有的力学性能、物理性能和化学性能。满足使用性能是零件安全可靠工作的基础，是保证零件的设计功能实现的必要条件，是选材最主要的原则。

（2）零件的工作条件

零件的工作条件是复杂的，由于零件的工作状况不同，选择材料的原则也不相同。

（3）零件的力学性能

材料各项力学性能指标可满足零件不同的使用要求，应从零件的工作条件和预期寿命中找出对材料力学性能的要求，在确定了零件的具体力学性能指标和数值以后，即可利用各种机械手册选材。

几种常见零件的工作条件、失效形式如表 2-10 所示。

表 2-10　常见零件的工作条件和失效形式

零件	工作条件			常见失效形式
	应力类型	载荷性质	受载状态	
紧固螺栓	拉、剪切	静载		过量变形断裂
传动轴	弯、扭	循环、冲击	轴径摩擦、振动	疲劳断裂、过量变形、轴径磨损
传动齿轮	压、弯	循环、冲击	摩擦、振动	折断、疲劳断裂、表面疲劳磨损
滚动轴承	压	循环	摩擦	过度磨损、点蚀、表面疲劳磨损
弹簧	扭、弯	交变、冲击	振动	弹性失稳、疲劳破坏
冷作模具	复杂应力	交变、冲击	强烈摩擦	磨损、折断

2. 工艺性能原则

（1）材料的主要工艺性能

材料的工艺性能表示材料加工的难易程度，包括铸造性能、锻造性能、焊接性能、切削加工性能及热处理性能。制造任何一个合格的机械零件都要经过一系列的加工过程，因此，工艺性能将直接影响零件的质量、生产效率和成本。在选材时，同使用性能相比较，材料的工艺性能一般处于次要地位。

① 铸造性能：铸造性能常用流动性、收缩性等指标来综合评定，不同金属材料的铸造性能不同。

② 锻造性能：锻造性能常用塑性和变形抗力来综合评定。

③ 焊接性能：焊接性能主要与材料中碳的质量分数有关。

④ 切削加工性能：对于要求有较高精度的零件，毛坯成形后还需要进行切削加工。

⑤ 热处理性能：重要的零件都要进行热处理，选材时就要考虑材料的热处理性能。

应该指出的是，在大多数情况下，工艺性原则是一个辅助原则，处于次要的从属地位。但在某些情况下，如大批量生产、使用性能要求不高、工艺方法高度自动化等条件下，工艺性原则将成为决定因素，处于主导地位。

（2）典型零件的加工过程

金属材料的一般加工过程如图2-69所示。

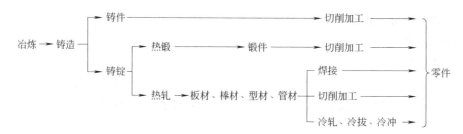

图 2-69　金属材料的一般加工过程

① 性能要求不高的零件加工路线为：毛坯→正火退火→切削加工→零件。

② 性能要求较高的零件加工路线为：毛坯→预备热处理（正火或退火）→粗加工→最终热处理（淬火、回火、固溶时效处理或渗碳等）→精加工→零件。

③ 性能要求较高的精密零件加工路线为：毛坯→预备热处理（正火或退火）→粗加工→最终热处理（淬火、低温回火、固溶时效处理或渗碳等）→半精加工→稳定化处理或氮化→精加工→稳定化处理→零件。

3. 经济性原则

除了使用性能与工艺性能外，材料的经济性也是选材的根本原则。

（1）材料的价格

不同材料的价格差异很大，而且在不断变动，因此选材时应对材料的市场价格有所了解，以便于核算产品的制造成本。

（2）国家的资源状况

随着工业的发展，资源和能源的问题日益突出，选用材料时必须对此有所考虑，特别是对于大批量生产的零件，所用的材料应来源丰富并符合我国的资源状况。

（3）零件的总成本

在满足零件使用性能的前提下，选材时应考虑尽量降低零件的总成本。零件的总成本与零件的寿命、质量、加工费用、维修费用和材料价格有关。例如，模具零件选材时，若加工零件的批量很小，选择价格低廉的材料可使总成本降低；但加工零件的批量很大时，应选择价格高的高性能材料，保证模具的寿命，反而可使总成本降低。一些机器零件失效若不会造成设备事故，且拆装及更换维修方便，则应选价格低廉的材料；而有些机器零件（如发动机上的曲轴）一旦失效将造成整台机器的损坏，则一定要选价格较高的材料并进行高质量的加工，这样产品的总成本才能降低。因此，选材时应根据各种资料，对生产零件的总成本进行分析，使总成本降至最低，以便选材和设计等工作做得更合理。

4. 零件选材的基本方法

零件选材的基本方法应视零件的具体服役条件而定，如果是新设计的关键零件，通常应先进行必要的力学性能试验；如果是一般的常用零件（如轴类零件或齿轮等），可以参考同类型产品中零件的有关资料和国内外失效分析报告，根据零件的具体工作条件，找出其最主要的性能要求，以此作为选材的主要依据。

（1）以力学性能为主时的选材

① 以综合力学性能为主时的选材。若零件在工作时承受冲击力和循环载荷，其失效形式主要是过量的变形与疲劳断裂，要求材料具有较高的强度、疲劳强度、塑性和韧性，则要求材料具有较好的综合力学性能。

② 以疲劳强度为主时的选材。疲劳破坏是零件在交变应力作用下最常见的破坏形式，如发动机曲轴、齿轮、弹簧及滚动轴承等零件的失效，大多数是由疲劳破坏引起的。

通常认为应力集中是导致疲劳破坏的重要原因。实践证明，材料的强度越高，疲劳强度也越高；在强度相同的条件下，调质后的组织比退火、正火后的组织具有更高的塑性和韧性，且对应力集中敏感性小，具有较高的疲劳强度。因此，对于承受载荷较大的零件应选用淬透性较高的材料，以便通过调质处理，提高零件的疲劳强度。此外，改善零件的结构形状，避免应力集中，降低零件表面的粗糙度值和采取表面强化处理等方法，可以提高零件的疲劳强度。

（2）以磨损为主时的选材

根据零件的工作条件不同，以磨损为主的选材可分为以下两种情况：

① 受力较小、磨损较大的零件。受力较小、磨损较大的零件以及各种量具、钻套、顶尖、刃具等，其主要失效形式是磨损，故要求材料具有高的耐磨性。

② 要求外硬而内韧的零件。对同时受交变载荷和冲击载荷作用，并且要求耐磨的零件，其主要失效形式是磨损、过量变形与疲劳断裂，要求材料表面具有高的耐磨性而心部应有一定的综合力学性能。

5. 零件选材的步骤

零件材料的合理选择通常是按以下步骤进行的：

① 在分析零件的工作条件、失效形式及形状尺寸后，确定零件的使用性能和工艺性能。

② 对同类产品的用材情况进行调查研究，从其使用性能、原材料供应和加工等各个方面进行分析，判断其选材是否合理，以此作为选材时的参考。

③ 结合同类零件的失效分析结果，通过力学计算或试验等方法，确定零件在实际使用中应具有的主要性能指标及零件的技术条件，特别是关键性能指标。

④ 通过比较选择合适的材料，综合考虑所选材料是否满足零件的使用性能和工艺性能要求，以及能否适应先进工艺和组织现代化生产。

⑤ 确定热处理方法或其他强化方法。

⑥ 审核所选材料的经济性（包括材料费、加工费和使用寿命等）。

⑦ 对关键性零件投产前应对所选材料进行试验，以验证所选材料与热处理方法能否达到各项性能指标要求，冷热加工有无困难。

上述选材步骤只是一般过程，对于某些重要零件的选材如有同类产品可供参考，则可不必试制而直接投产。而对于不重要的零件或某些单件、小批量生产的非标准零件，以及维修中所用的材料，若对材料选用和热处理都有成熟资料和经验，则可不进行试验和试制。

6. 零件选材中的注意事项

零件选材通常遵循选材的基本原则，一般认为在正常工作条件下，该零件运行应该是安全可靠的，生产成本也应该是经济合理的。但是，由于有许多没有估计到的因素会影响到材料的性能和零件的使用寿命，甚至也影响到该零件生产及运行的经济效益，因此，零件选材时还必须注意以下一些问题。

（1）零件的实际工作情况

实际使用的材料不可能绝对纯净，大都存在或多或少的夹杂物及各种不同类型的冶金缺陷，它们的存在都会对材料的性能产生各种不同程度的影响。

（2）材料的尺寸效应

用相同材料制成的尺寸大小不同的零件，其力学性能会有一些差异，这种现象称为材料的尺寸效应。例如钢材，由于尺寸大的零件淬硬深度小，尺寸小的零件淬硬深度大，从而使得零件淬火后在整个截面上获得的组织不均匀。淬透性低的钢材尺寸效应更为明显。

（3）材料力学性能之间的合理配合

由于硬度值是材料非常重要的一个性能指标，且测定简便而迅速，又不破坏零件，此外材料的硬度与其他力学性能指标存在或多或少的联系，因此，大多数零件在图样上标注的技术性能指标都是其硬度值。

2.2.2 任务实施

2.2.2.1 计划与决策

以小组为单位，对所拿到的样件、毛坯、刀具等对象的材料进行分类，区分各样件、毛坯、刀具等对象的材料，简述其性能并进行汇报。

2.2.2.2 实施过程

实施过程如表 2-11 所示。

表 2-11 实施过程

步骤	工作内容	备注
1	按要求布置检测现场	
2	按照要求对所拿到的对象进行分类	
3	记录检测对象的观察、讨论结果	
4	根据所检测的材料对其性能进行汇报	
5	做好检测对象的"6S"检查表和 TPM 点检表	
6	做好检测现场的"6S"	

2.2.3 检查、评价与总结

2.2.3.1 检查与评价

检查与评价如表 2-12 所示。

表 2-12 检查与评价

姓名		班级		学号		组别	
项目检查				评分标准：采用 10-9-7-5-0 分制			
序号	检查项目			学生自评	小组互评		教师评分
1	所检测物品的材料及性能						
2	对物品工作场合与加工性能进行描述						
3	选择切削（或被切削）工具						
				总成绩			
姓名		班级		学号		组别	
能力评价				评分标准：采用 10-9-7-5-0 分制			
序号	检查项目			学生自评	小组互评		教师评分
1	独立识别环境是否符合 HSE 规范						
2	运用 HSE 责任与权利						
3	个人安全防护						
4	识别标识并提醒他人						
				总成绩			

分数计算：			成绩：		
项目检查=	$\dfrac{总分（I）}{0.7}$	=		×0.5	=
能力评价=	$\dfrac{总分（II）}{0.7}$	=		×0.5	=
		总成绩			

2.2.3.2 总结讨论

1．简述金属材料的定义、特点及应用。
2．金属材料的力学性能包括哪几个方面？
3．金属切削加工对刀具材料的要求有哪些？
4．机械加工选择毛坯时应注意哪些问题？
5．常用的刀具材料有哪几种？试比较其性能和用途。
6．何谓工程塑料？工程塑料有什么特性？如何分类？有何区别？
7．请简述橡胶的特性。如何防止橡胶老化？

任务 2.3 钳工常用量具

2.3.1 知识技术储备

2.3.1.1 量具概述

测量是对被测量对象定量认识的过程，即将被测量(未知量)与已知的标准量进行比较，以得到被测量大小的过程。为保证加工后的工件各项技术参数符合设计要求，在加工前后及加工过程中，都必须用量具进行测量。

1. **量具的种类**

用来测量、检验零件和产品尺寸及形状的工具称为量具。随着测量技术的迅速发展，量具的种类也越来越多，根据其用途和特点不同，量具可分为如表2-13所示的几类。

表2-13 量具的分类及使用特点

分类	使用特点	举例
万能量具（通用量具）	这类量具一般都有刻度，在测量范围内可以测量零件和产品形状及尺寸的具体数值	钢直尺、游标卡尺、千分尺、游标万能角度尺等
专用量具（极限量规）	这类量具不能测量出实际尺寸，只能测定零件和产品的形状及尺寸是否合格	刀口直尺、刀口角尺、塞尺、半径样板、螺纹量规等
标准量具（定值量具）	这类量具只能制成某一固定尺寸，通常用来校对和调整其他量具，也可以作为标准与被测量件进行比较	量块、角度量块、千分尺校验棒等
量仪	测量准确，精度高	光学量仪、显微镜等

钳工在工作中主要是对工件的直线、曲线、角度以及形状和位置精度进行检查，所以钳工常用的量具主要是万能量具、专用量具和标准量具。

2. **长度计量单位**

（1）公制长度单位

机械制造业中的主单位为毫米（mm），1mm=10dmm（丝米），1mm=100cmm（忽米），1mm=1000μm（微米），在工厂车间，习惯将忽米（cmm）称为"丝"或"道"。

（2）英制长度单位

在英制长度单位中，1码=3英尺（ft，′），1英尺=12英寸(in，″)，1英寸=8英分，机械制造业中英制长度主单位为英寸。

（3）公英制换算

1in=25.4mm。

（4）平面角的角度计量单位

平面角的角度计量单位分为角度制和弧度制。

① 角度制的单位是度（°）、分（′）、秒（″）。

② 弧度制的单位是弧度（rad），$1\text{rad}=180/\pi=57°17′45″$。

③ 角度制与弧度制的换算：$1°=0.0174533\text{rad}$。

3. **检测方法及精度**

① 测量是指以确定被测对象量值为目的的一组实验操作。

② 测试是指具有试验性质的测量，也可理解为试验和测量的全过程。

③ 检验是指只确定被测几何量是否在规定的极限范围之内，从而判断被测对象是否合格，而无需得出具体量值的操作。

④ 测量精度（精准程度）是指测量结果与真值的一致程度。任何测量过程总不可避免出现测量误差，误差大，说明测量结果离真值远，精度低；反之，精度高。因此精度和误差是两个相对的概念。由于存在测量误差，任何测量结果都只能是要素真值的近似值。以上说明测量结果有效值的准确性是由测量精度确定。

⑤ 加工精度是指零件在加工后，其尺寸、几何形状、相互位置等几何参数的实际数值与理想零件的几何参数相符合的程度。符合程度愈高，加工精度愈高。机械加工精度包括尺寸精度、形状精度和位置精度。

2.3.1.2 万能量具

1. 钢直尺

（1）钢直尺的结构

钢直尺是用来测量和划线的一种简单量具，一般用来测量毛坯或尺寸精度不高的工件。常用钢直尺的规格为 0～150mm、0～300mm、0～500mm、0～1000mm、0～2000mm 五种。钢直尺的结构如图 2-70 所示，正面刻有刻度间距为 1mm 的刻线，在下测量面前端 50mm 的范围内还刻有刻度间距为 0.5mm 的刻线，背面刻有公英制换算表或英制单位的刻线。

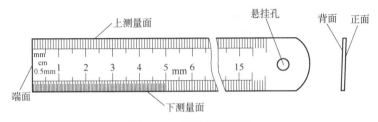

图 2-70　钢直尺的结构

（2）钢直尺的使用方法

如图 2-71 所示，测量时，尺身端面应与工件远端尺寸起始处对齐，大拇指的指腹顶住尺身下测量面，指甲顶住工件近端并确定工件长度尺寸，读数时，视线应垂直于尺身正面。

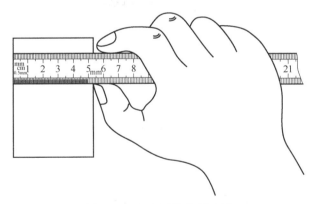

图 2-71　钢直尺的使用方法

2. 游标卡尺

游标卡尺是万能量具，游标卡尺属于中等精度量具，主要用来测量工件的外径、内径、孔径、长度、宽度、深度、孔距等尺寸。常用的游标卡尺有普通游标卡尺、表盘游标卡尺、数显游标卡尺等。

游标卡尺的规格有 0～125mm、0～200mm、0～300mm 等多种，测量精度有 0.10mm、0.05mm、0.02mm 三种，常见的是 0.02mm。

（1）游标卡尺的结构

常用的普通游标卡尺主要有三用游标卡尺（如图 2-72 所示）、双面游标卡尺（如图 2-73

所示)、单面游标卡尺(如图 2-74 所示)、深度游标卡尺(如图 2-75 所示)、表盘游标卡尺(如图 2-76 所示)和数显游标卡尺(如图 2-77 所示)。

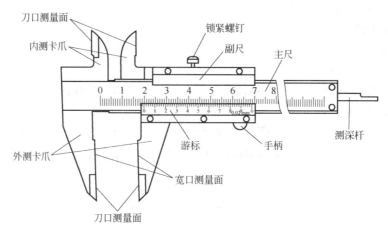

图 2-72 三用游标卡尺

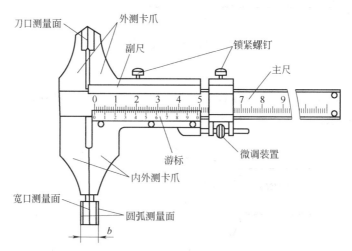

图 2-73 双面游标卡尺

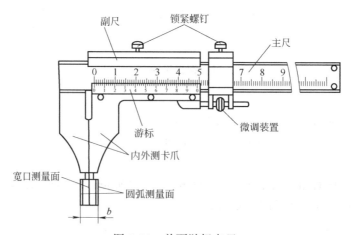

图 2-74 单面游标卡尺

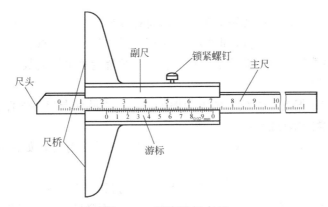

图 2-75 深度游标卡尺

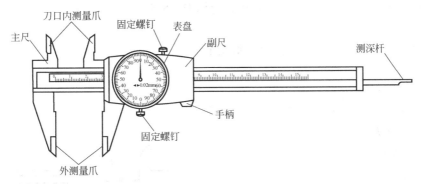

图 2-76 表盘游标卡尺

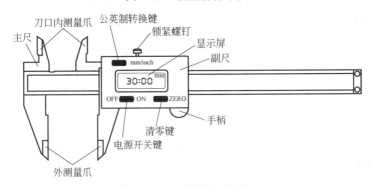

图 2-77 数显游标卡尺

（2）游标卡尺的读数方法

游标卡尺测量工件时，读数分为三个步骤，如图 2-78 所示。

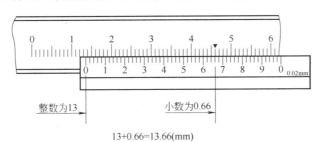

13+0.66=13.66(mm)

图 2-78 游标卡尺的读数方法

① 先读出主尺身游标刻线的整数部分，即游标 0 刻线与左边尺身最靠近的一条刻线。

② 再读出副尺游标小数部分，即哪一条游标刻线与尺身刻线重合。

③ 将读数的整数部分与读数的小数部分相加所得值为测量的读数。

（3）游标卡尺的使用

① 测量前用软布把量爪和被测量表面擦干净，检查游标卡尺各部件的相互作用，如尺框移动是否灵活，紧固螺钉能否起作用等。

② 使两卡爪并拢，查看游标和主尺身的零刻度线是否对齐，如没有对齐则要记取零误差。

③ 测量外径(或内径)工件时，右手拿住尺身，大拇指推动游标，左手拿待测工件，应先将两量爪张开到略大于被测尺寸，再将固定量爪的测量面紧贴工件，轻推活动量爪至量爪接触工件表面为止，如图 2-79 所示。测量时，游标卡尺测量面的连线要垂直于被测表面，不可处于歪斜位置，否则测量值不正确。

④ 读数时，光线应明亮，目光应正垂直于尺面。

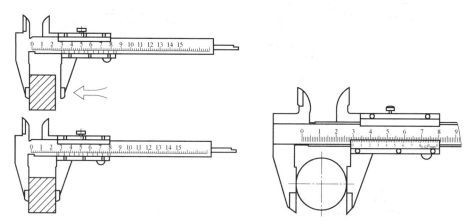

图 2-79　游标卡尺的使用

3. 千分尺

千分尺又叫螺旋测微器，是生产中常用的一种精密量具，测量精度比游标卡尺高，其测量精度为 0.01mm。千分尺的种类按用途可分为外径千分尺、内径千分尺、深度千分尺等几种。

（1）外径千分尺

① 外径千分尺的结构。外径千分尺主要用来测量工件长、宽、厚和直径，其规格按测量范围可分为 0～25mm、25～50mm、50～75mm、75～100mm、100～125mm 等，制造精度分为 0 级和 1 级两种，使用时按被测工件的尺寸选取。如图 2-80 所示为 0～25mm 外径千分尺。

② 外径千分尺的读数方法。外径千分尺的固定套筒每一格为 0.5mm，而微分筒上每一格为 0.01mm，千分尺的具体读数方法可分如下三步。

a．读出固定套筒上露出刻线的毫米及半毫米数。

b．看微分筒上哪一条刻度线与固定套筒的基准线对齐或接近重合，读出小数部分。

c．将两个读数相加，即为测得的实际尺寸。

如图 2-81 所示为外径千分尺的读数方法。

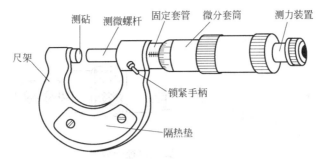

图 2-80　0～25mm 外径千分尺

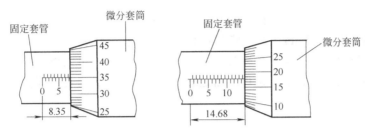

图 2-81　外径千分尺的读数方法

③ 千分尺的使用方法。

a．测量前应将千分尺的测量面擦拭干净，不许粘油污等异物，并检查零位的准确性。

b．测量时应将工件的被测量表面擦拭干净，以保证测量正确。

c．千分尺一般用双手握尺对工件进行测量，为了测量的方便，也可用单手握尺进行测量。单手测量时，旋转微分筒的力要适当，力的大小与检查零位时的力相同；双手测量时，先转动微分筒，当测量面即将接触工件表面时再转动棘轮，当测微螺杆的测量面接触到工件被测表面后会发出"咔咔"的响声，棘轮一般旋转 2～3 次后应停止转动，读取测量数值。

d．测量时，测微螺杆的轴线应垂直于工件被测表面。

e．测量平面尺寸时，一般情况下，测量工件四个角和中间一点，共测量五点；狭长平面测量两头和中间一点，共测量三点。

f．千分尺使用过程中，应轻拿轻放，不可与工具、刀具、工件等放在一起，用后应放入盒内。

g．千分尺使用后应擦拭干净，并在测量砧座上涂防锈油，不要使两砧座旋紧接触，要留出 0.5～1mm 的间隙。

h．定期送计量部门进行保养和精度检测。

（2）内径千分尺

内径千分尺是利用螺旋副的运动原理进行测量和读数的一种测微量具，用于测量内径等内部尺寸。

内径千分尺的读数原理和读数方法与外径千分尺相同，只是由于用途不同，在外形和结构上有所差异。

① 卡脚式内径千分尺。卡脚式内径千分尺如图 2-82 所示，它是用来测量中小尺寸孔径、槽宽等内尺寸的一种测微量具。其由圆弧测量面、卡脚、固定套管、微分筒、测力装置和锁紧装置等构成，测量范围为 5～30mm。

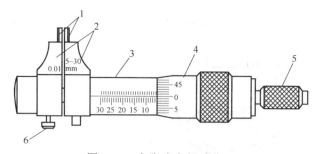

图 2-82 卡脚式内径千分尺

1—圆弧测量面；2—卡脚；3—固定套管；4—微分筒；5—测力装置；6—锁紧装置

② 接杆式内径千分尺。接杆式内径千分尺如图 2-83 所示，用来测量 50mm 以上的内尺寸，其测量范围为 50～63mm。为了扩大测量范围，配有成套接长杆，如图 2-83（b）所示。连接时卸掉保护螺母，把接长杆右端与内径千分尺左端旋合，可以连接多个接长杆，直到满足需要为止。其由测量头、保护螺母、固定套管、微分筒和锁紧装置等构成。

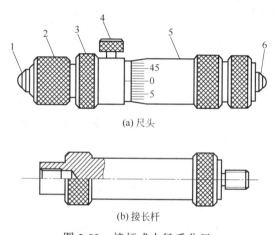

图 2-83 接杆式内径千分尺

1,6—测量头；2—保护螺母；3—固定套管；4—锁紧装置；5—微分筒

（3）深度千分尺

深度千分尺如图 2-84 所示，其主要结构与外径千分尺相似，只是多了一个尺桥而没有尺

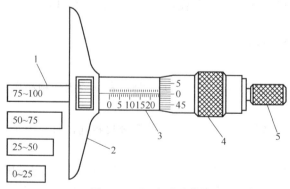

图 2-84 深度千分尺

1—可换测量杆；2—尺桥；3—固定套管；4—微分筒；5—测力装置

架。深度千分尺主要用于测量孔和沟槽的深度及两平面间的距离。在测微螺杆的下面连接着可换测量杆，测量杆有四种尺寸，测量范围分别为 0～25mm、25～50mm、50～75mm、75～100mm。

4. 百分表

（1）百分表的结构

常用的百分表有钟面式和杠杆式两种。

钟面式百分表的结构如图 2-85 所示。图中 3 为主指针，10、11 分别为测量头和测量杆，表盘 1 上刻有 100 个等分格，其刻度值为 0.01mm，常见的测量范围为 0～3mm、0～5mm 和 0～10mm。测量时，测量头移动的距离等于小指针的读数加大指针的读数。

杠杆式百分表的结构如图 2-86 所示。

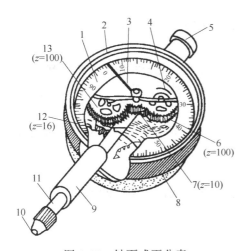

图 2-85 钟面式百分表

1—表盘；2—表圈；3—主指针；4—转数指示盘；
5—挡帽；6,7,12,13—齿轮；8—表体；
9—轴管；10—测量头；11—测量杆

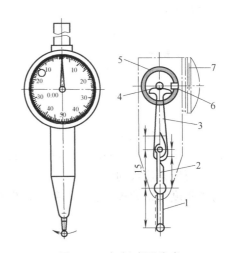

图 2-86 杠杆式百分表

1—测量杆；2—拨杆；3—扇形齿轮；4,6—小齿轮；
5—端面齿轮；7—指针

（2）百分表的使用方法

百分表适用于尺寸精度为 IT6～IT8 级零件的校正和检验。按其制造精度，可分为 0 级、1 级和 2 级三种，0 级精度较高。百分表的安装如图 2-87 所示。

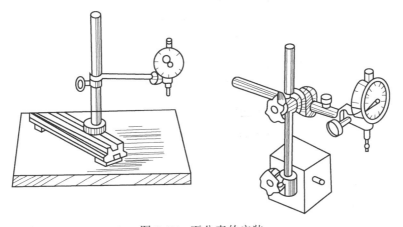

图 2-87 百分表的安装

使用时,应按照零件的形状和精度要求,选用合适的百分表的精度等级和测量范围。使用百分表时,应注意以下几点。

① 使用之前,应检查测量杆活动的灵活性。轻轻拨动测量杆,放松后,指针能恢复到原来的刻度位置。

② 使用百分表时,必须把它牢固地固定在支持架上,如图2-87所示,支持架要安放平稳。

③ 用百分表测量时,测量杆必须垂直于被测量表面,否则会使测量杆触动不灵活或使测量结果不准确。

④ 用百分表测量时,测量头要轻轻接触被测表面,测量头不能突然撞在零件上;避免百分表和测量头受到震动和撞击;测量杆的行程不能超过它的测量范围;不能测量表面粗糙或表面明显凹凸不平的工件。

⑤ 用百分表校正或测量工件时,应当使测量杆有一定的初始测力。

5. 万能角度尺

游标万能角度尺也称万能量角器、角度规和游标角度尺,是一种通用的角度测量工具。游标的测量精度分为2′和5′两种,适用于机械加工中的内、外角度测量。它有扇形和圆形两种形式。

游标万能角度尺是用来测量工件内、外角度的量具,测量范围为 0°～320°外角及 40°～130°内角,钳工常用的是测量精度为2′的游标万能角度尺。

(1) 万能角度尺的结构

万能角度尺由游标、直尺、基尺、扇形板和夹紧块等组成,如图2-88所示。

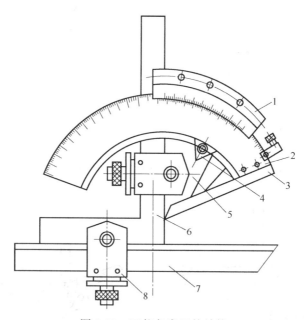

图 2-88 万能角度尺的结构

1—游标;2—主尺;3—基尺;4—制动器;5—扇形板;6—直角尺;7—直尺;8—夹紧块

(2) 万能角度尺的使用方法

① 使用前应检查零位。

② 测量时,应使游标万能角度尺的两个测量面与被测件表面在全长上保持良好接触,

然后拧紧制动器上的螺母，锁紧后进行读数。

③ 游标万能角度尺的读数方法和游标卡尺相似，先从主尺上读出副尺零线前的整度数，再从副尺上读出角度"′"的数值，两者相加就是被测工件的角度值，如图 2-89 所示。

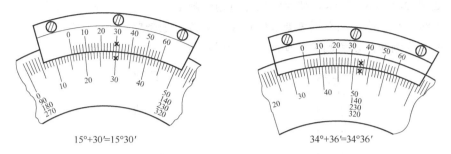

图 2-89 万能角度尺的读数

④ 用万能角度尺测量工件时，可以根据测量需要对直角尺和直尺进行更换（图 2-90）。

a．测量角度在 0°～50° 范围内，应装上直角尺和直尺；
b．测量角度在 50°～140° 范围内，应装上直尺；
c．测量角度在 140°～230° 范围内，应装上直角尺；
d．测量角度在 230°～320° 范围内，不装直角尺和直尺。

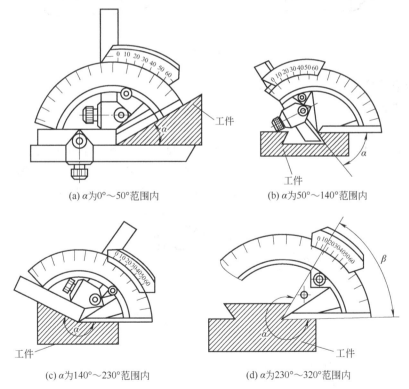

图 2-90 万能角度尺的使用

6. 高度划线尺

高度划线尺，又叫高度尺，常用的高度尺有普通高度尺和游标高度尺两种。

普通高度尺由尺座和钢直尺组成，如图 2-91（a）所示。尺座侧面有两个锁紧螺钉，用来紧固钢直尺。其作用是给划线盘量取高度尺寸。

游标高度尺附有用硬质合金做成的划脚，它是一种既可测量零件高度又可进行精密划线的量具，如图 2-91（b）所示。使用时应先将划脚降至与划线平板贴合的位置，检查游标零位与尺身零线是否正确，如有误差要及时调整。划线时划脚要垂直于工件表面一侧划出，不要用划脚两侧尖划线，以免侧尖磨损而增大划线误差。

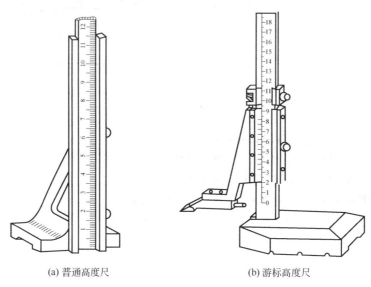

(a) 普通高度尺　　　　　　(b) 游标高度尺

图 2-91　高度尺

2.3.1.3　专用量具

1. 刀口直尺

（1）刀口直尺的结构

刀口直尺也称作刀口尺、刀口平尺等，如图 2-92 所示，是一种测量平面的精密仪器。刀口直尺具有结构简单、操作方便、测量效率高、重量轻、易保养、硬度高等特点，是机械加工常用的平面测量工具。刀口直尺的测量精度较高，直线度误差控制在 $1\mu m$ 左右。

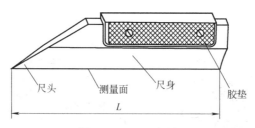

图 2-92　刀口直尺

刀口直尺的测量范围以尺身测量面长度 L 来表示，有 75mm、125mm、200mm 等多种，精度等级为 0 级和 1 级两种。

（2）刀口直尺对平面度检测方法

刀口直尺测量平面度时一般采用光隙法。光隙法是凭借人眼观察通过实际间隙的可见光隙量来判断间隙大小的一种方法。光隙法测量是将刀口直尺置于被测表面上，并使刀口直尺与工件表面紧密接触,然后观察刀口直尺与被测表面之间的最大光隙,此时的最大光隙即为直线度误差。当光隙较大时,可用量块或塞尺测出误差值。光隙较小时,可通过与标准光隙比较来估读光隙值大小。若间隙大于 0.0025mm,则透白光;间隙为 0.001~0.002mm 时,透光颜色为红色;间隙为 0.001mm 时,透光颜色为蓝色;刀口直尺与被测间隙小于 0.001mm 时,透光颜色为紫色;刀口直尺与被测间隙小于 0.0005mm 时,则不透光,测量方法如图 2-93 所示。

2. 刀口角尺

(1)刀口角尺的结构

刀口角尺也称作直角尺、90°平尺等,如图 2-94 所示,是一种测量直角面的精密仪器。刀口角尺与刀口直尺相似,但刀口角尺常常测量工件垂直度。刀口角尺测量垂直度误差控制在 1μm 左右。

图 2-93 刀口直尺测量平面度　　　　图 2-94 刀口角尺

(2)刀口角尺对垂直度检测方法

刀口角尺测量垂直度时也采用光隙法,使用方法与刀口直尺类似。但是在测量工件垂直度时应注意,将刀口角尺的短边与零件的基准面完全贴合进行测量,如图 2-95 所示。

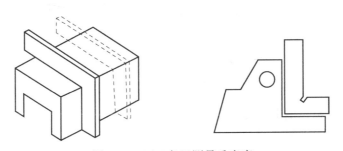

图 2-95 刀口角尺测量垂直度

3. 塞尺

(1)塞尺的结构

塞尺又称厚薄规或间隙片,如图 2-96 所示,是用来检验两个结合面之间间隙大小的片状量规。

塞尺有两个平行的测量平面,其长度制成 50mm、100mm 或 200mm,由若干片叠合在夹板里。厚度为 0.02~0.1mm 的塞尺,相邻两片的尺寸间隔为 0.01mm;厚度为 0.1~1mm 的塞尺,相邻两片的尺寸间隔为 0.05mm。

(2)塞尺的使用方法

使用塞尺时,根据间隙的大小,用一片或数片重叠在一起插入间隙内,以对间隙进行测量。例如，用 0.3mm 的塞尺可以插入工件的间隙，而 0.35mm 的塞尺插不进去，说明零件的间隙在 0.3～0.35mm 之间。

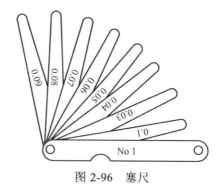

图 2-96　塞尺

塞尺很薄，容易弯曲和折断，测量时不能用力太大。还应注意不能测量温度较高的工件。用完后要擦拭干净，及时合到夹板中去。

4. 半径样板尺

（1）半径样板尺的结构

半径样板尺又称半径规，如图 2-97 所示，是用来检测平行曲面轮廓线轮廓度的量规。

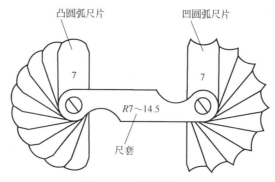

图 2-97　半径样板尺

半径样板尺的测量范围根据尺片圆弧半径分为 1～6.5mm、7～14.5mm、15～25mm 三种。

（2）半径样板尺的使用方法

测量时，曲面线轮廓精度可采用"透光法"估测间隙量和采用塞尺"插入法"检测间隙量。在检测时，翅片一定要垂直于被测曲面。

5. 塞规和环规

塞规和环规均属于专用量具，对成批生产的工件进行测量有很高的效率，操作方便、测量准确。光面塞规（又称为圆孔塞规）和光面环规分别用于检验内孔和外圆尺寸是否合格。

光面塞规是用来测量工件内孔尺寸的精密量具，两端分别做成最大极限尺寸和最小极限尺寸。最小极限尺寸的一端称为通端，最大极限尺寸的一端称为止端。常用的塞规形式如图 2-98 所示，塞规的两头各有一个圆柱体，长圆柱体的一端为通端，短圆柱体的一端为止端。检查工件时，合格的工件应当能通过通端而不能通过止端。光面环规如图 2-99 所示，亦分为通端和止端，用于综合测量光面圆柱工件。

图 2-98　光面塞规

如图 2-100 所示的螺纹塞规用于综合检验内螺纹，如图 2-101 所示的螺纹环规用于综合检验外螺纹。

图 2-99　光面环规

图 2-100　螺纹塞规

2.3.1.4　标准量具

1. 量块

量块（又称块规）是机器制造业中控制尺寸的最基本量具，是标准长度与零件之间尺寸传递的媒介，是技术测量上长度计量的基准。

长度量块是用耐磨性好、硬度高而不易变形的轴承钢制成矩形截面的长方块。它有上、下两个测量面和四个非测量面。两个测量面是经过精密研磨和抛光加工的很平、很光的平行平面。量块的矩形截面尺寸：公称尺寸为 0.5～10mm 的量块，其截面尺寸为 30mm×9mm；公称尺寸为 10～1000mm 的量块，其截面尺寸为 35mm×9mm。量块一般成套使用，装在特制的木盒中，如图 2-102 所示。

图 2-101　螺纹环规

图 2-102　量块

2. 表面粗糙度比较样块

表面粗糙度比较样块是以比较法来检查机械零件加工表面粗糙度的一种工作量具，如图 2-103 所示。通过目测或放大镜与被测加工件进行比较，判断表面粗糙度的级别。其在机械工业生产中得到了广泛的应用。

使用维护注意事项：比较样块在使用时应尽量和被检零件处于同等条件下（包括表面色泽、照明条件等）；不得用手直接接触；比较样块应严格做好防锈处理，以防锈蚀，并避免划伤。

图 2-103 表面粗糙度比较样块

2.3.1.5 量具的使用维护与保养

为了保持测量工具的精度,延长其使用寿命,不但使用方法要正确,还必须做好量具的维护与保养。我们从使用前、使用时和使用后三个方面进行描述。

1. 使用前的准备原则

① 使用前先确认量具是否在校验合格有效期内,如果过期,则暂停使用,并送至品质保证部进行校验。

② 测量产品/工件需选择适宜的量具。

③ 测量前应将量具测量面和产品/工件的被测量面擦干净,以免因有脏物而影响测量精度。

④ 使用前量具一定要处于归零状态。

⑤ 产品/工件表面有毛刺时,一定要先去净毛刺再进行测量,以免刮伤量具接触面。

⑥ 将待使用的量具整齐排列于工作台面上,不可重叠放置。

2. 使用时的原则

① 严格按照各操作指导要求操作,禁止用量具测量运动着的工件,以免磨损量爪、测砧、螺旋杆或使槽刀片断裂等,进而避免发生安全事故。

② 测量时同工件表面的接触力度要适中,既不能太大,也不能太小,应刚好使测量面与工件接触的同时测量面还能沿着工件表面自由滑动。

③ 测量时产品/工件放置水平、垂直,不可倾斜,读数时视线与所读的刻线要垂直。

④ 在使用过程中禁止用机台上的油冲洗量具,避免油污或切屑附于量具内,影响其精度。

⑤ 量具在使用过程中,要轻拿轻放,切勿掉到地上,不要和刀具、钻头等堆放在一起,以防受压和磕碰造成损伤。

⑥ 测量好后,不可将量具从产品上猛力抽取,避免磨损量具测量面精度。

3. 使用后的维护原则

① 使用后要及时清理量具表面的切屑、油污,用细布将其擦拭干净。

② 量具有毛刺、卷边时禁用锉刀磨，应送至品质保证部修理。

③ 禁用砂纸或磨料擦除刻度尺表面及量爪测量面的锈迹和污物，非专业人员严禁拆卸、改装、修理量具，严禁私自卸表盘或对量具进行改装等。

④ 使用后涂上防锈油，平放在对应编号的盒内，保护好校正标签，存放时不可使两量具侧面接触。

2.3.2 任务实施

2.3.2.1 计划与决策

① 以小组为单位，分析表 2-15 中零件的各个被测对象，根据被测对象选择测量工具。

② 经小组讨论后，对讨论结果与教师进行交流，并反馈问题。

③ 根据工作内容领取量具和被测工件，做好测量前的准备工作。

2.3.2.2 实施过程

实施过程如表 2-14 所示。

表 2-14 实施过程

步骤	工作内容	备注
1	按照要求布置测量现场	
2	按量具使用要求进行测量工作	
3	做好测量登记工作	
4	记录使用的量具、测量结果	
5	做好量具"6S"检查表和 TPM 点检表	
6	做好测量现场"6S"	

2.3.3 检查、评价与总结

2.3.3.1 检查与评价

检查与评价如表 2-15 所示。

表 2-15 检查与评价

姓名		班级		学号		日期	
		操作方面			评分标准：采用 10-9-7-5-0 分制		
序号	零件	检查项目		学生自评		教师评分	备注
1		正确使用游标卡尺					
2		正确使用千分尺测量					
3		正确使用万能角度尺					
4		正确使用量块					
5		正确使用百分表					
6		正确使用塞尺					
7		量具 6S 检查表填写					
8		量具 TPM 点检表填写					
				总分			

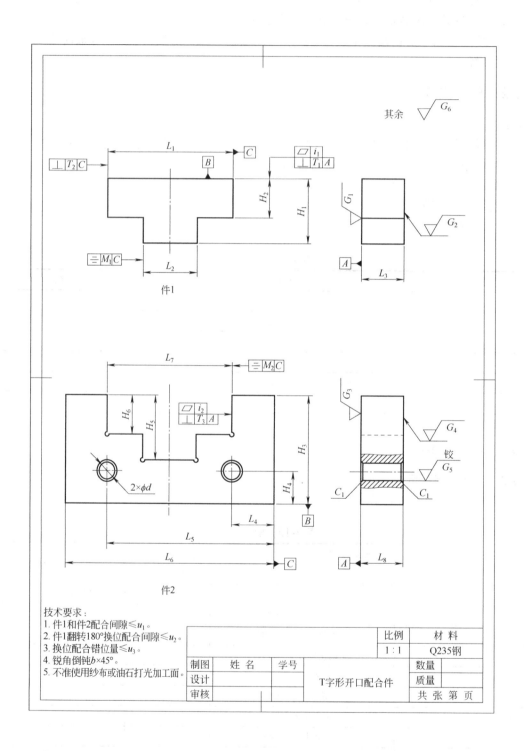

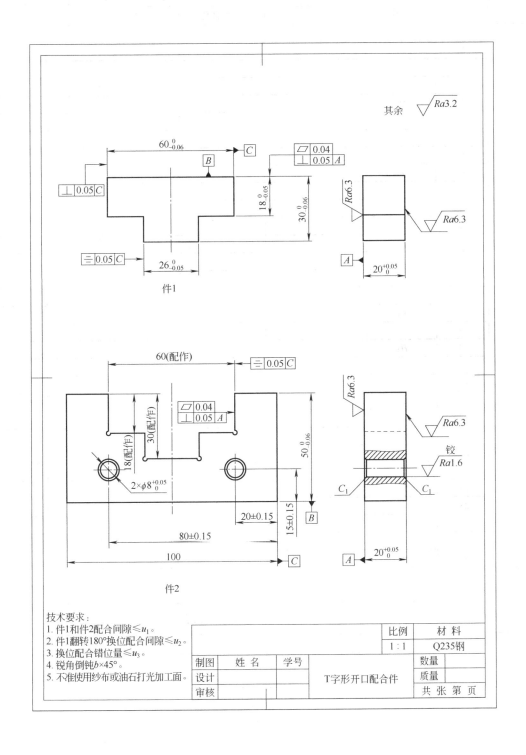

零件尺寸测量				评分标准：采用 10-9-7-5-0 分制			
工件	序号	检查项目	使用量具	实际测量尺寸		分数	备注
				学生自测	教师检测		
件1	1	L_1					
	2	L_2					
	3	L_3					
	4	H_1					
	5	H_2					
	6	G_1					
	7	G_2					
	8	T_1					
	9	T_2					
	10	i_1					
	11	M_1					
件2	12	L_4					
	13	L_5					
	14	L_6					
	15	L_7					
	16	L_8					
	17	L_3					
	18	H_3					
	19	H_4					
	20	H_5					
	21	H_6					
	22	d					
	23	G_3					
	24	G_4					
	25	G_5					
	26	C_1					
	27	T_3					
	28	i_2					
	29	M_2					
配合	30	u_1					
	31	u_2					
	32	u_3					
	33	b					
				总分			

分数计算：			成绩：			
操作检测=	$\dfrac{总分（Ⅰ）}{0.8}$	=		×0.2	=	
尺寸测量=	$\dfrac{总分（Ⅱ）}{2.4}$	=		×0.8	=	
			总成绩			

2.3.3.2 总结讨论

1. 量具有哪几种类型？各有何特点？

2. 请简述游标卡尺的读数方法。
3. 请简述千分尺的读数方法。
4. 请简述百分表的使用范围。
5. 塞尺在使用过程中应注意哪些问题？
6. 如何对量具进行维护和保养？

任务 2.4 钳工划线与下料

2.4.1 知识技术储备

2.4.1.1 划线概述

划线是钳工重要的操作技能之一，也是机械加工的重要工序之一，通过划线可以给加工者以明确的标志和依据，便于工件在加工时找正和定位；有缺陷的毛坯可通过划线借料得到补救，合理分配加工余量。

1. 划线的概念

划线是在毛坯或工件上，用划线工具划出待加工部位的轮廓线或作为基准的点、线，作为加工和装配的依据。划线操作应做到线条清晰、粗细均匀。在正确操作的前提下，划线的尺寸精度可达±0.3mm。

由于划出的线条总有一定的宽度，同时在使用工具和量取尺寸时难免存在一定的误差，所以不可能达到绝对准确。因此通常不能依靠划线直接来确定加工时的最后尺寸，在加工时仍要通过测量来确定工件的尺寸是否达到了图样的要求。

2. 划线的分类

（1）平面划线

只需在工件的一个平面上划线，便能明确表示出加工界线的，称为平面划线，如图 2-104 所示。

（2）立体划线

需在工件几个不同方向的表面上同时划线，才能明确表示出加工界线的，则称为立体划线，如图 2-105 所示。

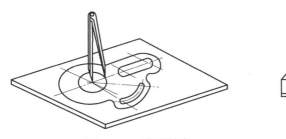

图 2-104 平面划线

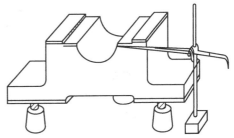

图 2-105 立体划线

3. 划线作用

① 确定工件上各加工面的加工位置和加工余量，为加工提供参考依据。

② 便于复杂工件在机床上安装定位。
③ 可全面检查毛坯的形状和尺寸是否符合图样要求，能否满足加工要求。
④ 在坯料上出现某些缺陷的情况下，往往可通过划线来实现可能的补救。
⑤ 在板料上按划线下料，可做到正确排料，合理使用材料。

4. 划线前的准备工作

在划线前应该做的准备工作有：
① 划线前必须认真地分析图纸和工件的加工工艺规程，合理选择划线的基准，确定划线方法和找正借料的方案。
② 清理毛坯的浇口、冒口，锻件毛坯的飞边和氧化皮，已加工工件的锐边、毛刺等。
③ 根据不同工件，选择适当的涂色剂，在工件上的划线部位均匀涂色。

2.4.1.2 划线工具

在划线工作中，为了保证能够准确、迅速地划出所需要的线，首先必须要熟悉各种划线工具，并能够正确、熟练地使用这些工具对工件进行划线加工。

1. 划线平台

划线平板由铸铁制成，工作表面经过精刨和刮研加工，是划线的基准平面，其作用是支撑和安放划线工具，如图 2-106 所示。使用时要注意以下几点：
① 安放时要平稳牢固，上平面应保持水平。
② 经常保持清洁，防止铁屑、灰砂等在划线工具或工件的拖动下划伤平板表面。
③ 工件和工具在平板上要轻拿、轻放，避免撞击，严禁用锤子或其他硬物敲击磕碰。
④ 平板各处应均匀使用，以免局部磨损。
⑤ 用后要擦拭干净，并涂上全损耗系统用油（俗称机油）防锈。长期不用时，在做好防锈措施的同时，应以木板护盖。

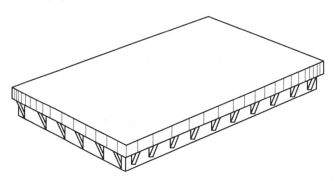

图 2-106 划线平台

2. 钢直尺

钢直尺是一种简单的尺寸量具，在尺面上刻有尺寸刻线，最小刻线间距为 0.5mm。钢直尺的长度规格有 150mm、300mm、1000mm 等多种。主要用来量取尺寸、粗略测量工件，也可作为划直线时的导向工具，如图 2-107 所示。

3. 划针

划针是用来划线条的，如图 2-108 所示。对已加工面划线时，应使用弹簧钢丝或高速钢划针。划针直径为 3～6mm，尖端磨成 15°～20°并经淬硬，这样就不易磨损变钝。划线的线条宽度应为 0.05～0.1mm，对铸件、锻件等毛坯划线时，应使用焊有硬质合金的划针尖，以便长期保持锋利,其线条宽度应为 0.1~0.15mm。钢丝制成的划针用钝后重磨时,要经常浸入水中冷却,以防针尖过热而退火变软。

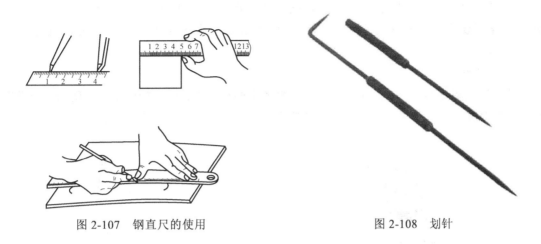

图 2-107 钢直尺的使用　　　　　　　图 2-108 划针

在使用划针时,一定要使划针的尖端在直尺的底边。如图 2-109 所示,划线时划针上部向外侧倾斜 15°~20°或沿划线方向倾斜 45°~75°,这样划出的线条直,划出的尺寸正确。另外还需保持针尖的尖锐,划线要尽量做到一次划成,使划出的线条既清晰又准确。

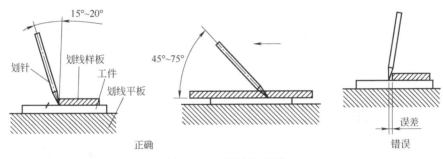

图 2-109 划针的使用

4. 划规

划规用于划圆、圆弧、等分线段以及量取尺寸等。钳工用的划规有普通划规［图 2-110（a）］、扇形划规［图 2-110（b）］、弹簧划规［图 2-110（c）］和大尺寸划规［图 2-110（d）］等几种。划规用中碳钢或工具钢制成,两脚尖端经淬火后磨锐,以保证划出的线条清晰。

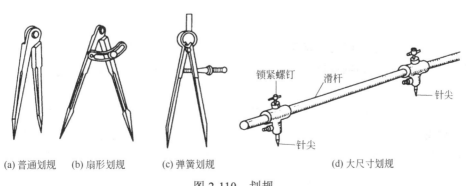

图 2-110 划规

项目 2　下料加工

除大尺寸划规外，其他几种划规的两脚要磨得长短一致，并保证两脚合拢时脚尖能靠紧，这样才能划出尺寸较小的圆弧。

用划规划圆弧前要先划出中心线，确定圆心点，并在圆心点上打上样冲眼，再用划规按图样所要求的半径划出圆弧。作为旋转中心的一脚应加以较大的压力，避免滑动（图2-111）。

5. 单脚规

单脚规如图2-112所示，可以用来求孔轴的中心和划平行线，如图2-113所示。在操作时要注意单脚规的弯脚离工件端面的距离应保持基本相同，否则会产生比较大的误差。

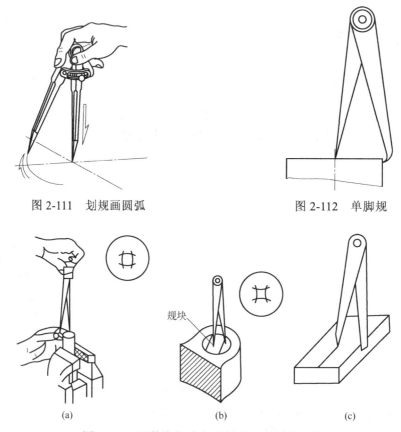

图2-111　划规画圆弧　　　　　　　图2-112　单脚规

图2-113　用单脚规确定孔轴中心和划平行线

6. 高度尺

高度尺，又叫高度划线尺，常用的高度尺有普通高度尺和游标高度尺两种。

普通高度尺由尺座和钢直尺组成，如图2-114（a）所示。尺座侧面有两个锁紧螺钉，用来紧固钢直尺。其作用是给划线盘量取高度尺寸。

游标高度尺附有用硬质合金做成的划脚，它是一种既可测量零件高度又可进行精密划线的量具，如图2-114（b）所示。使用时应先将划脚降至与划线平板贴合的位置，检查游标零位与尺身零线是否正确，如有误差要及时调整。划线时划脚要垂直于工件表面一侧划出，不要用划脚两侧尖划线，以免侧尖磨损而增大划线误差。

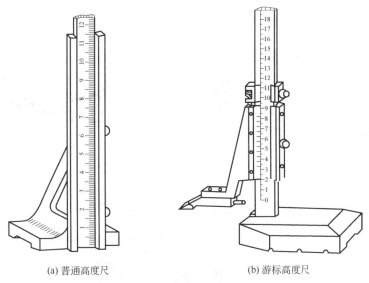

(a) 普通高度尺　　　　　(b) 游标高度尺

图 2-114　高度尺

7. 划线方箱

划线方箱用铸铁制成，表面经磨削或刮削加工，使各相邻表面互相垂直，如图 2-115 所示。方箱上有夹紧装置，将工件固定在方箱上，如图 2-116（a）所示，通过翻转方箱即可把工件上互相垂直的线条在一次安装中全部划出，如图 2-116（b）所示。

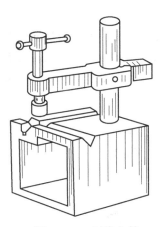

图 2-115　划线方箱

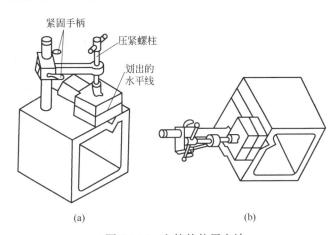

图 2-116　方箱的使用方法

8. V 形铁

V 形铁主要用来支承圆柱形工件，如图 2-117 所示，以便划出中心线或者找出中心线，如图 2-118 所示。在安放较长的圆柱工件时，需要选择较长的或两个等高的 V 形铁，以保证工件安放平稳和划线的准确性。

9. 角铁

角铁用铸铁制成，有两个垂直精度很高的面，使用压板固定需要划线的工件，通过角尺对工件的垂直位置找正后，再用高度尺划线，可使所划线条与原来找正的直线或平面保持垂直，如图 2-119 所示。

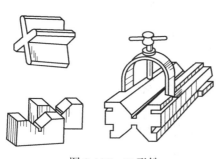

图 2-117 V 形铁

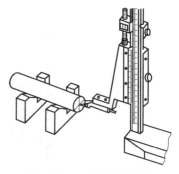

图 2-118 V 形铁的使用

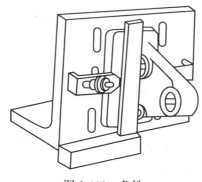

图 2-119 角铁

10. 千斤顶

千斤顶用来支承毛坯或形状不规则的划线工件,并可调整高度,使工件各处的高低位置能调整到符合划线的要求。常用千斤顶有两种:一种是锥顶千斤顶,通常是三个一组,用于支承不规则的工件,如图 2-120(a)所示;另一种是带 V 形铁的千斤顶,用于支承工件的圆柱面,如图 2-120(b)所示。

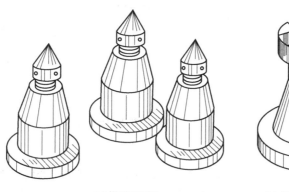

(a) 锥顶千斤顶　　(b) 带V形铁的千斤顶

图 2-120 千斤顶

2.4.1.3 划线基准选择

所谓"准"就是"依据"之意。它用来确定工件上几何要素的几何关系所依据的点线面。设计图样上所采用的基准称为设计基准。划线时,也要选择工件上某个点线或面作为依据,用它来确定工件其他的点线、面尺寸和位置,这个依据称为划线基准。划线基准应包括划线时确定工件尺寸的基准（它尽可能与设计基准一致）、划线时工件在平板上放置或找正的基准，前者是主要的，后者是辅助的。

1. **划线基准的概念**

所谓划线基准，就是在划线时选择毛坯上的某个点、线或面作为依据，用它来确定工件上各个部分的尺寸、几何形状和相对位置。根据作用的不同，划线基准分为尺寸基准、安放基准和找正基准三种形式。

2. **尺寸基准**

用来确定工件上各点、线和面的尺寸的基准称为尺寸基准。划线时应使尺寸基准与设计基准尽可能一致。对于由铸、锻等方法制成的粗糙表面毛坯，划线时应通过对找正基准找正，先划出尺寸基准线，然后由尺寸基准确定出其他各部分的尺寸。对半成品件（毛坯）进行划线时，可选用已加工过的表面作为尺寸基准，但也要尽量使其与设计基准一致。

3. **安放基准**

毛坯划线时的放置表面称为安放基准。划线基准选择好后，就要考虑工件在划线平板或方箱、V形铁上的放置位置，即找出工件最合理的安放基准。安放基准的选择对提高划线的质量和效率，简化划线过程和保证划线安全都很重要。

4. **找正基准**

选择找正基准主要是指毛坯工件放置在划线平板上后，需要找正哪些点、线或面，确定找正基准的目的是使经过划线和加工后的工件，其加工表面与非加工表面之间保持尺寸均匀，使无法弥补的外形误差反映到较次要的部位上去。

平面划线时一般要划两个相互垂直方向的线条。立体划线时一般要划三个相互垂直方向的线条。因为每划一个方向的线条，就必须确定一个基准，所以平面划线时要确定两个基准，而立体划线时则要确定三个基准。

5. **划线基准选择的原则**

选择划线基准时需遵循以下原则：

① 划线基准应尽量与设计基准重合。
② 对称形状的工件应以对称中心线为基准。
③ 有孔或搭子的工件应以主要的孔或搭子中心线为基准。
④ 在未加工的毛坯上划线，应以不是主要加工面作为基准。
⑤ 在加工过的工件上划线，应以加工过的表面作为基准。

2.4.1.4 划线的找正与借料

在对零件毛坯进行划线之前，一般都要先进行安放和找正工作。所谓找正就是利用划线工具使毛坯表面处于合适的位置，即需要使找正点、线或面与划线平板平行或垂直。另外，当铸、锻件毛坯在形状、尺寸和位置上有缺陷，且用找正划线的方法不能使其符合加工要求时，就需要用借料的方法进行调整，然后重新划线加以补救。

1. **划线的找正**

在对毛坯进行划线之前，首先要分析清楚各个基准的位置，即明确尺寸基准、安放基准和找正基准的位置。在具体划线时，不论是平面划线还是立体划线，找正的方法一般有以下几种。

（1）找正基准

如图 2-121 所示，为保证 $R40$mm 外缘与 40mm 内孔之间壁厚的均匀以及底座厚度的均匀，选 R40mm 外缘两端面中心连线 I—I 和底座上缘 A、B 两面为找正基准。找正时，用划线盘将 R40mm 两端面中心连线 I—I 和 A、B 两面找正与划线平板平行，这样才能使上述两处加工后壁厚均匀。

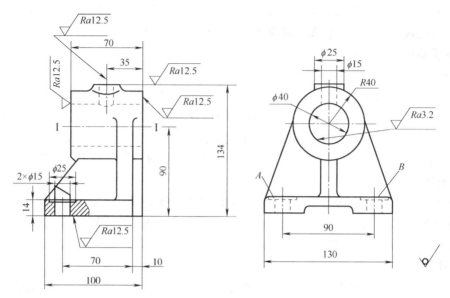

图 2-121　轴承座

（2）找正尺寸基准

如图 2-122 所示，工件所有加工部位的尺寸基准在两个方向上均为对称中心，所以划线找正时应将水平和垂直两个方向的对称中心在两个方向找正与划线平板平行，以保证所有部位尺寸的对称。

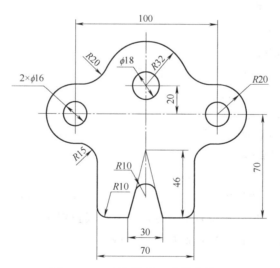

图 2-122　对称图形尺寸基准找正

2. 划线的借料

当铸、锻件毛坯在形状、尺寸和位置上的误差缺陷用找正后的划线方法不能补救时，就要用借料的方法来解决。

借料就是通过试划和调整，使各个加工面的加工余量合理分配，互相借用，从而保证各个加工表面都有足够的加工余量，而误差和缺陷可在加工后消除，或使其影响减小到最低限度。

要做好借料划线，首先要知道待划毛坯的误差程度，确定借料的方向和大小，这样才能提高划线效率。如果毛坯误差超过许可范围，就不能利用借料来补救了。

下面以一个锻造圆环为例进行说明。如图 2-123（a）所示的毛坯，其内孔、外圆都要加工。如果毛坯形状比较准确，就可以按图 2-123（b）所示方法进行划线，此时划线工作简单。如果因锻造圆环的内孔、外圆偏心较大，划线过程就较为复杂。若按外圆找正划内孔加工线，则内孔有个别部分的加工余量不够，如图 2-124（a）。若按内孔找正划外圆加工线，则外圆个别部分的加工余量不够，如图 2-124（b）。只有在内孔和外圆都兼顾的情况下，适当地将圆心选在锻造内孔和外圆圆心之间一个适当的位置上划线，才能使内孔和外圆都有足够的加工余量，如图 2-124（c）。这就说明通过借料划线，使有误差的毛坯仍能很好地利用。当然，误差太大时则无法补救。

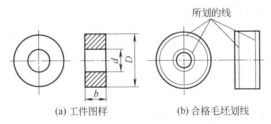

图 2-123　圆环工件图及其划线图

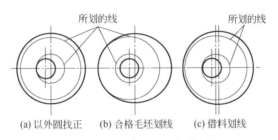

图 2-124　圆环划线的借料

2.4.1.5　平面划线和立体划线

划线分为平面划线和立体划线两种。

1. 平面划线

只要在工件的一个表面上划线即能明确表示加工界限，称为平面划线。

（1）样板划线

样板划线是指根据图纸上的工件形状和尺寸要求，用 0.5～2mm 厚的钢板做出的样板放在毛坯适当的位置上划出界线的方法。它适用于形状复杂、批量大、精度要求一般的场合。其优点是容易对正基准，加工余量留得均匀，生产率高。在板料上用样板划线可以合理排料，提高材料利用率。

（2）几何划线

几何划线是根据图纸的要求，直接在毛坯或零件上利用平面几何作图的基本划加工界限的方法。它适用于小批量、较高精度要求的场合。它的基本线条有平行线、垂直线、圆弧、直线、圆弧和圆弧连接线等。

2. 立体划线

立体划线就是同时在工件毛坯的长、宽、高三个方向上进行划线。它是平面划线的扩展。

（1）工件或毛坯的放置

立体划线时，零件或毛坯放置位置的合理选择十分重要。一般较复杂的零件都要经过三次或三次以上的位置放置，才能将全部线条划出，而其中要特别重视第一划线位置的选择。其选择原则如下：

① 第一划线位置的选择。优先选择如下表面：零件上主要的孔、凸台中心线或重要的加工面；相互关系最复杂、所划线条最多的一组尺寸线所在的表面；零件中面积最大的一面。

② 第二划线位置的选择。要使主要的孔、凸台的另一中心线在第二划线位置划出。

③ 第三划线位置的选择。通常选择与第一和第二划线位置相垂直的表面，该面一般是次要的、面积较小的、线条关系简单且线条较少的表面。

（2）立体划线的步骤

立体划线的步骤具体如下：

① 根据图样分析工件形体结构、加工要求以及与划线有关的尺寸关系，明确划线内容和要求。

② 清理工件表面，去除铸件上的浇冒口、披缝及表面黏砂等，并对工件涂色，选定划线基准。

③ 根据图纸检查毛坯工件是否符合要求。

④ 适当地选用工具和正确安装工件。

⑤ 找到基准后进行划线。

⑥ 复检并仔细检查有无线条漏划。

⑦ 划好线条后再打上必要样冲眼。

2.4.1.6 毛坯材料的矫正

1. 矫正概述

在下料的过程中，毛坯料常会发生塑性变形，需要矫正后才能使用。矫正是指用手工或机械的方法消除工件或原材料的不平、不直、翘曲或零件变形的操作，其实质是利用材料的塑性变形，去消除坯料不应有的不平、不直或翘曲等缺陷的操作。因此，只有塑性好的金属材料（如钢、铜、铝等）才能进行矫正。

按矫正时产生矫正力的方法不同，矫正可以分为手工矫正、机械矫正、火焰矫正和高频热点矫正等。其中，手工矫正是将材料或工件放在平板上、铁砧或台虎钳上，采用锤击、弯曲、延展或伸张等方法进行的矫正，是钳工经常采用的矫正方法。

由于冷作硬化现象的存在，工件经多次矫正后，其硬度会增加，塑性降低，这种变化给矫正带来一定的困难。为便于矫正操作，可对坯料进行退火处理，使其恢复原来的力学性能。

2. 手工矫正工具

① 平板和铁砧。平板和铁砧是消除板材、型材的不平、不直或翘曲等缺陷的基座。

② 锤子。木锤是最常用的矫正工具。钳工的锤子通常用来矫正普通板材、型材，但在整形表面质量要求较高的工件时必须垫上厚木板，防止锤子击伤工件表面。铜锤、木锤或橡胶锤等常用来矫正已加工过的表面、薄钢板或非铁金属制件。图 2-125 所示为木锤矫正薄钢板料。

③ 抽条和拍板。抽条是采用条状薄板料弯成的简易手工工具，用于抽打较大面积的薄

板料，如图 2-126（a）所示。拍板是用质地较硬的木材制成的专用工具，用于敲打板材，如图 2-126（b）所示。

图 2-125　木锤矫正薄钢板料　　　　图 2-126　抽条和拍板

④ 压力工具。压力工具适用于矫正轴类零件或棒材。图 2-127 所示为手动螺旋压力工具。矫直较大直径的轴时可在压力机上进行。

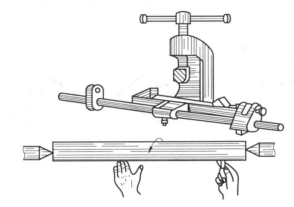

图 2-127　手动螺旋压力工具

3. 矫正工艺与矫正方法

① 矫正把手坯料。把手坯料是一个细长条，这类坯料易发生扭曲变形，可采用扭转法进行矫正，如图 2-128（a）所示。当细长条料在厚度方向上发生弯曲时，可采用扳直法将条料扳直，如图 2-128（b）所示。考虑到材料的弹性变形，无论是采用扭转法还是扳直法，都

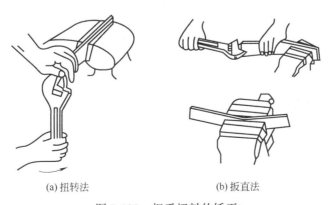

图 2-128　把手坯料的矫正

项目 2　下料加工　　121

应将材料在其变形的反方向上变形稍微过量，待其弹性变形恢复后，即可得到一个平直的细长条料。

② 矫正盒盖坯料。盒盖坯料是一块面积较大的薄板，可采用延展法矫正，根据板料不同的变形情况，锤击薄板的不同部位，达到矫正的目的。常见的板料变形情况及处理方法有以下几种：

a. 板料中凸。板料中间凸起是由变形后中间材料变薄引起的，因此若直接锤击凸起部分，材料会变得更薄，不但不能矫正，反而会使凸起变得更严重。矫正此类板料时，应在板料的边缘适当地加以延展，如图 2-129（a）所示，锤击板料边缘，从外到里锤击力应逐渐由重到轻，锤击点由密到稀，这样可以减小板料四周边缘的厚度，板料边缘的厚度和凸起部位的厚度越趋近则板料越平整。当板料中间不止一个凸起时，可先锤击凸起的交界处，使几处凸起合并成一处，然后再用上述方法矫正。

b. 板料四周呈波纹状。这是由板料四边变薄伸长造成的。矫正时，应由四周向中间锤打，密度逐渐变密，力量逐渐增大，如图 2-129（b）所示。经过反复多次锤打，使板料达到平整。

c. 板料对角挠曲。板料发生对角挠曲时，应沿另外没有挠曲的对角线方向锤击使其延展而矫正，如图 2-129（c）所示。

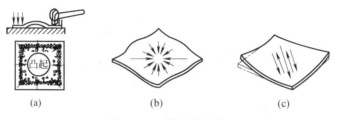

图 2-129　矫正的方法

2.4.1.7　机械加工行业的成本构成

1. 制造成本

制造成本=材料成本+加工成本

材料成本=材料重量×材料价格

材料的消耗重量计算方法：

① 由零件毛坯重量计算；

② 如果毛坯是型材，根据规格和长度直接算出来；

③ 复杂表面的零件，将毛坯体积分解，分别计算其体积重量。

零件的材料消耗定额重量（N）=毛坯重量（G_m）+下料切口损耗（G_q）+分摊的残料重量（G_c）

2. 加工成本

加工成本由设备费用和人工费用来决定，可简化为工时与设备台时费的乘积。

工件的时间消耗分为定额时间和非定额时间。

① 定额时间。在生产过程中，工人和设备在完成某生产任务时所必须消耗的时间。

② 非定额时间。生产过程中，不必要的或者无效的时间损耗。

定额时间=准备时间+单件时间

准备时间，即工人为生产一批零件前做准备和完成工作后做结束工作所消耗的时间。

单件时间与加工零件数量直接有关系。它由作业时间、布置工作时间、休息与生理需要时间三部分组成。

③ 非制造成本。非制造成本包括开发成本、管理成本、销售成本、运行成本和回收成本等。

3. 一般企业的成本计算方法

在不考虑非制造成本和非定额时间内产生的费用时，零件的单件成本计算如下：

单价总成本=材料定额+单件计算时间（T_c）×台时费（工人工资、设备工时费）

单件计算时间（T_c）=作业时间（T_z）+布置工作时间（T_{zk}）+休息生理需要时间（T_{xk}）

单件价格=单件成本+利税

2.4.2 任务实施

2.4.2.1 计划与决策

① 以小组为单位，分析教师给定工件尺寸，根据毛坯对象选择划线工具。
② 经小组讨论后，将讨论结果与教师进行交流，并反馈问题。
③ 以小组为单位，根据教师给定工件尺寸，选择加工材料，进行成本核算。
④ 经小组讨论后，将讨论结果与教师进行交流，并反馈问题。

2.4.2.2 实施过程

实施过程见表 2-16。

表 2-16 实施过程

步骤	工作内容	备注
1	按照要求布置测量现场	
2	按毛坯对象选择划线工具	
3	按给定尺寸选择加工材料	
4	进行成本核算	
5	完成毛坯料下料加工	
6	做好量具"6S"检查表和 TPM 点检表	
7	做好测量现场"6S"	

2.4.3 检查、评价与总结

2.4.3.1 检查与评价

检查与评价见表 2-17。

表 2-17 检查与评价

姓名		班级		学号		组别	
项目检查				评分标准：采用 10-9-7-5-0 分制			
序号	检查项目			学生自评		小组互评	教师评分
1	检测毛坯尺寸						
2	测量毛坯平面度						
3	毛坯划线基准选择合理						
4	划线工具选择正确						
				总成绩			

姓名		班级		学号		日期	
		操作检测			评分标准：采用 10-9-7-5-0 分制		
序号	零件	检查项目		学生自评	教师评分	备注	
1		划线工具的使用					
2		毛坯料矫正方法					
3		下料尺寸合格					
4		量具"6S"检查表填写					
5		量具 TPM 点检表填写					
				总分			

分数计算：		成绩：			
项目检查=	$\dfrac{总分（Ⅰ）}{0.7}$	=		×0.5	=
能力评价=	$\dfrac{总分（Ⅱ）}{0.7}$	=		×0.5	=
		总成绩			

2.4.3.2 总结讨论

1. 划线的作用有哪些？
2. 划线是否可以代替测量工作？为什么？
3. 如何确定划线基准？常用的划线基准有哪几种形式？
4. 什么是找正？找正的目的是什么？
5. 什么是借料？借料的目的是什么？

项目3　备料加工

备料加工任务书

岗位工作过程	钳工在接受 10 型游梁式抽油机手动加工作业任务书后，首先需要对所要加工的零件进行工艺规划，包括每个零件的手动加工、修配和检测；制订工作步骤，如备齐生成图样、流程作业、作业设备、量检具等，去仓库领取物料、工量具，安排加工、检测、配合的步骤等
学习目标	① 能够了解锉削和锯削的定义 ② 能够掌握锉刀的结构、种类和型号 ③ 能够在加工过程中根据图样中要求的表面粗糙度选择合适的锉刀 ④ 能够根据加工零件的形状不同选择合适的锉刀 ⑤ 能够根据材料情况选择合适的锯条 ⑥ 能够正确在夹具上对工件进行装夹 ⑦ 能够掌握正确的锉削工艺和锉削方法 ⑧ 能够掌握正确的锯削工艺和锯削方法 ⑨ 能够正确使用刀口直尺和刀口角尺对工件的平面度和垂直度进行测量 ⑩ 能够将 6S 管理和 TPM 管理应用在钳工使用零件、量具、工具的管理中
学习过程	咨询：接受任务，并通过"学习目标"提前收集相关资料，对锉削加工的信息进行收集，获取零件手动锉削加工的有关信息及工作目标总体印象 计划：根据图样中零件的尺寸，以小组为单位，讨论所需的毛坯尺寸、锉刀、量具等相关信息，进行成本核算后，填写工件和工具领取表 决策：与教师或师傅进行专业交流，回答问题，确认锉削加工所需的毛坯、刀具、量具后，对加工成本进行最后的核算 实施：领取相应的毛坯、刀具、量具，根据核算后的成本进行下料加工 检查： （1）检查下好的毛坯料的尺寸及工、量、刀具的损耗情况，对比核算成本 （2）检查现场 6S 情况及 TPM 评价： （1）完成毛坯料的下料加工，并进行质量评价 （2）与同学、教师、师傅进行关于评分分歧及原因，工作过程中存在问题，以及技术问题、理论知识问题等的讨论，并勇于提出改进的建议
学习任务	任务 3.1　锉削加工 任务 3.2　锯削加工
学习成果	以小组为单位完成备料加工相关学习任务，归纳、总结，并进行汇报

任务 3.1 锉削加工

3.1.1 知识技术储备

3.1.1.1 锉削概述

1. 锉削的概念

用锉刀从工件表面锉掉多余的金属，使工件达到图纸上所需要的尺寸、形状和表面粗糙度的加工操作叫作锉削。

2. 锉削的精度

锉削精度可达 IT7～IT8，表面粗糙度可达 Ra 0.8～1.6μm。

3. 锉削的加工范围

锉削的工作范围较广，可以加工工件的内外平面、内外曲面、内外沟槽以及各种形状复杂的表面，加工精度也比较高，如图 3-1 所示。

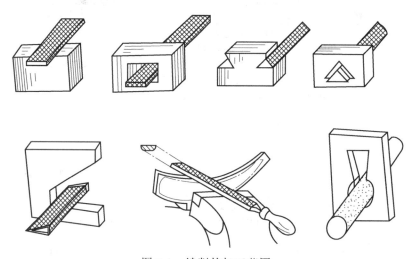

图 3-1 锉削的加工范围

在现代化生产条件下，仍有些不便于机械加工的场合需要用锉削来完成。例如，单件或小批量生产条件下某些形状复杂的零件加工、样板和模具等的加工以及装配过程中对个别零件的修整等，都需要用到锉削加工，所以锉削是钳工最重要的基本操作之一。

3.1.1.2 锉削工具

1. 锉刀

锉刀是削的工具，用碳素工具钢 T12 或 T13 制成，经热处理后切削部分的硬度达 62～72HRC，是一种标准工具。

（1）锉刀的结构

锉刀各部分的名称如图 3-2 所示。锉刀面是锉削的主要工作面。锉刀边是指锉刀的两个侧面，有的没有齿，有的其中一边有齿。没有齿的侧面称为光边，在锉削内直角的面时不会碰伤另一相邻面。锉刀舌是用来装入锉刀柄的，这是非工作部分，没有淬硬。锉刀手柄为木制，安装时在有孔的一端应套有铁箍以防止破裂。

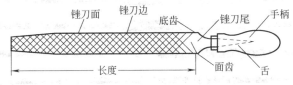

图 3-2 锉刀各部分名称

（2）锉刀的种类

锉刀按用途分为普通锉刀、异形锉刀和整形锉刀三类。

普通锉刀即为钳工锉刀，按其断面形状的不同，分为扁锉（包括齐头扁锉和尖头扁锉）、方锉、圆锉、半圆锉和三角锉五种，如图 3-3 所示。

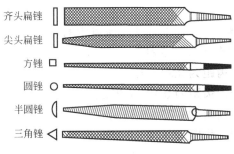

图 3-3 锉刀的截面图

异形锉刀如图 3-4 所示，是用来锉削工件特殊表面，按其截面形状分，除了平锉、方锉、三角锉、半圆锉、圆锉外，还有刀形锉、菱形锉、单面三角锉、双半圆锉、椭圆锉等。

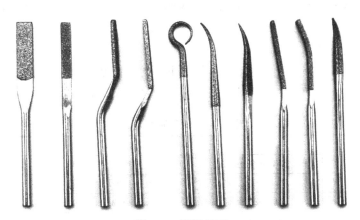

图 3-4 异形锉刀

整形锉刀如图 3-5 所示，通常称为什锦锉或组锉，因分组配备各种断面形状的小锉而得名，主要用于对工件的细小部位进行精细整形加工。整形锉刀的断面形状有多种，通常以 5 支、6 支、8 支、10 支或 12 支为一组。

（3）锉刀的规格及产品编号

① 锉刀的规格。锉刀的规格分为尺寸规格和锉齿的粗细规格两种。

图 3-5 整形锉刀

不同的锉刀尺寸规格，用不同的参数表示。锉刀的尺寸规格除圆锉刀用直径表示，方锉刀用方形尺寸表示外，其他锉刀以锉身长度表示。如常用的锉刀规格有 100mm（4in）、150mm（6in）、200mm（8in）、250mm（10in）、300mm（12in）等。特种锉刀和整形锉刀的尺寸规格以锉刀的全长表示。

锉齿的粗细规格是按锉刀齿纹的齿距大小来确定的，以锉纹号表示。锉纹号越大，齿距越小。普通锉齿的粗细等级分为以下 5 种：

1 号锉纹用于粗锉刀，齿距为 0.83～2.30mm。

2 号锉纹用于中粗锉刀，齿距为 0.42～0.77mm。

3 号锉纹用于细锉刀，齿距为 0.25～0.33mm。

4 号锉纹用于双细锉刀，齿距为 0.20～0.25mm。

5 号锉纹用于油光锉，齿距为 0.16～0.20mm。

② 锉刀的产品编号。锉刀的产品编号由类别代号、类型代号、规格、锉纹号组成。钳工锉的类别代号用 Q 表示；异形锉的类别代号用 Y 表示；整形锉的类别代号用 Z 表示。类型代号 01 代表齐头扁锉，02 代表尖头扁锉，03 代表半圆锉，04 代表三角锉，05 代表方锉，06 代表圆锉等。例如，Q-01-250-3 表示钳工锉类的齐头扁锉，锉身长 250mm，锉纹为 3 号。

2. 锉刀的选择

（1）锉齿粗细的选择

锉齿粗细的选择取决于工件加工余量的大小、加工精度和加工表面粗糙度要求的高低以及工件材料的软硬。粗、中、细三种锉刀的适用场合如表 3-1 所示。

表 3-1 粗、中、细三种锉刀的适用场合

锉刀	适用场合		
	加工余量/mm	加工精度/mm	加工表面粗糙度 Ra/μm
粗齿锉	0.5～1	0.2～0.5	12.5～50
中齿锉	0.2～0.5	0.05～0.2	6.3～12.5
细齿锉	0.05～0.2	0.01～0.05	3.2～6.3

（2）按工件材质选用锉刀

锉削非铁金属等软材料工件时，应选用单纹锉刀，否则只能选用粗锉刀。因为用细锉刀去锉软材料，易被切屑堵塞。锉削钢铁等硬材料工件时，应选用双齿纹锉刀。

（3）按工件加工面的形状选择锉刀断面形状

工件加工面的形状不同，选用的锉刀断面形状也不同，如图 3-6 所示。

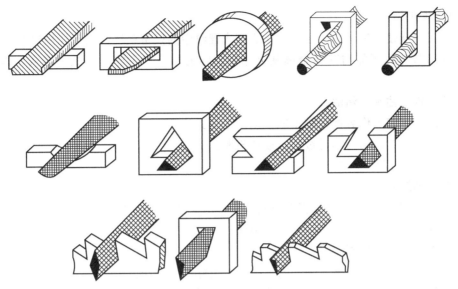

图 3-6 不同加工面所用的锉刀

（4）按工件加工面的大小和加工余量选择锉刀规格

加工面尺寸和加工余量较大时，宜选用较长的锉刀；反之，选用较短的锉刀。

（5）锉刀手柄的拆装

锉刀手柄用硬木或塑料制成，从小到大分为 1～5 号。木制手柄在装锉刀的一端应先钻出一个小孔，孔的大小以能使锉刀舌自由插入 1/2 为宜，并在该端外圆处镶一铁箍。安装锉刀手柄一般有两种方法，即蹾装法和敲击法。锉刀舌的插入深度为舌长的 3/4 即可。安装后手柄必须稳固，避免锉削时松脱造成事故，如图 3-7 所示。

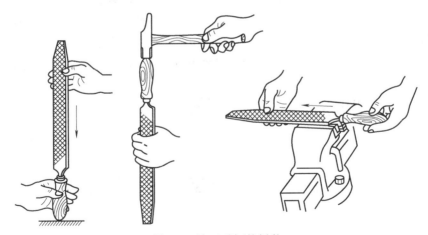

图 3-7 锉刀手柄的拆装

（6）锉刀的保养

合理保养可以延长锉刀的使用寿命，否则将过早地损坏。为此必须注意下列使用和保养规则：

① 不可用锉刀来锉毛坯的硬皮及工件上经过淬硬的表面。

② 锉刀应先用一面，用钝后再用另一面。因为用过的锉齿比较容易锈蚀，两面同时用

则总的使用期缩短。

③ 锉刀每次使用完毕后,应用钢丝刷刷去锉纹中的残留铁屑,以免加快锉刀锈蚀。

④ 锉刀放置时不能与其他金属硬物相碰,锉刀与锉刀不能互相重叠堆放,以免损坏锉齿。

⑤ 防止锉刀沾水、沾油。

⑥ 不能把锉刀当作装拆、敲击或撬动的工具。

⑦ 使用整形锉时用力不可过猛,以免折断。

3.1.1.3 锉削工艺与锉削方法

1. 工件的装夹

工件装夹的正确与否,直接影响锉削质量,因此装夹工件要符合下列要求:

① 工件尽量夹在台虎钳钳口宽度的中间。

② 装夹要稳固,但不能使工件变形。

③ 待锉削面离钳口不要太远,以免锉削时工件产生振动。

④ 工件形状不规则时,要加适宜的衬垫后夹紧。

⑤ 装夹精加工面时,台虎钳应衬以软钳口,以防表面被夹坏。

2. 锉削工艺与方法

(1) 锉削的姿势

锉削姿势正确与否,对锉削质量、锉削力的运用和发挥,以及操作时的疲劳程度都起着决定性的影响。锉削姿势的正确掌握,必须从握锉、站立步位和姿势动作,以及操作用力这几方面进行协调一致的反复练习才能实现。

① 锉刀的握法。

a. 大型锉刀的握法。大型锉刀(大于 250mm)的握法如图 3-8 所示。右手紧握木柄,柄端顶住手掌心,大拇指放在木柄上部,其余四指环握木柄下部。左手的基本握法是将拇指根部肌肉压在锉刀头部,拇指自然伸直,其余四指弯向手心,用中指、无名指捏住锉刀尖,也可捏住锉刀的前部,如图 3-8(a)所示。左手的另一种握法如图 3-8(b)所示。

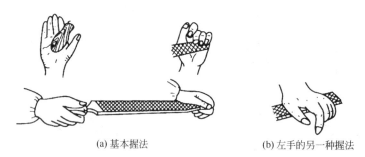

(a) 基本握法　　　　　　(b) 左手的另一种握法

图 3-8　大型锉刀的握法

b. 中型锉刀的握法。中型锉刀(200mm 左右)的握法,右手与上述大型锉刀握法相同。左手用大拇指、食指,也可加入中指捏住锉刀头部,不必像使用大型锉刀那样用很大的力量,如图 3-9 所示。

c. 小型锉的握法。小型锉刀(150mm 左右)的握法如图 3-10 所示。右手食指靠在锉边,拇指与其余手指握柄。左手的食指和中指轻按在锉刀面上。

图 3-9 中型锉刀的握法

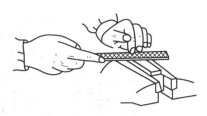

图 3-10 小型锉刀的握法

d. 整形锉刀的握法。用整形锉刀锉削时一般只用右手拿锉刀。将食指放在锉刀面上，大拇指伸直，其余三指自然合拢握住锉刀柄即可，如图 3-11 所示。

② 锉削站立步位和锉削姿势。锉削时，操作者站在台虎钳的正前方，身体与台虎钳的轴线成 45°，左脚在前，与台虎钳的轴线成 30°；右脚在后，与台虎钳的轴线成 75°，如图 3-12 所示。两手握住锉刀放在工件上面，左臂弯曲，

图 3-11 整形锉刀的握法

小臂与工件锉削面的前后方向保持基本平行，右小臂与工件锉削面的左右方向保持基本平行，动作要自然。

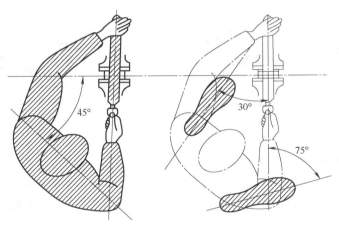

图 3-12 锉削时站立姿势

③ 锉削动作。锉削加工时，两手握住锉刀放在工件上面，左臂弯曲，小臂与工件锉削面的左右方向基本平行，右小臂要与工件锉削面的前后方向保持基本平行，且要自然。起锉时，身体向前倾 10°左右；锉至 1/3 行程时，身体随之倾至 15°左右；在锉削 2/3 行程时，右肘向前推进锉刀，身体逐渐向前倾至 18°左右后停止向前；当锉削最后 1/3 行程时，右肘继续向前推进锉刀，同时左腿自然伸直并随锉削的反作用力，将身体后移至 15°左右；锉削行程结束后，手和身体都恢复到原位，同时将锉刀略微提起并顺势收回到原位。当锉刀收回将近结束时，身体又开始先于锉刀前倾，做第二次锉削的向前运动，如图 3-13 所示。

④ 锉削时双手的用力和锉削速度。要锉出平直的平面，必须使锉刀保持水平面内的锉削运动。为此，锉削时右手的压力要随锉刀推动而逐渐增加，左手的压力要随锉刀推动而逐渐减小，回程时不加压力，以减少锉齿的磨损，如图 3-14 所示。

锉削速度一般应在 40 次/min 左右，推出时稍慢，回程时稍快，动作要自然协调。

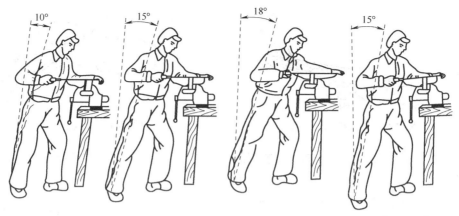

图 3-13 锉削时的动作

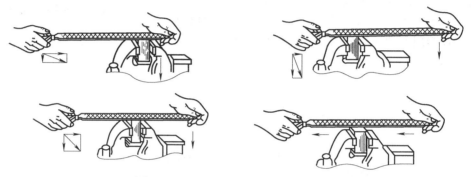

图 3-14 平面锉削时的双手用力动作

（2）平面锉削

平面锉削的方法有顺向锉削法、交叉锉削法和推锉法三种。

① 顺向锉削法。顺向锉削法是顺着同一方向对工件进行锉削，是最基本的锉削方法。用此方法锉削得到的锉纹整齐一致，比较美观，适于工作表面最后的锉光和锉削不大的平面，如图 3-15 所示。

② 交叉锉削法。交叉锉削法是从两个交叉方向对工件进行锉削。锉削时锉刀与工件的接触面增大，锉刀容易掌握平稳，锉削时从锉痕上可以反映出锉削面的高低情况，表面容易锉平，但锉痕不正直。所以当锉削余量较多时，可先采用交叉锉削法，余量基本锉完时再改用顺向锉削法，使锉削表面锉痕正直、美观，如图 3-16 所示。

图 3-15 顺向锉削法

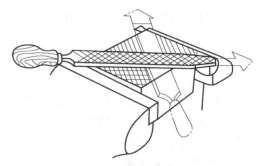

图 3-16 交叉锉削法

③ 推锉法。推锉法是用两手对称地握锉刀,用大拇指推动锉刀顺着工件长度方向进行锉削。推锉法适合于锉削狭长平面和修理尺寸时应用,如图3-17所示。

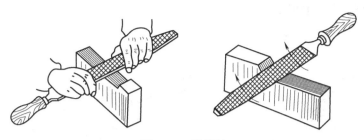

图3-17 推锉法

(3) 平面锉削的练习要领

用锉刀锉削平面的技巧必须通过反复的、多样性的刻苦练习才能形成。而掌握要领的练习,可加快锉削技巧的形成。

① 首先要掌握正确的姿势和动作。

② 做到锉削力的正确和熟练运用,以使锉削时锉刀能始终保持平衡。因此,在操作时注意力要集中,练习过程要用心研究。

③ 练习前了解几种锉不平的具体原因,如表3-2所示,便于练习中分析改进。

表3-2 锉削时平面不平的形式和原因

形式	产生原因
平面中凹	① 锉削时,双手的用力不能使锉刀保持平衡 ② 锉刀在开始推出时,右手压力太大,锉刀被压下,锉刀推到前面时,左手压力太大,锉刀被压下,造成前后面多锉 ③ 锉削姿势不正确 ④ 锉刀本身中凹
对角扭曲或坍塌	① 左手或右手施加压力时,重心偏在锉刀的一侧 ② 工件未夹正确 ③ 锉刀本身扭曲
平面横向中凸或中凹	锉刀在锉削时左右移动不均匀

(4) 曲面锉削

最基本的曲面是单一的外圆弧面和内圆弧面,掌握内外圆弧面的锉削方法和技能,是掌握各种曲面锉削的基础。

① 曲面锉削的应用。曲面锉削通常应用于以下几个方面:

a. 配键。

b. 机械加工较为困难的曲面件,如凹凸曲面模具、曲面样板,以及凸轮轮廓曲面等的加工和修整。

c. 增加工件的外形美观性。

② 外圆弧锉削法。锉削外圆弧面所用的锉刀可选用平锉,锉削时,锉刀要完成两个运动:前进运动和锉刀绕工件圆弧中心的转动。其方法有两种:

a. 顺着圆弧面锉削,如图3-18(a)所示。锉削时,锉刀向前,右手下压,左手随着上提。这种方法能使圆弧面锉削光洁圆滑,但锉削位置不易掌握且效率不高,故适用于精锉圆弧面。

b．对着圆弧面锉削，如图3-18（b）所示。锉削时，锉刀做直线运动，并不断随圆弧面移动。这种方法锉削效率高，且便于按划线均匀锉近弧线，但只能锉成近似圆弧面的多棱形面，故适用于圆弧面的粗加工。

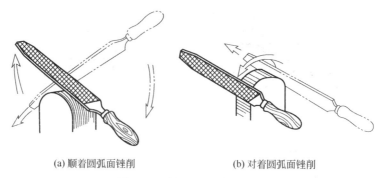

(a) 顺着圆弧面锉削　　　　　(b) 对着圆弧面锉削

图3-18　外圆弧面锉削方法

③ 内圆弧锉削法。内圆弧面锉削时，如果圆弧半径较小，可选用圆锉；如果圆弧半径较大，可选用半圆锉、方锉。锉削时锉刀要同时完成三个运动，如图3-19所示：前进运动、随圆弧面向左或向右移动、绕锉刀中心线转动。这样才能保证锉出的弧面光滑、准确。

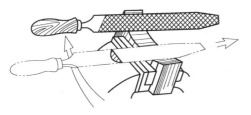

图3-19　内圆弧面锉削方法

④ 锉削连接平面与曲面的方法。在一般情况下，应先加工平面，然后加工曲面，以便于曲面与平面圆滑连接。如果先加工曲面后加工平面，则在加工与内圆弧面连接的平面时，会由于锉刀侧面无依靠而产生左右移动，使已加工曲面损伤，同时连接处也不易锉得圆滑。而在加工与外圆弧面连接的平面时，圆弧不能与平面相切。

⑤ 锉削球面的方法。锉削柱形工件端部的球面时，需完成三个运动：前进运动、锉刀绕球面球心的转动和圆周移动运动。锉刀要以纵向和横向两种锉削运动结合进行，才能获得要求的球面，如图3-20所示。

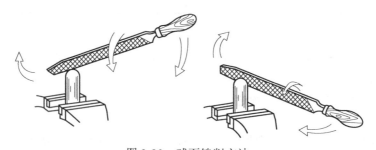

图3-20　球面锉削方法

3.1.1.4　锉削形位误差的测量

1. 平面度检测方法

刀口直尺测量平面度时一般采用光隙法，光隙法是凭借人眼观察通过实际间隙的可见光隙量多少来判断间隙大小的一种方法。光隙法测量是将刀口直尺置于被测表面上，并使刀口直尺与工件表面紧密接触，然后观察刀口直尺与被测表面之间的最大光隙，此时的最大光隙即为直线度误差。当光隙较大时，可用量块或塞尺测出误差值。光隙较小时，可通过标准光隙比较来估读光隙值大小。若间隙大于 0.0025mm，则透白光；间隙为 0.001～0.002mm 时，透光为红光；间隙为 0.001mm 时，透光为蓝光；刀口直尺与被测间隙小于 0.001mm 时，透光为紫光；刀口直尺与被测间隙小于 0.0005mm 时，则不透光，测量方法如图 3-21 所示。

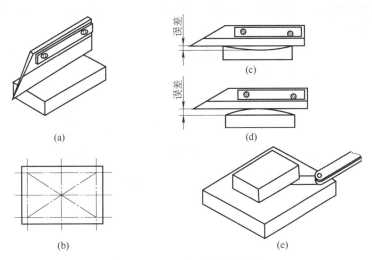

图 3-21 刀口直尺测量平面度

2. 垂直度检测方法

刀口角尺测量垂直度时也采用光隙法，使用方法与刀口直尺类似，但是，在测量工件垂直度时应注意，将刀口角尺的短边与零件的基准面完全贴合进行测量，如图 3-22 所示。

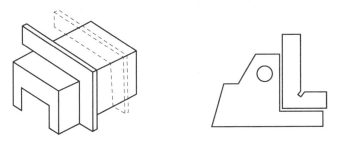

图 3-22 刀口角尺测量垂直度

3.1.1.5 表面粗糙度的测量

1. 表面粗糙度检测

（1）表面粗糙度的概念

表面粗糙度是指加工表面具有的较小间距和微小峰谷的不平度。其两波峰或两波谷之间的距离（波距）很小（在 1mm 以下），它属于微观几何形状误差。表面粗糙度越小，则表面越光滑。

表面粗糙度一般是由所采用的加工方法和其他因素所形成的，例如加工过程中刀具与零件表面间的摩擦、切屑分离时表面层金属的塑性变形以及工艺系统中的高频振动等。由于加工方法和工件材料的不同，被加工表面留下痕迹的深浅、疏密、形状和纹理都有差别。

表面粗糙度与机械零件的配合性质、耐磨性、疲劳强度、接触刚度、振动和噪声等有密切关系，对机械产品的使用寿命和可靠性有重要影响。一般标注采用 R_a。

（2）表面粗糙度的常用术语及定义

① 轮廓算术平均偏差 Ra。在取样长度内，轮廓偏差绝对值的算术平均值。在实际测量中，测量点的数目越多，Ra 越准确。

② 轮廓最大高度 Rz。它是在一个取样长度内，最大轮廓峰高 Zp 与最大轮廓谷深 Zv 之和，如图 3-23（a）所示。

在旧标准中，轮廓最大高度值用 Ry 表示，它是在取样长度内，轮廓峰高线和轮廓谷底线之间的距离，如图 3-23（b）所示。

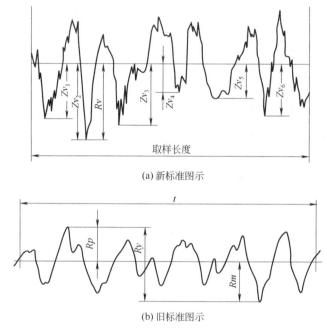

(a) 新标准图示

(b) 旧标准图示

图 3-23　轮廓最大高度

（3）表面粗糙度的符号及其标注

表面粗糙度的符号如表 3-3 所示。

表 3-3　表面粗糙度的符号

序号	符号	意义
1	∨	基本符号，表示表面可以用任何方法获得。当不加注粗糙度参数值或有关说明时，仅适用于简化代号标注
2	∀	表示表面是用去除材料的方法获得，如车、铣、钻等
3	∀○	表示表面是用不去除材料的方法获得，如铸、锻、冲压、冷轧等
4	∀ ∀ ∀○	在上述三个符号的长边加上一横线，用于标注有关参数或说明
5	∀ ∀ ∀○	在上述三个符号的长边加上一圆圈，表示所有表面具有相同的粗糙度要求
6	(3.5, 60°, 8)	当参数值的数字或大写字母的高度为 2.5mm 时，粗糙度符号的高度取 8mm，三角形高度取 3.5mm，三角形是等边三角形。当参数值不是 2.5mm 时，粗糙度符号和三角形符号的高度也将发生变化

表面粗糙度值代号及意义举例，如表 3-4 所示。

表 3-4　表面粗糙度值代号及意义举例

代号	意义	代号	意义
3.2 ∨	用任何方法获得的表面粗糙度值，Ra 的上限值为 3.2μm，下限值不限制	3.2max ∨	用任何方法获得的表面粗糙度值，Ra 的最大值为 3.2μm，最小值不限制
3.2 ▽	用去除材料的方法获得的表面粗糙度值，Ra 的上限值为 3.2μm，下限值不限制	3.2max ▽	用去除材料的方法获得的表面粗糙度值，Ra 的最大值为 3.2μm，最小值不限制
3.2 ▽(倒)	用不去除材料的方法获得的表面粗糙度值，Ra 的上限值为 3.2μm，下限值不限制	3.2max ▽(倒)	用不去除材料的方法获得的表面粗糙度值，Ra 的最大值为 3.2μm，最小值不限制
3.2 / 1.6 ▽	用去除材料的方法获得的表面粗糙度值，Ra 的上限值为 3.2μm，下限值为 1.6μm	3.2max / 1.6min ▽	用去除材料的方法获得的表面粗糙度值，Ra 的最大值为 3.2μm，最小值为 1.6μm

常见加工方法的表面粗糙度值，如表 3-5 所示。

表 3-5　常见加工方法的表面粗糙度值

表面特征	表面粗糙度 Ra/μm	加工方法举例
明显可见刀痕	Ra 100、Ra 50、Ra 25	粗车、粗刨、粗铣、钻孔
微见刀痕	Ra 12.5、Ra 6.3、Ra 3.2	精车、精刨、精铣、粗铰、粗磨
看不见加工痕迹，微辨加工方向	Ra 1.6、Ra 0.8、Ra 0.4	精车、精磨、精铰、研磨
暗光泽面	Ra 0.2、Ra 0.1、Ra 0.05	研磨、珩磨、超精磨、抛光

表面粗糙度与光洁度的数值换算，如表 3-6 所示。

表 3-6　表面粗糙度与光洁度数值换算

表面光洁度		▽1	▽2	▽3	▽4	▽5	▽6	▽7
表面粗糙度	Ra/μm	50	25	12.5	6.3	3.2	1.6	0.8
	Rz/μm	200	100	50	25	12.5	6.3	6.3
表面光洁度		▽8	▽9	▽10	▽11	▽12	▽13	▽14
表面粗糙度	Ra/μm	0.4	0.2	0.1	0.05	0.025	0.012	—
	Rz/μm	3.2	1.6	0.8	0.4	0.2	0.1	0.05

（4）粗糙度测量

粗糙度检测仪可分为便携式和台式电动轮廓仪。便携式仪器可在现场进行测量，携带方便，如图 3-24 所示；带记录仪的电动轮廓仪，可绘制出表面的轮廓曲线，带计算机的轮廓仪可显示轮廓的形状情况，并由打印机打印出数据和表面的轮廓线，便于分析和比较。它的测量范围较大：Ra 值一般在 0.02～50μm。

① 比较法是在工厂里常用的方法，用眼睛或放大镜对被测表面与粗糙度样板比较，或用手摸，靠感觉来判断表面粗糙度的情况。这种方法不够准确，凭经验因素较大，只能对粗糙度参数值情况给出大概范围的判断，表面粗糙度对比样块如图 3-25 所示。

② 光切法是利用光切原理来测量表面粗糙度的方法。在实验室中用光切显微镜或者双筒显微镜就可实现测量，它的测量准确度较高，但只适用于对 Rz、Ry 以及较为规则的表面测量，不适用于对粗糙度较高的表面及不规则表面的测量。

图 3-24　便携式粗糙度检测仪

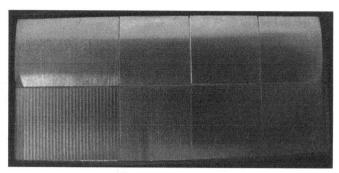

图 3-25　表面粗糙度对比样块

③ 干涉法是利用光学干涉原理测量表面粗糙度的一种方法。这种方法要找出干涉条纹，找出相邻干涉带距离和干涉带的弯曲高度，就可测出微观不平度的实际高度。这种方法调整仪器比较麻烦，不太方便，其准确度和光切显微镜差不多。

④ 触针法是利用仪器的测针与被测表面相接触，并使测针沿其表面轻滑过测量表面粗糙度的方法。采用这种方法时，使用最广泛的仪器就是电动轮廓仪，它的特点是显示数值直观，可测量许多形状的被测表面，如轴类、孔类、锥体、球类、沟槽类工件，测量时间短，方便快捷。

2. 刀口直尺和刀口角尺的使用规程

① 00级和0级直角尺一般用于检验精密量具；1级用于检验精密工件；2级用于检验一般工件。

② 使用前，应先检查各工作面和边缘是否被碰伤，直尺与角尺的长边的左、右面和短边的上、下面都是工件面（即内外直角），将直尺与直角尺工作面和被检工作面擦净。

③ 使用时，将直尺与直角尺靠放在被测工件的工作面上，用光隙法鉴别工件的角度是否正确，注意轻拿、轻靠、轻放，防止变曲变形。

④ 为求精确测量结果，可将直尺与直角尺翻转180°再测量一次，取两次读数算平均值，其平均值为测量结果，可消除角尺本身的偏差。

3. 刀口直尺和刀口角尺的维护保养

① 按周期检定，获取检验证书；
② 使用前直尺、直角尺和工件必须擦净；
③ 使用直尺、直角尺要轻拿、轻放，最好佩戴手套；
④ 直尺、角尺不要倒着放；
⑤ 测量后，应擦净放入专用盒中，置于干燥和温暖的地方，不允许与其他量具堆放在一起。

3.1.2　任务实施

3.1.2.1　计划与决策

① 小组接受任务后，根据任务要求，分析毛坯，选择要加工的基准平面。
② 经小组讨论后，将讨论结果与教师进行交流，并反馈问题。
③ 根据工作内容领取工具、量具、工件。
④ 结合教师给出的条件以及小组讨论后的结果，拟定完成任务的计划表，补充完成工

艺卡片，并按照工艺卡片要求实施任务。

3.1.2.2 实施过程

① 以小组为单位，根据本次任务所学内容，对附录 1 图样中 10 型游梁式抽油机工作页中的零件图进行锉削加工。

② 以小组为单位，查找资料、讨论，回答工作页中知识问答部分的问题。

注意：加工前，根据图样所示选择相应的基准面。

3.1.3 检查、评价与总结

3.1.3.1 检查与评价

请指导教师根据学生对本次任务的完成情况，根据工作页评分要求对每组每名同学所负责的工作任务进行评分。

3.1.3.2 任务小结

本次任务主要介绍了钳工锉削及锉削工具的基本知识，锉削操作方法、要领。通过本次任务的学习与训练，学生应掌握锉刀的结构、规格以及编号和锉刀的保养，重点掌握锉削姿势和锉削方法，灵活掌握平面锉削和曲面锉削的方法和应用。

任务 3.2 锯削加工

3.2.1 知识技术储备

3.2.1.1 锯削概述

锯削是用手锯对材料或工件进行切断或切槽的加工方法，如图 3-26 所示。锯削可以锯断各种原材料或半成品，锯掉工件上多余部分或在工件上锯槽。锯削具有方便、简单和灵活等特点，只需要手锯、钳台就可以完成操作，不需要专门的机加工设备，特别适用于单件、小批量生产及临时工地。

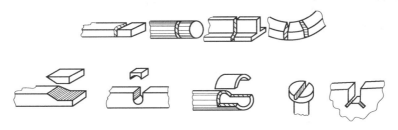

图 3-26 锯削的应用

3.2.1.2 锯削工具

手锯由锯弓和锯条两部分组成。

1. 锯弓

锯弓是用来安装锯条的，有固定式和可调式，如图 3-27 所示。固定式锯弓只能安装一种长度的锯条，而可调式锯弓通过调节可以安装几种长度的锯条，并且可调式锯弓的锯柄形状便于用力，所以目前被广泛使用。

锯弓两端都装有夹头，与锯弓的方孔配合，一端是固定的，一端为活动的。当锯条装在两端夹头销子上后，旋转活动夹头上的蝶形螺母就能把锯条拉紧。

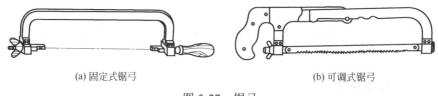

(a) 固定式锯弓　　　　　　　　　(b) 可调式锯弓

图 3-27　锯弓

2. 锯条

锯条一般用渗碳钢冷轧而成，也有用碳素工具钢或合金工具钢经热处理淬硬制成。锯条的长度以两端安装孔的中心距来表示，常用的锯条长 300mm，宽 12mm，厚 0.8mm。

① 锯齿的角度。锯条的切削部分是由许多锯齿组成的，如图 3-28（a）所示。由于锯削时要求有较高的工作效率，必须使切削部分有足够的容屑空间，故锯齿的后角较大。为保证锯齿具有一定的强度，楔角也不宜太小。综合以上要求，其前角 $\gamma=0°$，后角 $\alpha=40°$，楔角 $\beta=50°$，如图 3-28（b）所示。

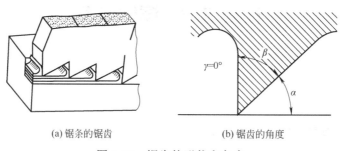

(a) 锯条的锯齿　　　　　　　　　(b) 锯齿的角度

图 3-28　锯齿的形状和角度

② 锯路。在制造锯条时，其上的锯齿按一定的规则左右错开，排列成一定的形状，称为锯路。锯路有交叉形和波浪形等，如图 3-29 所示。锯条有了锯路后，可使工件上被锯出的锯缝宽度大于锯条背的厚度，锯削时锯条不会被卡住。锯条与锯缝的摩擦阻力较小，锯条不致过热而加快磨损。

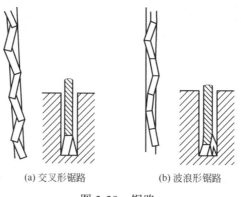

(a) 交叉形锯路　　　　　　　　　(b) 波浪形锯路

图 3-29　锯路

3. 锯齿粗细及选用

锯齿的粗细是以锯条每 25mm 长度内的齿数来表示的。一般分为粗、中、细三种，使用时应根据所锯材料的软硬和厚薄来选择。

① 粗齿锯条的使用场合。锯削质软（如非铁金属、铸铁、低碳钢和中碳钢等）且较厚的材料时，应选用粗齿锯条，由于粗齿锯条的容屑槽较大，锯削时可防止产生堵塞，如图 3-30 所示。

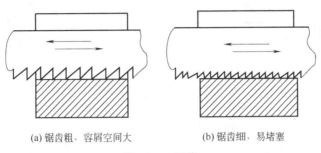

(a) 锯齿粗，容屑空间大　　(b) 锯齿细，易堵塞

图 3-30　锯齿

② 细齿锯条的使用场合。锯削硬材料或薄材料（如工具钢、合金钢、各种管子、薄板料、角钢等）时，应选用细齿锯条，因为硬材料不易锯入，每锯一次产生的切屑较少，不易堵塞容屑槽，而且锯齿增多后，可使每齿的锯削量减少，材料容易被切除。在锯削管子或薄板时，用细齿锯条可防止锯齿被钩住造成锯齿崩裂或锯条折断，如图 3-31 所示。

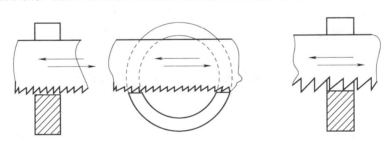

(a) 锯齿细，参与锯削的齿数多　　(b) 锯齿粗，参与锯削的齿数少

图 3-31　细齿锯条的使用场合

一般选择原则为：锯削薄材料，在锯削截面上至少应有三个齿能同时参加锯削，这样才能避免锯齿被钩住和崩裂。具体可参照表 3-7 进行选择。

表 3-7　锯齿的粗细及规格选择

锯齿粗细	每 25mm 长度内齿数（齿距）	应用
粗	14～18	锯割软钢、黄铜、铝、铸铁、人造胶质材料
中	22～24	锯割中等硬度钢、厚壁的钢管、铜管
细	32	锯割薄片金属、薄壁管子
细变中	20～32	一般工厂中用，易于起锯

3.2.1.3　锯削工艺与锯削方法

锯削是一种手工操作，锯削时应根据工件材料性质、工件形状、锯削面的宽窄来选择锯条的粗细以及相应的锯削方法。

1. **锯条的安装**

手锯是在向前推进时进行切削的,所以锯条安装时要保证锯齿的方向正确,如图3-32(a)所示。如果装反了,如图3-32(b)所示,则锯齿前角变为负值,切削很困难,不能进行正常的锯削。

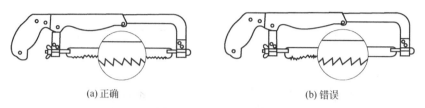

图3-32 锯条的安装

锯条的松紧在安装时也要控制适当,太紧使锯条受力太大,在锯削中稍有卡阻而受到弯折时,就易崩断;太松则锯削时锯条容易扭曲,也很可能折断,而且锯缝容易发生歪斜。装好的锯条应使它与锯弓保持在同一平面内,这对保证锯缝正直和防止锯条折断都比较有利。

2. **锯削工件的划线与夹持**

进行锯削时,一定要先划线,然后按划线进行锯削。为提高锯削精度,应贴着所划线条进行锯削,而不应将所划线条锯掉。

工件一般应夹在台虎钳的左侧,以免操作时碰伤左手。锯缝线要与钳口侧面保持平行(使锯缝线与铅垂线方向一致),以便于控制锯缝偏离划线线条。工件伸出钳口不应过长(应使锯缝离开钳口侧面约20mm),防止工件在锯削时产生振动。锯削时,工件夹紧要牢靠,避免锯削时工件移动或使锯条折断,同时要避免将工件夹变形或夹坏已加工面。

3. **锯削工艺**

(1) 手锯握法

手锯握法如图3-33所示,右手满握锯弓手柄,拇指压在食指上,左手控制锯弓方向,拇指在弓背上,食指、无名指扶在锯弓前端。

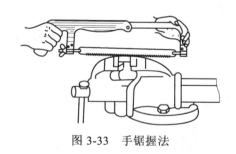

图3-33 手锯握法

(2) 锯削方法

① 锯削的姿势与动作。锯削时的站立位置和身体的摆动姿势与锉削基本相似,摆动要自然。

② 锯削时的压力。锯削运动时,推力和压力由右手控制,左手主要配合右手扶正锯弓,压力不要过大。手锯推出时为切削行程,应施加压力,返回行程不切削,为减少锯条的磨损,不加压力自然拉回。工件将要锯断时压力要小。

③ 锯削运动和速度。锯削运动一般采用小幅度的上下摆动式运动,对锯缝要求平直的锯削,必须采用直线运动。锯削运动的速度以30~60次/min为宜,一般为40次/min左右。锯削硬材料时慢些,且压力要大;锯削软材料时快些,且压力要小。 同时,锯削行程应保持均匀,返回行程的速度应相对快些。

锯削时要尽量使锯条的全部锯齿都利用到,若只集中在局部使用,则锯条的使用寿命将相应缩短,且推锯 1 次参与锯削的锯齿数少,锯削效率也不高。

(3) 起锯方法

起锯是锯削工作的开始,起锯效果的好坏,直接影响锯削质量。

起锯的两种常见问题:一是常出现锯条跳出锯缝,将工件拉毛或引起锯齿崩裂;二是起锯后的锯缝与划线位置不一致,使锯削尺寸出现较大偏差。

起锯有远起锯和近起锯两种,如图 3-34 所示。所谓远起锯和近起锯是指在远离或靠近操作者的棱边上开始下锯。对于近起锯,如果较难掌握可采用向后拉手锯倒向起锯,防止锯齿被工件棱边卡住而引起崩裂。

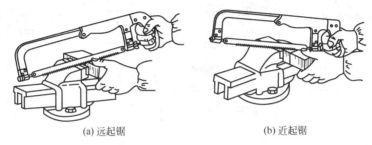

(a) 远起锯　　　　　　　(b) 近起锯

图 3-34　起锯方法

起锯时,左手拇指靠住锯条,使锯条能正确地锯在所需要的位置上,行程要短,压力要小,速度要慢。起锯角 θ 约 15°。如果起锯角度太大,则起锯不易平稳,尤其是近起锯时,锯齿会被工件棱边卡住,引起锯齿崩裂。但起锯角度也不宜太小,否则由于锯齿与工件同时接触的齿数较多,不易切入材料,锯条还可能打滑而使锯削位置发生偏离,在工件表面锯出许多锯痕,影响表面质量。起锯角度如图 3-35 所示。

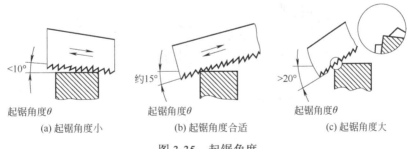

(a) 起锯角度小　　　(b) 起锯角度合适　　　(c) 起锯角度大

图 3-35　起锯角度

(4) 锯削姿势及要领

锯削时身体先运动起来,带动手臂运动。站立姿势与锉削姿势类似。锯削时要注意锯削动作、锯削姿势和步位站法。

① 锯削动作。锯削运动一般采用小幅度上下摆动式运动,即手锯推进时,身体略向前倾,双手压向手锯的同时,左手上翘、右手下压;回程时右手上抬,左手自然跟回。工件快锯断时,用力应轻,以免碰伤手臂和折断锯条。

② 锯削姿势。锯削时站位,身体摆动姿势与锉削基本相似,摆动要自然。

③ 步位站法。如图 3-36 所示,锯削开始时,右腿站稳伸直,左腿略有弯曲,身体向前倾斜 10°左右,保持自然,重心落在左脚上,双手握正手锯,左臂略弯曲,右臂尽量向后放,

与锯削的方向保持平行。向前锯削时,身体和手锯一起向前运动,此时,左脚向前弯曲,右脚伸直向前倾,重心落在左脚上。当手锯继续向前推进时,身体倾斜角度也随之增大,左右手臂均向前伸出,当手锯推进至 3/4 行程时,身体停止前进,两臂继续推进手锯向前运动,身体随着锯削的反作用力,重心后移,退回到 15°左右。锯削行程结束后,取消压力,将手和身体恢复到原来的位置,再进行第二次锯削。

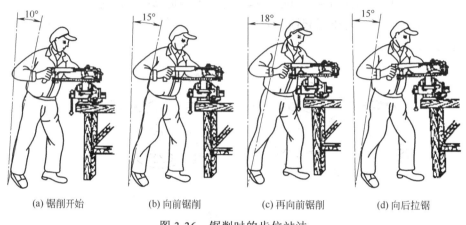

图 3-36 锯削时的步位站法

（5）各种零件的锯削方法

① 薄板锯削。锯削时一般用木板为衬垫夹在台虎钳上,然后连木板一起锯削。锯削方法如图 3-37 所示。

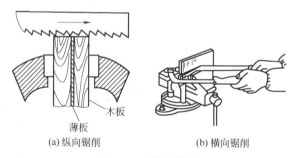

图 3-37 薄板锯削

② 圆管锯削。锯削圆管时不能从上到下一次锯断,应在管壁被锯透时,将圆管向推锯方向转过一定角度,再夹紧,锯至内壁,重复操作,直至锯断,如图 3-38 所示。

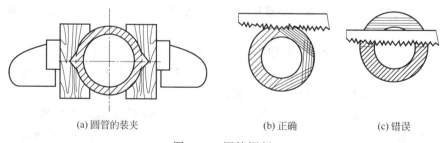

图 3-38 圆管锯削

③ 深缝锯削。当锯缝深度超过锯弓高度时，先用正常方法锯至接近锯弓，然后将锯条转90°安装，锯弓放平锯削，直至锯断工件；或者将锯条倒装进行锯削，如图3-39所示。

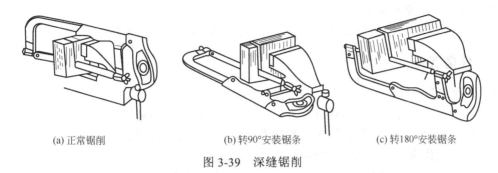

(a) 正常锯削　　　(b) 转90°安装锯条　　　(c) 转180°安装锯条

图 3-39　深缝锯削

④ 槽钢锯削。槽钢的锯削和锯削圆管时类似，锯削时，应按三次锯削。具体锯削顺序，如图3-40所示。

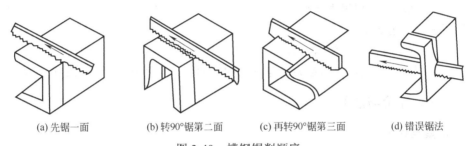

(a) 先锯一面　　(b) 转90°锯第二面　　(c) 再转90°锯第三面　　(d) 错误锯法

图 3-40　槽钢锯削顺序

3.2.1.4　锯削质量分析

1. 锯缝产生歪斜的原因

锯缝产生歪斜的原因主要有以下几点：

① 工件安装歪斜。
② 锯条安装太松或与锯弓平面产生扭曲。
③ 使用两面锯齿磨损不均匀的锯条。
④ 锯削时压力过大，使锯条偏摆。
⑤ 锯弓不正或用力后产生歪斜，使锯条背偏离锯缝中心平面。

2. 锯齿崩断的原因

锯齿崩断的原因主要有以下几点：

① 锯薄壁管子和薄板料时没有选用细齿锯条。
② 起锯角太大或采用近起锯时用力过大。
③ 锯削时突然加大压力，锯齿被工件棱边钩住而崩刃。

3. 锯条折断的原因

锯条折断的原因主要有以下几点：

① 锯条装得过紧或过松。
② 工件装夹不正确，锯削部位距钳口太远，以致产生抖动或松动。
③ 锯缝歪斜后强行借正，使锯条被扭断。

④ 用力太大或锯削时突然加大压力。

⑤ 新换锯条在旧锯缝中被卡住而折断，要改换方向再锯，如只能从旧锯缝锯，则应减小速度和压力，并要特别细心。

⑥ 工件锯断时没有及时掌握好，使手锯与台虎钳等相撞而折断锯条。

3.2.2 任务实施

3.2.2.1 计划与决策

① 小组接受任务后，根据任务要求，选择已加工的基准面划线。

② 经小组讨论后，将讨论结果与教师进行交流，并反馈问题。

③ 根据工作内容领取工具、量具、工件。

④ 结合教师给出的条件以及小组讨论后的结果，拟定完成任务的计划表，补充完成工艺卡片，并按照工艺卡片要求实施任务。

3.2.2.2 实施过程

① 以小组为单位，根据本次任务所学内容，对附录1图样中10型游梁式抽油机工作页中的零件图进行锉削加工。

② 以小组为单位，查找资料、讨论，回答工作页中知识问答部分的问题。

注意：锯削加工完成后，用锉刀将锯削后的平面加工至图样中所要求的尺寸值。

3.2.3 检查、评价与总结

3.2.3.1 检查与评价

请指导教师根据学生对本次任务的完成情况，根据工作页评分要求对每组每名同学所负责的工作任务进行评分。

3.2.3.2 任务小结

本次任务介绍了钳工锯削及锯削工具的基本知识，锯削操作方法、要领。通过本次任务的学习与训练，学生应掌握手锯的构造，锯条的正确选择及安装，各种型材的锯削方法，锯缝歪斜、锯齿崩断和锯条折断的原因及防止方法。

项目4　孔系加工、螺纹加工、錾削加工

孔系加工、螺纹加工、錾削加工任务书

岗位工作过程	钳工在接受 10 型游梁式抽油机手动加工作业任务书后，首先需要对所要加工的零件进行工艺规划，包括每个零件的手动加工、修配和检测；制订工作步骤，如备齐生成图样、流程作业、作业设备、量检具等，去仓库领取物料、工量具；安排加工、检测、配合的步骤等
学习目标	① 能够了解钻孔、锪孔、扩孔、铰孔的定义 ② 能够了解螺纹的基本知识，看懂图表书，根据图样选择螺纹规格 ③ 能够了解錾削的定义 ④ 能够在加工前根据图样的要求选择合适的钻头 ⑤ 能够熟练使用台式钻床对孔系进行加工 ⑥ 能够根据材料情况选择适合加工材料的钻头 ⑦ 能够正确的在夹具上对工件进行装夹 ⑧ 能够掌握正确的孔加工工艺和方法 ⑨ 能够正确地用丝锥和板牙对螺纹进行加工 ⑩ 能够熟练地使用錾子和手锤对工件上的余料进行排料加工 ⑪ 能够将钳工使用零件、量具、工具的管理应用在 6S 管理和 TPM 管理中
学习过程	咨询：接受任务，并通过"学习目标"提前收集相关资料，对孔系加工、螺纹加工、錾削加工的信息进行收集，获取零件手动加工的有关信息及工作目标总体印象 计划：根据图样中零件的尺寸，以小组为单位，讨论所需要的毛坯尺寸、工具、刀具、量具等相关信息，进行成本核算后，填写工件和工具领取表 决策：与教师或师傅进行专业交流，回答问题，确认锉削加工所需的毛坯、刀具、量具后，对加工成本进行最后的核算 实施：领取相应的毛坯、刀具、量具，根据核算后的成本进行下料加工 检查： （1）检查下好的毛坯料的尺寸、工具、量具、刃具的损耗情况，对比核算成本 （2）检查现场 6S 情况及 TPM 评价： （1）完成毛坯料的下料加工，并进行质量评价 （2）与同学、教师、师傅进行关于评分分歧及原因，工作过程中存在的问题、技术问题、理论知识问题等的讨论，并勇于提出改进的建议
学习任务	任务 4.1　孔系加工 任务 4.2　螺纹加工 任务 4.3　錾削加工
学习成果	以小组为单位完成孔系、螺纹和排料加工相关学习任务，归纳、总结，并进行汇报

任务 4.1 孔系加工

4.1.1 知识技术储备

4.1.1.1 孔加工概述

孔的加工是钳工工作的重要内容之一，用麻花钻在实体上加工孔的操作称为钻孔。孔加工是钳工的主要工作内容之一，在机械制造业中，从制造一个零件到最后组装成机器，几乎都离不开孔加工。任何一台机器没有孔都是无法装配在一起的。

孔加工的方法主要有两类：一类是在实体工件上加工出孔，即用麻花钻、中心钻等进行的钻孔操作；另一类是对已有孔进行再加工，即用扩孔钻、锪孔钻和铰刀进行的扩孔、锪孔和铰孔操作。在钻床上加工工件时，工件固定不动，主运动是刀具作旋转运动，进给运动是刀具沿轴向移动。

4.1.1.2 孔加工工具

常用的钻孔刀具有：麻花钻、中心钻、深孔钻等，其中最常用的是麻花钻。

由于构造上的限制，钻头的弯曲刚度和扭转刚度均较低，钻削时钻头是在半封闭的状态下进行切削，转速高，切削量大，排屑困难，摩擦严重，钻头易抖动，加之定心性不好，钻孔加工的精度较低，一般只能达到IT11～IT10；表面粗糙度也较大，表面粗糙度一般只能达到 Ra 50～12.5μm；但钻孔的金属切除率大，切削效率高。

麻花钻又称钻头，从实体材料上加工出孔的刀具，又是孔加工刀具中应用最广的刀具。麻花钻的类型和规格很多，最小的麻花钻直径可达到 0.05mm，最大的麻花钻直径可达到 80mm，常用的麻花钻由高速钢（W18Cr4V 或 W9Cr4V2）制成，淬火后硬度达 62～68HRC。

麻花钻由柄部、颈部和工作部分组成，如图 4-1 所示。

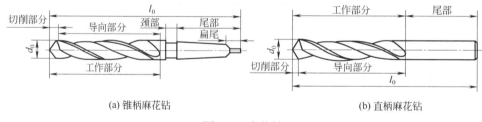

图 4-1 麻花钻

麻花钻是通过其相对固定轴线的旋转切削以钻削工件圆孔的工具。因其容屑槽成螺旋状而形似麻花而得名。螺旋槽有 2 槽、3 槽或更多槽，但以 2 槽最为常见。麻花钻可被夹持在手动、电动的麻花钻手持式钻孔工具或钻床、铣床、车床乃至加工中心上使用。

（1）麻花钻的缺点

① 标准麻花钻主切削刃上各点处的前角数值内外相差太大。钻头外缘处主切削刃的前角约为+30°；而接近钻心处，前角约为-30°，近钻心处前角过小，造成切屑变形大，切削阻力大；而近外缘处前角过大，在加工硬材料时，切削刃强度常显不足。

② 横刃太长，横刃的前角是很大的负值，达-54°～-60°，从而将产生很大的轴向力，钻

头易抖动，导致不易定心。

③ 与其他类型的切削刀具相比，标准麻花钻的主切削刃很长，不利于分屑与断屑。

④ 刃带处副切削刃的副后角为零值，造成副后刀面与孔壁间的摩擦加大，切削温度上升，钻头外缘转角处磨损较大，已加工表面粗糙度增大，恶化加工表面。

以上缺陷常使麻花钻磨损快，严重影响着钻孔效率与已加工表面质量的提高。

（2）钻削用量

钻削用量是指在钻削过程中，切削速度、进给量和背吃刀量的总称，也称为切削用量三要素。它是调整刀具与工件间相对运动速度和相对位置所需的工艺参数。

① 钻削用量的三要素。钻削用量的三要素为切削速度 V、进给量 f、切削深度（背吃刀量）a_p。

a. 钻削时的切削速度（V）。指钻削时钻头切削刃上最大直径处的线速度，可由下式计算：

$$V=\pi Dn/1000 \text{（m/min）}$$

式中　D——钻头直径，mm；

n——钻头转速，r/min。

钻削速度的选择：当钻头的直径和进给量确定后，钻削速度应按钻头的寿命选取合理的数值，一般根据经验选取。孔深较大时，应取较小的钻削速度。

b. 钻削时的进给量（f）。指主轴每转一周，钻头对工件沿主轴轴线相对移动的距离，单位是 mm/r。

进给量的选择：当孔的尺寸精度、表面粗糙度要求较高时，应选较小的进给量；当钻小孔、深孔时，钻头细而长，强度低，刚度差，钻头易扭断，应选较小的进给。

c. 钻削时的背吃刀量（a_p）。指已加工表面与待加工表面之间的垂直距离，即一次走刀所能切下的金属层厚度，$a_p=D/2$，单位为 mm。钻削时，$a_p=D/2$ 背吃刀量的选择直径小于 30mm 的孔一次钻出，达到规定要求的孔径和孔深；直径为 30～80mm 的孔可分两次钻削。

② 钻削用量的选择

a. 选择原则。钻削用量选择的目的，首先是在保证钻头加工精度和表面粗糙度的要求以及保证钻头有合理的使用寿命的前提下，使生产率最高。不允许超过机床的功率和机床、刀具、夹具等的强度和刚度的承受范围。

钻削时，由于背吃刀量已由钻头直径决定，所以只需选择切削速度和进给量。对钻孔生产率的影响，切削速度和进给量是相同的；对钻头寿命的影响，切削速度比进给量大；对孔的表面粗糙度的影响，进给量比切削速度大。

钻孔时选择钻削用量的基本原则是在允许范围内，尽量先选择较大的进给量 f，当 f 的选择受到表面粗糙度和钻头刚性的限制时，再考虑选择较大的切削速度 V。

b. 切削深度。直径小于 30mm 的孔一次钻出；直径为 30～80mm 的孔可分两次钻削，先用（0.5～0.7）D（D 为要求加工的孔径）的钻头钻底孔，然后用直径为 D 的钻头将孔扩大。

c. 进给量。孔的精度要求较高且表面粗糙度值较小时，应选择较小的进给量；钻较深孔、钻头较长以及钻头刚性、强度较差时，也应选择较小的进给量。

d. 钻削速度。当钻头直径和进给量确定后，钻削速度应按钻头的寿命选取合理的数值，一般根据经验选取。孔较深时，取较小的切削速度。

粗加工时，由于对工件的表面质量没有太高的要求，这时主要根据机床进给机构的强度和刚性、刀杆的强度和刚性、刀具材料、刀杆和工件尺寸以及已选定的背吃刀量等因素来选取进给速度。精加工时，则按表面粗糙度要求、刀具及工件材料等因素来选取进给速度。

在实际的生产过程中，切削用量一般根据经验并通过查表的方式进行选取。常用切削用量推荐值见表4-1。

表4-1 切削用量推荐值

工件材料	加工内容	背吃刀量 a_p/mm	切削速度 v/(m/min)	进给量 f/(mm/r)	刀具材料
碳素钢 R_m>600MPa	粗加工	5～7	60～80	0.2～0.4	YT类
	粗加工	2～3	80～120	0.2～0.4	
	精加工	2～6	120～150	0.1～0.2	
	钻中心孔		500～800r/min		W18Cr4V
	钻孔		25～30	0.1～0.2	
	切断（宽度<5mm）		70～110	0.1～0.2	YT类
铸铁 HBS<200	粗加工		50～70	0.2～0.4	YG类
	精加工		70～100	0.1～0.2	
	切断（宽度<5mm）		50～70	0.1～0.2	

（3）钻孔切削液选用

切削液是金属加工必备的条件。合理使用切削液将有效地减少切削力、降低切削温度，从而能延长刀具寿命，防止工件热变形和改善已加工表面质量。此外，选用高性能切削液也是改善某些难加工材料变形和改变已加工表面质量。

① 切削的作用

a. 冷却作用：是依靠切（磨）削液的对流换热和汽化把切削热从刀具、工件和切屑中带走，降低切削区的温度，减少工件变形，保持刀具硬度和尺寸。

b. 润滑作用：在磨削过程中，加入磨削液后，磨削液渗入磨粒-工件及磨料-磨屑之间形成润滑膜，使这些界面的摩擦减轻，防止磨粒切削刃的摩擦磨损和黏附磨屑，从而减少磨削力、摩擦热和砂轮磨损，降低工件表面粗糙度。

一般油基切削液比水基切削液优越、效果更好。

c. 排削和洗涤作用：在金属切削过程中，切屑、铁粉、磨屑、油污等物易黏附在工件表面和刀具上，影响切削效果，同时使机床和工件变脏，不易清洗。所以切削液必须具备清洗性能。

d. 防锈作用：切削液中如防锈添加剂，使之与金属表面起化学反应生成保护膜，起到防锈、防蚀作用。

② 切削液的种类及其应用。生产中常用的切削液有：以冷却为主的水溶性切削液和润滑为主的油溶性切削液。

水溶性切削液主要分为水溶液、乳化液、合成切削液。

a. 水溶液：水溶液以软水为主，加入防锈剂、防霉剂。水溶液常用于粗加工和普通磨削加工。

b. 乳化液：是以水和乳化油经搅拌后形成的乳白色液体。主要含矿物油50%～80%，脂肪酸 0%～30%，乳化剂 15%～25%，防锈剂 0%～5%，防腐剂＜2%，消泡剂＜1% 等成分。

c．合成切削液：它是由水、各种表面活性剂和化学添加剂组成。具有良好的冷却、润滑、防腐、清洗性能，热稳定性好，使用周期长等特点。合成液中不含油，节省能源、环保，国外使用率已达到 60%，我国目前工厂使用率也日益提高。主要成分有表面活性剂 0%～5%，氨基醇 10%～40%，防锈剂 0%～40%。

油溶性切削液主要有切削油、极压切削油和固体润滑剂等。

a．切削油：主要成分有矿物油、动植物油和复合油（矿物油与动植物油的混合油），其中常用的是矿物油。矿物油主要包括机械油、煤油等。它的特点是热稳定性好，资源较丰富，价格便宜，但润滑性较差。

b．极压切削油：极压切削油是在矿物油中添加氯、硫、磷等极压添加剂配合而成。它在高温下不破坏润滑膜，具有良好的效果，故被广泛使用。

c．固体润滑剂：固体润滑剂中使用最多的是二硫化钼（MoS_2）。它用于车钻、铰孔、攻螺纹等加工中均能获得较好的效果。

③ 钻孔用切削液须具备性能

a．良好的冷却作用，消除由于变形及摩擦所产生的热量，抑制切屑瘤的生成。

b．良好的高温润滑性，减少刀刃及支承的摩擦磨损，保证刀具在切削区的高温下保持良好的润滑状态。

c．良好的渗透性，排屑性，使切削液及时渗透到刀刃上，并保证切屑能顺利排出。

4.1.1.3 钻孔加工

钻孔是在实心材料上加工孔的第一道工序，钻孔直径一般小于 80mm。钻孔加工有两种方式：一种是钻头旋转；另一种是工件旋转。上述两种钻孔方式产生的误差是不相同的，在钻头旋转的钻孔方式中，由于切削刃不对称和钻头刚性不足而使钻头引偏时，被加工孔的中心线会发生偏斜或不直，但孔径基本不变；而在工件旋转的钻孔方式中则相反，钻头引偏会引起孔径变化，而孔中心线仍然是直的。

钻孔主要用于加工质量要求不高的孔，例如螺栓孔、螺纹底孔、油孔等。对于加工精度和表面质量要求较高的孔，则应在后续加工中通过扩孔、铰孔、镗孔或磨孔来达到。

1．工件的装夹

钻 8mm 以下的小孔时，可以采用手握持工件来进行钻孔，钻孔时用力合适，工件上要倒角；钻孔直径超过 8mm 时，且工件小，不能用手握持时，必须用手虎钳或平口钳夹持。在圆柱形工件上钻孔，要用 V 形铁和压板夹紧；钻大孔或不便用平口钳夹紧的工件，可直接用压板、螺栓和调整垫铁把工件固定在钻床工作台面上；钻孔时工件的装夹，应根据其工件形状、孔的位置，精度要求等，采取相应的装夹方法，如图 4-2 所示。

2．一般工件划线钻孔的方法

（1）工件的划线

根据图纸要求，划出孔的十字中心线；打中心样冲眼；按孔直径画出检查圆；再将中心样冲眼重打加大，便于钻头定心，并用小钻头试钻；如果所钻孔直径较大，可同时划出几个大小不等的检查圆，便于试钻时及时校正偏心；划线时尽量在孔的两面划线，并打上中心样冲眼。

（2）钻头的装夹

钻头的装夹是通过钻夹头或钻套来进行夹持的。

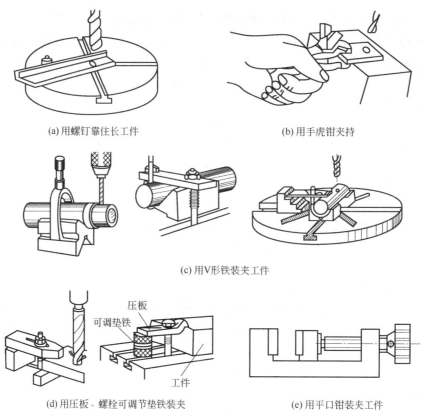

图 4-2 钻孔工件的装夹

（3）工件的装夹

参照钻孔时工件的装夹方法进行。

（4）钻削用量的选择

钻削时钻床主轴的转速、进给量和钻削深度统称为钻削用量。实践得出，钻削用量的选择应根据工件材料、孔的精度、孔壁表面粗糙度和钻头直径等要求来确定。转速高，进给量小，适合钻小孔；转速低，进给量大，适合钻大孔。当工件材料较硬，进给量和转速都相应降低；当工件材料较软，进给量和转速都相应升高。应该注意的是，在硬材料上钻小孔，转速不能太高。

（5）试钻

钻孔时，先用钻尖对准圆心处的冲眼钻出一个小浅坑。观察浅坑的圆周与加工线的同心程度，若无偏移，可继续开钻；若发生偏移，应通过移动工作台将工件向偏位的反方向推移，使用摇臂钻时移动钻床主轴来进行调整，在校正方向上打几个中心样冲眼或用狭錾錾出几条槽等方法，直到找正为止。

（6）手动钻削

当试钻完成后，即进入手动进给钻削。钻削时进给量要适当。进给量太大，钻头容易折断和使孔歪斜；钻小孔时，进给量要小，并经常提钻排屑；当钻进深度达到直径的 3 倍时，钻头就要退出排屑。当钻头将钻至要求深度或将钻穿孔时，要减少进给量。特别是钻通孔将要钻穿时，轴向阻力逐渐减少，将使钻头以很大的进给量自动切入，容易造成钻头折断、工件移位甚至提起工件等现象。当钻削直径超过 30mm 的大孔时，可分两次钻削。钻孔过程中需要检查时,应先停车,再检查,避免出现事故。

(7) 加注切削液

钻削时,为了使钻头能及时散热冷却,减少钻头与工件、切屑之间的摩擦,钻孔时需要加切削液,这样可提高钻头的使用寿命,改善工件的表面质量。钻钢件时,可用 3%～5%的乳化液;钻铸铁时一般不需要加注切削液,如需使用,可用 5%～8%的乳化液持续加注。

3. 钻孔的操作要点及常见缺陷

(1) 操作要点

① 钻孔前先检查工件加工孔位置和钻头刃磨是否正确,钻床转速是否合理。

② 起钻时,先钻出一浅坑,观察钻孔位置是否正确。达到钻孔位置要求后,即可压紧工件继续钻孔。

③ 选择合理的进给量,以免造成钻头折断或发生事故。

④ 选择合适的切削液,以延长钻头寿命和改善加工孔的表面质量。

(2) 常见缺陷

钻孔中常见缺陷及分析如表 4-2 所示。

表 4-2 钻孔中常见缺陷及分析

常见的问题	产生的原因
孔径大于规定尺寸	① 钻头两切削刃长度不等,高低不一致 ② 钻床主轴径向偏摆或工作台未锁紧有松动 ③ 钻头本身弯曲或装夹不好,使钻头有过大的径向圆跳动现象
孔壁表面粗糙	① 钻头两切削刃不锋利 ② 进给量太大 ③ 切屑堵塞在螺旋槽内,擦伤孔壁 ④ 切削液供应量不足或选用不当
孔位超差	① 工件划线不正确 ② 钻头横刃太长定心不准 ③ 起钻过偏而没有校正
孔的轴线歪斜	① 钻孔平面与钻床主轴不垂直 ② 工件装夹不牢,钻孔时产生歪斜 ③ 工件表面有气孔、砂眼 ④ 进给量过大,使钻头产生变形
孔不圆	① 钻头两切削刃不对称 ② 钻头后角过大
钻头寿命低或折断	① 钻头磨损还继续使用 ② 切削用量选择过大 ③ 钻孔时没有及时退屑,使切屑阻塞在钻头螺旋槽内 ④ 工件未夹紧,钻孔时产生松动 ⑤ 孔将钻通时没有减小进给量 ⑥ 切削液供给不足

4. 其他非金属材料钻孔

在陶瓷材料或玻璃材料上钻孔,宜选用转速在 100r/min 左右的低速钻床进行钻孔,下钻时要特别注意轻缓,防止工件破裂。此外,为防止工件破裂,可在钻孔时涂抹碾磨膏。

在塑料或有机玻璃上钻孔,宜选用手摇钻,转速不得过快,否则摩擦生热会使钻屑熔化,阻碍进钻。

打孔除使用钻头钻孔外,还可以冲孔。冲孔适宜于在 1mm 厚左右的金属板上进行。一般可用圆钉或钢针直接击穿金属板,再用锉刀锉去毛刺,若需扩孔可用圆锉头部反复旋转使小孔扩大。此外烫孔也是常用的打孔法,烫孔即用烧红的铁丝、铁钉等烫出孔眼,此法只适宜在太厚的木材、塑料或有机玻璃材料上打孔。

4.1.1.4 扩孔加工

用扩孔工具扩大工件上已有孔的加工操作称为扩孔。扩孔具有导向性好、加工质量好、排屑容易、生产效率高等特点。扩孔的公差可达 IT10~IT9 级,表面粗糙度可达 Ra 6.3~3.2μm。扩孔常作为孔的半精加工和铰孔前的预加工。

1. 扩孔钻

扩孔钻按照刀体结构可分为整体式和镶片式两种;按照装夹方式可分为直柄、锥柄和套式三种;按照材料可分为高速钢和硬质合金两种,如图 4-3 所示。

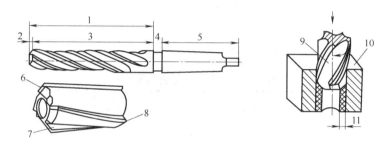

图 4-3 扩孔钻与扩孔

1—工作部分;2—切削部分;3—校准部分;4—颈部;5—柄部;6—主切削刃;7—前刀面;
8—刃带;9—扩孔钻;10—工件;11—扩孔余量

2. 扩孔钻的精度分类

标准高速钢扩孔钻按直径精度分 1 号扩孔钻和 2 号扩孔钻两种。1 号扩孔钻用于铰孔前的扩孔,2 号扩孔钻用于精度为 H11 孔的最后加工。硬质合金锥柄扩孔钻按直径精度分四种,1 号扩孔钻一般适用于铰孔前的扩孔,2 号扩孔钻用于精度为 H11 孔的最后加工,3 号扩孔钻用于精铰孔前的扩孔,4 号扩孔钻一般用于精度为 D11 孔的最后加工。硬质合金套式扩孔钻分两种精度,1 号扩孔钻用于精铰孔前的扩孔,2 号扩孔钻用于一般精度孔的铰前扩孔。

3. 扩孔方法和步骤

(1)选择扩孔钻的类型

扩孔钻的结构类型比较多,应根据所扩孔的孔径大小、位置、材料、精度等级及生产批量选择。

(2)选择扩孔的切削用量

扩孔时的切削速度为钻孔的 1/2,进给量约为钻孔的 1.5~2 倍。作最后加工的扩孔钻直径应等于孔的基本尺寸,预钻孔的直径为扩孔钻直径的 0.5~0.7 倍。铰孔前所用扩孔钻直径应等于铰孔后的基本尺寸减去铰削余量。铰孔余量如表 4-3 所示。

表 4-3 铰孔余量　　　　　　　　　　　　　　　单位:mm

扩孔钻直径 D	<10	10~18	19~30	31~50	51~100
铰孔余量 A	0.2	0.25	0.3	0.4	0.5

扩钻精度较高的孔或扩孔工艺系统刚性较差时应取较小的进给量；工件材料的硬度、强度较大时，应选择较低的切削速度。

4. 扩孔的特点

① 扩孔钻无横刃，避免了横刃切削所引起的不良影响。

② 背吃刀量较小，切屑易排出，不易擦伤已加工面。

③ 扩孔钻强度高、齿数多、导向性好、切削稳定，可使用较大切削用量（进给量一般为钻孔的1.5～2倍，切削速度约为主孔的1/2），提高了生产效率。

④ 加工质量较高，常作为孔的半精加工及铰孔前的预加工。

4.1.1.5 锪孔加工

锪钻或改制的钻头将孔口表面加工成一定形状的孔或平面，称为锪孔，如图4-4所示。

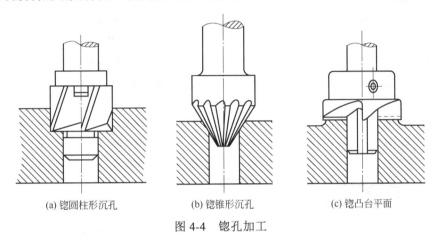

(a) 锪圆柱形沉孔　　(b) 锪锥形沉孔　　(c) 锪凸台平面

图4-4　锪孔加工

1. 锪孔钻的种类

锪孔钻分圆柱形锪钻、锥形锪钻和端面锪钻三种。

① 圆柱形锪钻：用来锪柱形埋头孔的锪钻称为圆柱形锪钻。

② 锥形锪钻：用来锪锥形埋头孔的锪钻称为锥形锪钻。

③ 端面锪钻：用来平孔端面的锪钻称为端面锪钻。

2. 锪孔的加工要点

锪孔方法和钻孔方法基本相同。锪孔时存在的主要问题是由于刀具振动而使所锪孔口的端面或锥面产生振痕，使用麻花钻改制锪钻，振痕尤为严重。为了避免这种现象，在锪孔时应注意以下几点。

① 锪孔时的切削速度应比钻孔低，一般为钻孔切削速度的1/3～1/2。同时，由于锪孔时的轴向抗力较小，所以手进给压力不宜过大，并要均匀。精锪时，往往采用钻床停车后主轴惯性来锪孔，以减少振动而获得光滑表面。

② 锪孔时，由于锪孔的切削面积小，标准锪钻的切削刃数目多，切削较平稳，所以进给量为钻孔的2～3倍。

③ 尽量选用较短的钻头来改磨锪钻，并注意修磨前面，减小前角，以防止扎刀和振动。用麻花钻改磨锪钻，刃磨时，要保证两切削刃高低一致、角度对称，保持切削平稳。后角和外缘处前角要适当减小，选用较小后角，防止多角形，以减少振动，以防扎刀。同时，在砂轮上修磨后再用油石修光，使切削均匀平稳，减少加工时的振动。

④ 锪钻的刀杆和刀片，配合要合适，装夹要牢固，导向要可靠，工件要压紧，锪孔时不应发生振动。

⑤ 要先调整好工件的螺栓通孔与锪钻的同轴度，再作工件的夹紧。调整时，可旋转主轴作试钻，使工件能自然定位。工件夹紧要稳固，以减少振动。

⑥ 为控制锪孔深度，在锪孔前可对钻床主轴（锪钻）的进给深度，用钻床上的深度标尺和定位螺母，作好调整定位工作。

⑦ 当锪孔表面出现多角形振纹等情况，应立即停止加工，并找出钻头刃磨等问题，及时修正。

⑧ 锪钢件时，因切削热量大，要在导柱和切削表面加润滑油。

4.1.1.6 铰孔加工

用铰刀从工件孔壁上切削微量的金属层，以提高孔的尺寸精度和降低表面粗糙度值的方法称为铰孔。铰刀是精度较高的多刃刀具，具有切削余量小、导向性好、加工精度高等特点。一般尺寸精度可达的 IT9～IT7 级，表面粗糙度值可达 Ra 3.2～0.8μm。

铰刀齿数一般为 4～8 齿，为测量直径方便，多采用偶数齿。铰刀常用高速钢或高碳钢制成。

1. 铰刀的种类

铰刀的种类如图 4-5 所示。

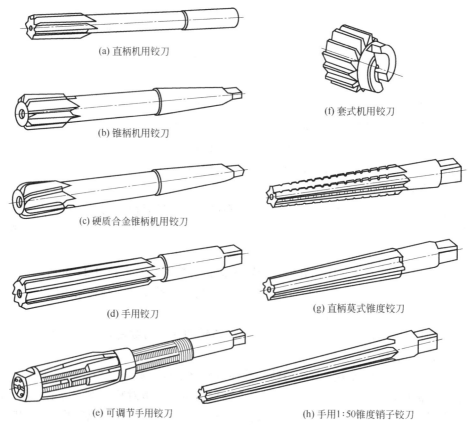

图 4-5 铰刀的种类

2. 铰刀的用途

① 整体圆柱铰刀：主要用来铰削标准系列的孔。它由工作部分、颈部和柄部组成。工作部分包括引导部分、切削部分和标准部分。

② 可调节手铰刀：在单件生产和修配工作中用来铰削非标准孔。

③ 螺旋槽手铰刀：用来铰削带有键槽的圆孔。

④ 锥铰刀：用来铰削圆锥孔的铰刀。常用的锥铰刀有以下四种。

a．1∶10 的铰刀是用来铰削联轴器上与锥销配合的锥孔。

b．莫氏锥铰刀是用来铰削 0 号～6 号莫氏锥孔。

c．1∶30 的铰刀是用来铰削套式刀具上的锥孔。

d．1∶50 的铰刀是用来铰削定位销孔。

对于尺寸较小的圆锥孔，铰孔前可按照小端直径钻出圆柱孔，然后用锥铰刀来铰孔。对于尺寸和深度较大或锥度较大的圆锥孔，铰孔前的底孔应钻成阶梯形的孔。

3. 铰孔方法

铰孔时铰刀不能倒转，否则会卡在孔壁和切削刃之间，使孔壁划伤或切削刃崩裂。

① 铰孔余量的确定：铰孔余量是指上道工序（钻孔或扩孔）完成以后，在直径方向所留下的加工余量。铰削余量的选择见表 4-4。

表 4-4 铰削余量的选择

铰孔直径/mm	<5	6～20	21～32	33～50
铰孔余量/mm	0.1～0.2	0.2～0.3	0.3	0.5

铰削余量太大，表面粗糙度值增大，同时加剧铰刀磨损。余量太小，上道工序的残留变形难以纠正，原有刀痕不能去除，刀削质量达不到要求。一般粗铰余量为 0.15～0.35mm，精铰余量为 0.1～0.2mm。

② 机铰的切削速度和进给量：铰孔的切削速度和进给量选择要适当。

③ 切削液：铰孔时常用适当的冷却液来降低刀具和工件的温度；防止产生切屑瘤；并减少切屑细末黏附在铰刀和孔壁上，从而提高孔的质量。

4. 铰孔工作要点

① 工件要夹紧，夹紧力要适度，防止工件变形，以免铰孔后零件变形部分回弹，影响孔的几何精度。

② 手动铰孔时，用力要平衡，要保持铰削的稳定性。

③ 随着铰刀旋转，两手轻轻加压，使铰刀均匀进给。

④ 铰削过程中或退出铰刀时，都不允许反转，否则将拉毛孔壁。

⑤ 铰削定位锥销孔时，要用相配的锥销来检查铰孔的尺寸，防止将孔铰深。

⑥ 铰刀是精加工工具，刀刃较锋利，刀刃上如有毛刺或切屑黏附不可用手清除，应用油石小心地磨去。

⑦ 机床铰孔时，应注意主轴、铰刀和工件孔三者同轴度误差是否符合要求。

⑧ 机床铰孔完成后，铰刀退出空后方可停机，否则孔壁会有刀痕。

⑨ 铰削通孔时，防止铰刀掉落造成损坏。

⑩ 铰孔过程中，按工件材料和精度要求，合理选择切削液。

5. 铰孔产生废品的形式及原因

铰孔产生废品的形式及原因见表 4-5。

表 4-5　铰孔产生废品的形式及原因

废品形式	产生废品原因
孔壁表面粗糙度值超差	① 铰削余量太大或太小 ② 铰刀切削刃不锋利，或黏有积屑瘤，切削刃崩裂 ③ 切削速度太高 ④ 铰削过程中或退刀时反转 ⑤ 没有合理选用切削液
孔呈多棱形	① 铰削余量太大 ② 工件前道工序加工孔的圆度超差 ③ 铰孔时，工件夹持太紧造成变形
孔径扩大	① 机铰时铰刀与孔轴线不重合，铰刀偏摆过大 ② 铰孔时两手用力不均，使铰刀晃动 ③ 切削速度太高，冷却不充分，铰刀温度上升，直径增大 ④ 铰锥孔时，未常用锥销试配、检查，铰孔过深
孔径缩小	① 铰刀磨钝或磨损 ② 铰削铸铁时加煤油，造成孔径收缩

4.1.2　任务实施

4.1.2.1　计划与决策

① 小组接受任务后，根据任务要求，选择合适尺寸的钻头。
② 根据工作内容领取工具、量具、工件。
③ 以小组为单位，在零件上进行划线，冲眼。
④ 经小组讨论后，将讨论结果与教师进行交流，并反馈问题。
⑤ 结合教师给出的条件以及小组讨论后的结果，拟定完成任务的计划表，补充完成工艺卡片，并按照工艺卡片要求实施任务。

4.1.2.2　实施过程

① 以小组为单位，根据本次任务所学内容，对附表 1 图样中 10 型游梁式抽油机工作页中的零件进行孔系加工。
② 以小组为单位，查找资料、讨论，回答工作页中知识问答部分的问题。

4.1.3　检查、评价与总结

4.1.3.1　检查与评价

请指导教师根据学生对本任务的完成情况，根据工作页评分要求对每组每名同学所负责的工作任务进行评分。

4.1.3.2　任务小结

本次任务主要介绍了孔加工的过程，如钻孔、锪孔、铰孔的方法，特别强调孔加工操作技术的基本技能。通过本次任务的学习与训练，学生应掌握麻花钻的结构和特性，各种孔加工的基本技能，钻孔、锪孔、扩孔、铰孔的基本知识。

任务 4.2 螺纹加工

4.2.1 知识技术储备

4.2.1.1 螺纹基本知识

1. 螺纹的定义

螺纹是在圆柱或圆锥表面上，沿着螺旋线所形成的具有规定牙型的连续凸起，如图 4-6 所示。凸起是指螺纹两侧面间的实体部分，又称为牙。在圆柱表面上所形成的螺纹称为圆柱螺纹，如图 4-7（a）所示。在圆锥表面上所形成的螺纹称为圆锥螺纹，如图 4-7（b）所示。

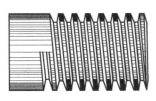

图 4-6 螺纹

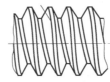

(a) 圆柱螺纹

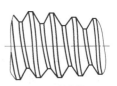

(b) 圆锥螺纹

图 4-7 圆柱螺纹和圆锥螺纹

2. 螺纹的分类

螺纹的种类有很多，按不同的标准进行分类可分为：

（1）按螺纹所处的位置分类

按螺纹所处的位置可分为外螺纹和内螺纹。在圆柱或圆锥外表面上所形成的螺纹称为外螺纹，如图 4-8（a）所示；在圆柱或圆锥内表面上所形成的螺纹称为内螺纹，如图 4-8（b）所示。

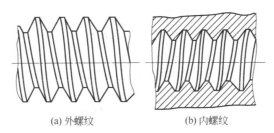

(a) 外螺纹   (b) 内螺纹

图 4-8 外螺纹和内螺纹

（2）按螺纹的旋向分类

按螺纹的旋向可分为右旋螺纹和左旋螺纹。顺时针旋转时旋入的螺纹称为右旋螺纹；逆时针旋转时旋入的螺纹称为左旋螺纹。

螺纹的旋向可以用右手法则来判定，如图 4-9（a）所示。伸展右手，掌心对着自己，四指并拢与螺杆的轴线平行，并指向旋入方向，若螺纹的旋向与拇指的指向一致则为右旋螺纹，反之则为左旋螺纹。

（3）按螺旋线的数目不同分类

按螺旋线的数目可分为单线螺纹和多线螺纹。沿一条螺纹线形成的螺纹称为单线螺纹；

沿两条或两条以上的螺纹线形成的螺纹称为多线螺纹。如图 4-9（a）所示为单线右旋螺纹，如图 4-9（b）所示为双线左旋螺纹，如图 4-9（c）所示为三线右旋螺纹。

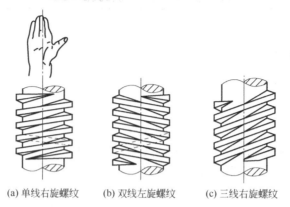

图 4-9　螺纹的旋向和线数

（4）按螺纹牙型不同分类

按螺纹牙型可分为三角形螺纹，如图 4-10（a）所示；矩形螺纹，如图 4-10（b）所示；梯形螺纹，如图 4-10（c）所示；锯齿形螺纹，如图 4-10（d）所示。

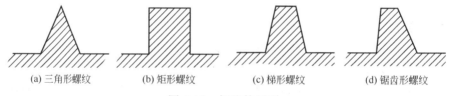

图 4-10　螺纹的牙型

（5）按螺纹的用途不同分类

按螺纹的用途可分为连接螺纹和传动螺纹。

连接螺纹包括普通螺纹和管螺纹；传动螺纹包括梯形螺纹和锯齿形螺纹。

3. **螺纹的应用**

螺纹用途广泛，各种螺纹的名称及其应用途见表 4-6。

表 4-6　螺纹的名称及其用途

螺纹名称		用途
普通螺纹	粗牙	用于各种紧固件、连接件，应用广泛
	细牙	用于薄壁件连接或冲击、振动及微调机构
管螺纹	55°非密封管螺纹	用于水、油、气和电线管路系统
	55°密封管螺纹	用于管子、管接头、旋塞的螺纹密封及高温、高压结构
	60°锥螺纹	用于气体和液体管路的螺纹连接
梯形螺纹		用于传力机构或螺旋传动机构中
锯齿形螺纹		用于单向受力的连接
非标准螺纹	矩形螺纹	用于传递运动
	平面螺纹	用于平面运动
	英制螺纹	用于进口设备维修和作为备用件

4. **螺纹的要素**

（1）牙型

在通过螺纹轴线的剖面区域上，螺纹的轮廓形状称为牙型。有三角形、梯形、锯齿形、圆弧和矩形等牙型，如图 4-10 所示。

（2）直径

螺纹的直径包括大径、中径和小径，如图 4-11 所示。

① 大径：螺纹的最大直径，又称公称直径，即与外螺纹的牙顶或内螺纹的牙底相重合的假想圆柱面的直径。

外螺纹的大径用 d 表示，内螺纹的大径用 D 表示。

② 小径：螺纹的最小直径，即与外螺纹的牙底或内螺纹的牙顶相重合的假想圆柱面的直径。

外螺纹的小径用 d_1 表示，内螺纹的小径用 D_1 表示。

③ 中径：在大径和小径之间有一假想圆柱面，在其母线上牙型的沟槽宽度和凸起宽度相等，此假想圆柱面的直径称为中径。

外螺纹中径用 d 表示，内螺纹中径用 D 表示。

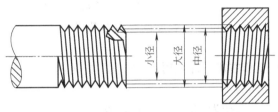

图 4-11　螺纹直径

（3）线数

沿一条螺旋线形成的螺纹称为单线螺纹，沿轴向等距分布的两条或两条以上的螺旋线形成的螺纹称为多线螺纹，如图 4-9 所示。

（4）螺距和导程

螺距（p）是相邻两牙在中径线上对应两点间的轴向距离。

导程（p_h）是同一条螺旋线上的相邻两牙在中径线上对应两点间的轴向距离。

单线螺纹时，导程=螺距；多线螺纹时，导程=螺距×线数，如图 4-12 所示。

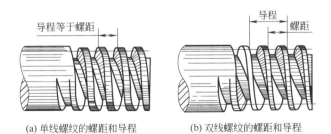

(a) 单线螺纹的螺距和导程　　(b) 双线螺纹的螺距和导程

图 4-12　导程和螺距的关系

（5）旋向

螺纹有右旋和左旋两种旋向，常用的为右旋，如图 4-9 所示。顺时针旋转时旋入的螺纹为右旋螺纹，逆时针旋转时旋入的螺纹为左旋螺纹。

5. **螺纹代号与标记**

（1）普通螺纹

普通螺纹应用最为广泛，螺纹紧固件（螺栓、螺柱、螺钉、螺母等零件）上的螺纹一般均为普通螺纹。

普通螺纹分为粗牙普通螺纹和细牙普通螺纹。细牙普通螺纹多用于精密零件和薄壁零件上。在螺纹的标记中，细牙普通螺纹的螺距必须标注出，而粗牙普通螺纹的螺距一般不标注。

普通螺纹的标记由五部分组成，分别为：特征代号、尺寸代号、公差带代号、旋合长度代号、旋向代号。

① 普通螺纹的特征代号为 M。

② 尺寸代号为公称直径和螺距之积，多线螺纹的导程和螺距均要标注出，单线粗牙普通螺纹螺距不标注。

③ 公差带代号由公差等级（数字）和基本偏差（外螺纹用小写字母、内螺纹用大写字母表示）所组成，如 5g6g、6g、6H、7H，当螺纹中径公差带与大径公差带代号不同时，需分别标注出，标注的前者为中径公差带代号，后者为大径公差带代号。

④ 旋合长度代号分为长旋合长度的螺纹 L、中等旋合长度 N 和短旋合长度的螺纹 S 三种，其中长旋合长度的螺纹 L 和短旋合长度的螺纹 S 需要标注出来，中等旋合长度 N 代号不标注。

⑤ 旋向代号分为左旋和右旋。左旋时标注 LH，右旋时不标注。

例如：M20×1.5 LH-5g6g-L

表示普通细牙外螺纹，大径为 20mm，左旋，螺距为 1.5mm，中径公差带为 5g，大径公差带为 6g，长旋合长度。

（2）梯形螺纹和锯齿形螺纹

梯形螺纹和锯齿形螺纹常用于传递运动和动力的丝杠上。梯形螺纹工作时牙的两侧均受力，而锯齿形螺纹在工作时是单侧面受力。梯形螺纹和锯齿形螺纹的标记与普通螺纹类同。

例如：Tr40×7LH-7e

表示梯形螺纹(螺纹特征代号为 Tr)，公称直径ϕ40mm，单线，螺距 7mm，左旋，中径公差带代号 7e，中等旋合长度。

注意：只标注中径公差带代号，旋合长度只有两种（代号 N 和 L），当中等旋合长度时，N 省略不注。

（3）管螺纹

管螺纹一般用于管路（水管、油管、煤气管等）的连接中。管螺纹的标记用指引的方法标注，指引线指到螺纹的大径上。

管螺纹的标记由螺纹特征代号、尺寸代号和旋向组成。尺寸代号不是螺纹大径的大小，而是管子的通径（英制）大小。标记中未注写旋向的均为右旋。

① 55°非密封管螺纹的标记示例：

G：非密封管螺纹的螺纹特征代号；

G¾：尺寸代号为 3/4 的单线右旋圆柱内螺纹；

G¾A 或 G¾B：尺寸代号为 3/4 的单线右旋圆柱外螺纹，标记中的 A 和 B 是螺纹中径的公差等级；

G¾-LH 和 G¾A-LH 中的 LH 表示左旋螺纹,二者构成的螺纹副仅标注外螺纹的标记代号。

② 55°密封管螺纹的标记示例:

Rp¾LH:尺寸代号为 3/4 的单线左旋圆柱内螺纹;

Rc¾:尺寸代号为 3/4 的单线右旋圆锥内螺纹;

Rp/R1¾ LH 和 Rc/R2¾:内螺纹与外螺纹旋合构成螺纹副;

Rp:密封圆柱内螺纹的螺纹特征代号;

Rc:密封圆锥内螺纹的螺纹特征代号;

R1:与圆柱内螺纹相配合的圆锥外螺纹的特征代号;

R2:与圆锥内螺纹相配合的圆锥外螺纹的特征代号。

4.2.1.2 攻螺纹工具与攻螺纹加工

1. 攻螺纹工具

(1)丝锥

丝锥是加工内螺纹的工具,由工作部分、柄部等组成,如图 4-13 所示。

① 工作部分。丝锥的工作部分包括切削部分、校准部分。切削部分磨出锥角,在攻螺纹时有较好的引导作用。校准部分具有完整的齿形,用来校准已切出的螺纹,并引导丝锥沿轴向前进。

② 柄部。丝锥的柄部包括圆柱部分和方榫。其中方榫用于夹持丝锥,传递切削转矩。

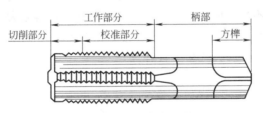

图 4-13 丝锥的组成

(2)丝锥的分类

① 按加工螺纹的种类分类

a.普通三角形螺纹丝锥,其中 M6~M24 的丝锥为两只一套,小于 M6 和大于 M24 的丝锥为三只一套。两只一套的丝锥分别称为头锥和二锥;三只一套的丝锥分别称为头锥、二锥和三锥。头锥的切削部分较长,锥角较小,以便切入;二锥、三锥的切削部分相对较短,锥角较大。

b.圆柱管螺纹丝锥,为两只一套。

c.圆锥管螺纹丝锥,大小尺寸均为单只。

② 按加工方法分类可分为手用丝锥和机用丝锥。

(3)铰杠

铰杠是用来夹持丝锥的工具,有普通铰杠,如图 4-14 所示;丁字铰杠,如图 4-15 所示。各类铰杠又有固定式和活动式两种。固定式铰杠,如图 4-14(a)所示常用来攻 M5 以下的螺纹;活动式铰杠,如图 4-14(b)和(c)所示,可以调节夹持孔尺寸。丁字铰杠主要用于攻工件凸台旁的螺纹或机体内部的螺纹。

铰杠长度应根据丝锥尺寸大小来选择,以便控制一定的攻螺纹转矩,可参考表 4-7 选用。

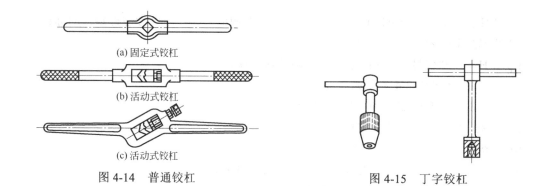

图 4-14 普通铰杠　　　　　　图 4-15 丁字铰杠

表 4-7 铰杠长度选择

活动铰杠规格	150mm	230mm	280mm	380mm	580mm	600mm
适用丝锥范围	M5~M8	M8~M12	M12~M14	M14~M16	M16~M22	M24 以上

2. 螺纹底孔直径的确定

用丝锥攻螺纹时，每个切削刃一方面在切削金属，另一方面也在挤压金属，因而会产生金属凸起并向牙尖流动的现象，如图 4-16 所示，这一现象对韧性材料尤为显著。若攻螺纹前钻孔直径与螺纹小径相同，螺纹分型顶端与丝锥刀齿根部没有足够的空隙，被丝锥挤出的金属会卡住丝锥甚至将其折断，因此底孔直径应比螺纹小径略大，这样，挤出的金属流向牙尖正好形成完整螺纹，又不易卡住丝锥。但是，若底孔直径钻得太大，又会使螺纹的牙型高度不够，降低强度。所以确定底孔直径的大小要根据工件的材料性质、螺纹直径的大小来考虑。其方法可查表，也可使用经验公式来进行计算。

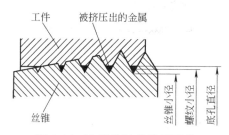

图 4-16 攻螺纹时的挤压现象

（1）普通螺纹底孔直径的确定

普通螺纹底孔直径的确定公式如下：

$$脆性材料\ D_底 = D - 1.05P$$
$$韧性材料\ D_底 = D - P$$

式中　$D_底$——底孔直径，mm；
　　　D——螺纹大径，mm；
　　　P——螺距，mm。

为方便实际应用，表 4-8 将常用三角螺纹的螺距列举出来，在使用时可通过查表确定。

（2）不通孔螺纹的钻孔深度

钻不通孔螺纹的底孔时，由于丝锥的切削部分不能攻出完整的螺纹，所以钻孔深度至少要等于需要的螺纹深度加上丝锥切削部分的长度，这段长度大约等于螺纹大径的 0.7 倍。

表 4-8　常用三角螺纹螺距表（GB/T 193—2003）　　　　　单位：mm

公称直径	粗牙螺纹螺距	细牙螺纹螺距
3	0.5	0.35
4	0.7	0.5
5	0.8	0.5
6	1	0.75
8	1.25	1/0.75
10	1.5	1.25/1/0.75
12	1.75	1.5/1.25/1
16	2	1.5/1
20	2.5	2/1.5/1
24	3	2.5/1.5/1

因此有下列公式：

$$L=l+0.7D$$

式中　L——钻孔的深度，mm；

　　　l——需要螺纹深度，mm；

　　　D——螺纹大径，mm。

3．攻螺纹的方法

① 划线，钻底孔。

② 在螺纹底孔处倒角，通孔螺纹两端都倒角。倒角直径可略大于螺孔大径，以使丝锥开始切削时容易切入，并可防止孔口出现挤压出的凸边。

③ 用头锥起攻。起攻时，可用一手的手掌按住铰杠中部，沿丝锥轴线用力加压另一手配合作顺向旋进，如图 4-17 所示；或两手握住铰杠两端均匀施加压力，并将丝锥顺向旋进，如图 4-18 所示。应保证丝锥中心线与孔中心线重合，没有歪斜。在丝锥攻入 1～2 圈后，应该及时从前后、左右两个方向用直角尺进行检查，如图 4-19 所示，并不断校正至要求。

图 4-17　起攻方法

图 4-18　双手用力均匀

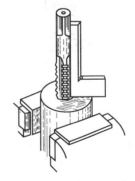
图 4-19　检查垂直度

④ 当丝锥的切削部分全部进入工件时，就不需要再施加压力，而靠丝锥作自然旋切削两手均匀用力，并要经常倒转 1/4～1/2 圈，使切屑碎断后容易排除，避免因切屑阻塞而将丝锥卡住。

⑤ 攻螺纹时，必须以头锥、二锥、三锥顺序攻削，使用时顺序不能弄错，以合理分担切削量。在较硬的材料上攻螺纹时，可轮换各丝锥交替使用，以减小切削部分负荷，防止丝

锥折断。

⑥ 攻不通孔螺孔时，可在丝锥上做好深度标记，并注意经常退出丝锥排屑，清除留在孔内的切屑。

⑦ 攻螺纹时，应加切削液润滑，以减小切削阻力，减小加工螺纹孔的表面粗糙度值和延长丝锥寿命。

4.2.1.3 套螺纹工具与套螺纹加工

1. 套螺纹工具

（1）板牙

板牙是加工外螺纹的加工工具，如图4-20所示。

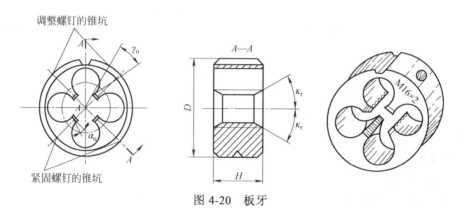

图4-20 板牙

（2）铰杠

铰杠是用来夹持板牙的工具，如图4-21所示。

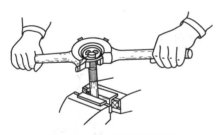

图4-21 夹持板牙的铰杠

2. 套螺纹时圆杆直径的确定

与攻螺纹一样，套螺纹切削过程中也有挤压作用，因此，圆杆直径要小于螺纹大径。圆杆直径可用下列经验公式计算确定。

$$d_{杆}=d-0.13P$$

式中　$d_{杆}$——圆杆直径，mm；
　　　d——螺纹大径，mm；
　　　P——螺距，mm。

为了使板牙起套时容易切入工件并作正确的引导，圆杆端部要倒角。其倒角的最小直径可略小于螺纹小径，避免螺纹端部出现锋口和卷边。

3. 套螺纹的方法

① 套螺纹时的切削力矩较大，而工件为圆杆，一般要用 V 形块或厚铜衬作衬垫，才能保证可靠夹紧。

② 起套方法与攻螺纹起攻方法一样，用一手的手掌按住铰杠中部，沿圆杆轴向施加压力，另一手配合作顺向切进，转动要慢，压力要大，并保证板牙端面与圆杆轴线的垂直度，不能歪斜。在板牙切入圆杆2~3牙时，应及时检查其垂直度并作准确校正。

③ 正常套螺纹时，不要加压，让板牙自然引进，以免损坏螺纹和板牙，并经常倒转以断屑。

④ 在套螺纹时，要加切削液，以减小加工螺纹的表面粗糙度和延长板牙使用寿命。

4. 攻螺纹和套螺纹的注意事项

① 正确计算攻螺纹的底孔直径和套螺纹的圆杆直径。

② 起攻、起套时,要及时从两个方向进行垂直度的校正,这是保证攻、套螺纹质量的重要一环。

③ 起攻、起套的正确性,以及攻、套螺纹时能控制两手用力均匀和掌握好用力限度,是攻、套螺纹的基本功之一,必须用心掌握。

④ 熟悉攻螺纹和套螺纹时常出现的问题及其产生原因,如表 4-9 所示,以便在练习时加以注意。

表 4-9 攻螺纹和套螺纹时可能出现的问题和产生的原因

出现问题	产生原因
螺纹乱牙	① 攻螺纹时底孔直径太小,起攻困难,左右摆动,孔口乱牙 ② 换用二、三锥时强行校正,或没旋合好就攻下 ③ 圆杆直径过大,起套困难,左右摆动,杆端乱牙
螺纹滑牙	① 攻不通孔的较小螺纹时,丝锥已到底仍继续旋转 ② 攻强度低或小孔径螺纹,丝锥已切出螺纹仍继续加压,或攻完后连同铰杠作自由地快速转出 ③ 未加适当切削液及一直攻丝、不倒转,切屑堵塞将螺纹啃坏
螺纹歪斜	① 攻、套时位置不正,起攻、起套时未作垂直度检查 ② 孔口、杆端倒角不良,两手用力不均,切入时歪斜
螺纹形状不完整	① 攻螺纹底孔直径太大,或套螺纹圆杆直径太小 ② 圆杆不直 ③ 板牙经常摆动
丝锥折断	① 底孔太小 ② 攻入时丝锥歪斜或歪斜后强行校正 ③ 没有经常反转断屑和清屑,或不通孔已攻到底,还继续用力 ④ 使用铰杠不当 ⑤ 丝锥牙齿爆裂或磨损过多仍强行向下攻入 ⑥ 工件材料过硬或夹有硬点 ⑦ 两手用力不均或用力过猛

⑤ 从螺孔中取出断丝锥的方法:在取出断丝锥前,应先把孔口中的切屑和丝锥碎屑清除干净,以防轧在螺纹与丝锥之间而阻碍丝锥的退出。

a. 用尖錾或冲头抵在断丝锥的容屑槽中顺着退出的切线方向轻轻敲击,必要时再顺着旋进方向轻轻敲击,使丝锥在多次正反方向的敲击下产生松动。这种方法仅适用于断丝锥尚露出于孔口或接近孔口时。

b. 在断丝锥上焊上一个六角螺钉,然后用扳手扳六角螺钉而使断丝锥退出。

c. 用乙炔火焰使丝锥退火,然后用麻花钻钻一不通孔。此时麻花钻直径应比底孔直径略小,钻孔时要对准中心,防止将螺纹钻坏。孔钻好后,打入一个扁形或方形冲头,再用扳手旋出断丝锥。

d. 用电火花加工设备将断丝锥熔掉。

4.2.2 任务实施

4.2.2.1 计划与决策

① 小组接受任务后,根据任务要求,选择合适尺寸的丝锥。

② 根据工作内容领取工具、量具、工件。
③ 以小组为单位,在零件上进行攻螺纹加工。
④ 经小组讨论后,对讨论结果与教师进行交流,并反馈问题。
⑤ 结合教师给出的条件以及小组讨论后的结果,拟定完成任务的计划表,补充完成工艺卡片,并按照工艺卡片要求实施任务。

4.2.2.2 实施过程

① 以小组为单位,根据本次任务所学内容,对附表 1 图样中 10 型游梁式抽油机工作页中的零件进行锉削加工。
② 以小组为单位,查找资料、讨论,回答工作页中知识问答部分的问题。

4.2.3 检查、评价与总结

4.2.3.1 检查与评价

请指导教师根据学生对本任务的完成情况,根据工作页评分要求对每组每名同学所负责的工作任务进行评分。

4.2.3.2 任务小结

本次任务主要介绍了螺纹的种类、组成要素,攻螺纹的刀具及辅具、攻螺纹的方法及产生废品和丝锥损坏的原因,套螺纹的刀具及辅具、套螺纹的方法及产生废品的原因。通过本次任务的学习与训练,学生应掌握攻螺纹和套螺纹的加工方法以及操作时的注意事项。

任务 4.3　錾削加工

4.3.1　知识技术储备

4.3.1.1　錾削概述

1. 錾削的定义

錾削是用手锤敲击錾子对金属工件进行切削加工的一种方法。它主要是对不便于进行机械加工的零件的某些部位进行切削加工,如去除毛坯上的毛刺、凸缘,錾削异形油槽、板材等。錾削是钳工工艺中的一项较重要的基本技能,其中的锤击技能是装拆机械设备必不可少的基本功。

2. 錾削的特点

錾削所使用的工具简单,操作方便,但工作效率低,劳动强度大,用于不便机械加工的场合,例如,去除毛坯的凸缘、毛刺、飞边、浇冒口,分割板料、条料,錾削平面及沟槽等。

錾削是钳工工作中一项较重要的基本技能。通过錾削练习,还可掌握锤击技能,提高锤击的力度和准确性,为装拆机械设备打下扎实的基础。

4.3.1.2　錾削工具

錾削时所用的工具主要是錾子和锤子。

1. 錾子

(1) 錾子的材料

錾子是錾削加工中最重要的工具,用碳素工具钢经锻造、热处理、刃磨而成。

（2）錾子的组成

錾子由錾顶、錾身及錾刃三部分组成，如图 4-22（a）所示。錾身为八棱形，防止錾削时錾子转动。錾顶有一定的锥度，顶端略带球面，锤击时作用力容易通过錾子中心线，使錾子保持平稳。如果錾子顶端为平面，则受力后容易产生偏歪和晃动，影响錾削质量，錾子长度一般为 150～200mm，如图 4-22（b）所示。

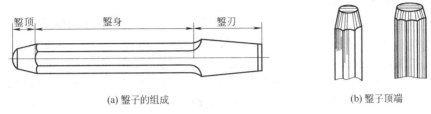

(a) 錾子的组成　　　　　　　　(b) 錾子顶端

图 4-22　錾子的组成

（3）錾子的分类及应用

常用的錾子有扁錾、尖錾、油槽錾和扁冲錾。

① 扁錾（阔錾），如图 4-23（a）所示：切削刃扁平、略带弧形，主要用来錾削平面、去毛刺和分割板料等。

② 尖錾（狭錾），如图 4-23（b）所示：切削刃较短，两侧面从刃口到錾身逐渐狭小，以防止錾槽时两侧面被卡住。尖錾主要用来錾削沟槽及分割曲线板料。

③ 油槽錾，如图 4-23（c）所示：切削刃很短并呈圆弧形，切削部分呈弧形。油槽錾用于錾削润滑油槽。

④ 扁冲錾，如图 4-23（d）所示：切削部分截面呈长方形，没有锋利的切削刃。扁冲錾用于打通两个相邻孔之间的间隔。

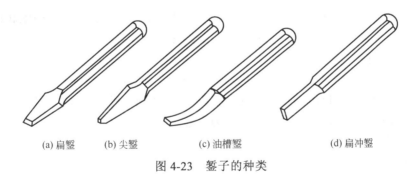

(a) 扁錾　　(b) 尖錾　　(c) 油槽錾　　(d) 扁冲錾

图 4-23　錾子的种类

（4）錾子的热处理

为了保证錾子刃口部分具有良好的切削性能，錾子的刃口应有较高的硬度和一定韧性，所以錾子锻造后必须进行热处理。錾子的热处理包括淬火和回火两个过程。

① 淬火。将錾子刃口部分（长约 20mm）加热至 760～780℃（呈暗橘红色）后，迅速垂直放入冷水中（浸入深度约 4～6mm），并要平行于水面缓慢移动，以便錾刃冷却迅速、均匀。

② 回火。錾子的回火是利用自身的余热进行的。当錾子露出水面部分呈黑色时（200℃左右），将錾子从水中提出。注意观察錾刃部分的颜色，当錾尖由白色变为黄色，又由黄色变为蓝色时，迅速将錾子全部放入冷水中，直至完全冷却。

余热回火的时间很短,只有几秒钟时间,必须要很好地掌握。如二次冷却过早刃口太脆,冷却过晚刃口又太软。錾子刃口经热处理后,其硬度一般为 56～62HRC。

2. **手锤**

(1) 手锤的组成

錾削是利用手锤的锤击力使錾子錾切金属工件的,手锤是錾削加工必需的工具,也是钳工在拆装零件时的重要工具。

手锤由锤头、木柄和镶条(斜楔铁)组成,如图 4-24 所示。锤头用碳素工具钢制成,后经热处理淬硬。锤子的木柄用硬而不脆的木材制成,柄长约为 350mm,安装在锤头内,并用镶条楔紧,如图 4-25 所示。为保证木柄安装在锤头中稳固可靠,装木柄的孔做成椭圆形,且两端(孔口)大、中间小,木柄敲紧在孔中后,端部再打入镶条,使其不易松动,并可防止锤头脱落造成事故。木柄也做成椭圆形,其作用除了可防止它在锤头孔中发生转动外,握在手中也不易转动,便于准确地锤击。

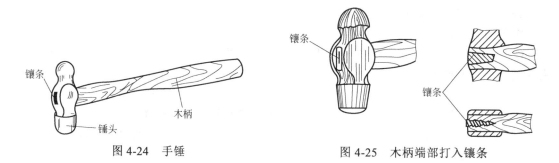

图 4-24 手锤　　　　图 4-25 木柄端部打入镶条

(2) 锤头的材料

根据用途不同,锤头有软锤头和硬锤头两种。软锤头有铝锤、铜锤、硬木锤、橡胶锤等几种,有时也在硬锤头上镶或焊一段铝或铜。软锤头一般用于工件拆卸、装配和校正;硬锤头主要用碳素工具钢锻造而成,锤头两端锤击处经热处理淬硬后磨光。

(3) 锤子的规格

锤子的规格用锤头质量来表示,常用的锤子规格有 0.25kg、0.5kg、1kg 等几种。在实际应用中常使用磅(lb)做单位,1lb=0.4536kg。钳工常用的手锤一般为 0.5kg,锤柄一般为 350mm,锤柄过长,会使操作不便,锤柄过短,则挥力不够。

4.3.1.3 錾削工具

錾削工艺与方法如下。

1. **錾削工艺**

(1) 手锤的握法

① 紧握法。五指紧握锤柄,大拇指合在食指上,虎口对准锤头方向,木柄尾端露出 15～30mm。在挥锤和錾击过程中,五指始终紧握,如图 4-26(a)所示。

② 松握法。只用大拇指、食指紧握锤柄,在挥锤时,其余手指依次放松,锤击时,以相反的顺序收拢握紧,如图 4-26(b)所示。

(2) 錾子的握法

① 正握法。手心向下,腕部伸直,用中指、无名指握錾;小指自然合拢,食指和大拇指自然伸直松靠,錾子头部伸出约 20mm,如图 4-27(a)所示。

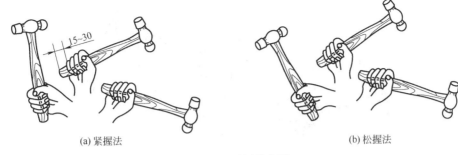

(a) 紧握法 (b) 松握法

图 4-26 手锤的握法

② 反握法。手心向上,手指自然捏住錾子,手掌悬空,如图 4-27(b)所示。

(3) 錾削的站姿

錾削时,身体在台虎钳的左侧,左脚跨前半步与台虎钳呈 30°角,左腿略弯曲,右脚习惯性站立,一般与台虎钳的中心线约呈 75°角,两脚相距 250~300mm,右脚要站稳伸直,不要过于用力。身体与台虎钳中心线呈 45°角,并略向前倾,保持自然,如图 4-28 所示。

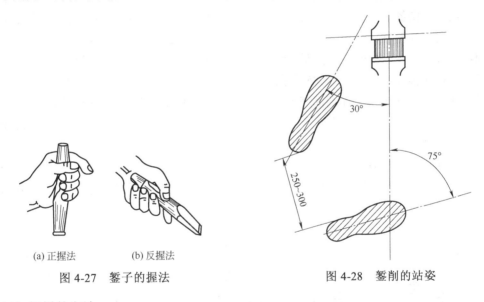

(a) 正握法 (b) 反握法

图 4-27 錾子的握法

图 4-28 錾削的站姿

(4) 挥锤的方法

挥锤的方法有腕挥、肘挥、臂挥三种。

① 腕挥,是用手腕的动作进行锤击运动,采用紧握法握锤,如图 4-29(a)所示,一般用于錾削余量较小的场合及錾削的开始和结尾。

② 肘挥,是利用手腕和肘部一起挥动做锤击动作,如图 4-29(b)所示,采用松握法握锤,因挥动幅度较大,故锤击力也较大,应用广泛。

③ 臂挥,是用手腕、肘和全臂一起挥动,如图 4-29(c)所示,其锤击力最大,用于需要大力錾削的场合。

(5) 锤击的要领

① 挥锤。肘收提臂,举锤过肩,手腕后弓,三指微松,锤面朝天,稍停瞬间。

② 锤击。目视錾刃,臂肘齐下,收紧三指,手腕加劲,锤錾一线,锤走弧形,左脚着力,右腿伸直。

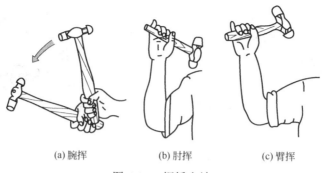

图 4-29 挥锤方法

③ 要求。稳（40 次/min）、准（命中率高）、狠（锤击有力）。

2. 錾削方法

（1）平面錾削

① 起錾方法。錾削平面选用扁錾，每次錾削余量约为 0.5～2mm。余量太少，錾子容易滑掉；余量太多则錾削费力，且不易錾平。錾削平面时，要掌握好起錾方法。起錾方法有斜角起錾和正面起錾两种。一般可采用斜角起錾，先在工件的边缘尖角处，将錾子放成负角，如图 4-30（a）所示，錾出一个斜面，然后按正常的錾削角度逐步向中间錾削。有时不允许从边缘尖角处起錾（如錾槽），则必须采用正面起錾，起錾时，可使切削刃抵紧起錾部位后，把錾子头部向下倾斜至与工件端面基本垂直，如图 4-30（b）所示，再轻敲錾子，使用此方法起錾过程容易顺利完成。该方法使錾子容易切入材料，而不会产生滑脱、弹跳等现象，且便于掌握錾削余量。

② 窄平面与宽平面的不同錾削方法。在錾削较窄的平面时，錾子的切削刃最好与錾削前进方向倾斜一个角度，如图 4-31 所示，使切削刃与工件有较多的接触面，錾子就容易掌握稳定，不致因左右摇晃而造成錾削的表面高低不平。

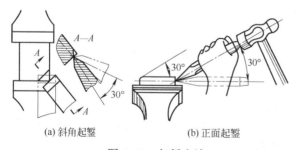

图 4-30 起錾方法

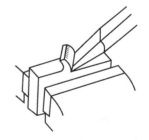

图 4-31 錾窄平面

在錾削宽的平面时，由于切削面的宽度超过錾子切削刃的宽度，切削部分两侧受工件的卡阻而使操作十分费力，錾削表面也不会平整。所以一般应先用狭錾间隔开槽，再用扁錾錾去剩余部分，如图 4-32 所示。

③ 錾削动作。錾削时的切削角度，一般应使后角 $\alpha=50°～80°$ 之间，如图 4-33（a）所示。后角过大，錾子易向工件深处扎入，如图 4-33（b）所示；后角过小，錾子易在錾削部位滑出，如图 4-33（c）所示。

在錾削过程中，一般每錾削两三次后，可将錾子退回一些，作一次短暂的停顿，然后再将切削刃顶住錾削处继续錾削。这样,既可随时观察錾削表面的平整情况,又可使手臂肌肉有节奏地得到放松。

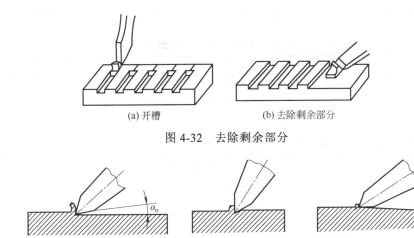

(a) 开槽　　　　　　　　(b) 去除剩余部分

图 4-32　去除剩余部分

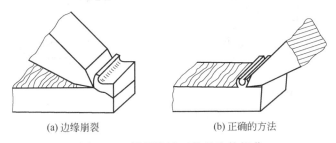

(a) 正确的后角　　　　(b) 后角过大　　　　(c) 后角过小

图 4-33　錾削后角对錾削质量的影响

④ 尽头的錾削方法。当錾削快到尽头时,要防止工件边缘的崩裂,如图 4-34(a)所示,尤其是錾铸铁、青铜等脆性材料时更应注意。一般情况下,当錾削到离尽头 10mm 左右时,必须调头去錾削余下的部分,如果不调头,就容易产生崩裂,如图 4-34(b)所示。

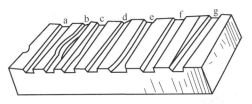

(a) 边缘崩裂　　　　　(b) 正确的方法

图 4-34　錾削靠近工件尽头的操作

⑤ 錾削直槽时常见的质量问题及产生原因。錾削直槽时常见的质量问题,如图 4-35 所示,具体内容和产生的原因,如表 4-10 所示。

图 4-35　錾削直槽时常见的质量问题

(2) 錾切板料

在没有剪切设备的场合下,可用錾削方法分割板料或分割形状较复杂的薄板工件。

① 薄板夹持在台虎钳上錾切。当工件不大时,将薄板料牢固地夹在台虎钳上,并使工件的錾切线与钳口平齐,应用扁錾沿着钳口并斜对着薄板件,约 45°角,从右向左进行錾切,如

图 4-36（a）所示。因为斜对着錾切时，扁錾只有部分刃錾削，阻力小而容易分割材料，切削出的平面也较平整。錾切时，錾子的刃口不能平对着板料，这样不仅费力，而且在錾削中的弹震和变形，容易造成切断口处的不平或撕裂，使之錾削工件达不到要求，如图 4-36（b）所示。

表 4-10　錾削直槽时常见的质量问题及产生原因

图中序号	质量问题	产生原因
a	槽口爆裂	第一遍錾削量过多
b	槽不直	① 錾子未放正 ② 没有按所划的线条进行錾削 ③ 掉头錾削时不在同一直线上
c	槽底高低不平	錾削时錾子后角不稳定或锤击力大小不一
d	槽底倾斜	尖錾刃口磨成倾斜或錾子斜放錾削槽
e	槽口喇叭口	① 尖錾刃口两端已钝或碎裂 ② 在同一直槽上錾削，尖錾刃磨多次，而使刃口宽度缩小
f	槽向一面倾斜	每次起錾位置向一面偏移
g	槽与基面不平行	每一遍錾削时方向未把稳，没按照划线进行錾削

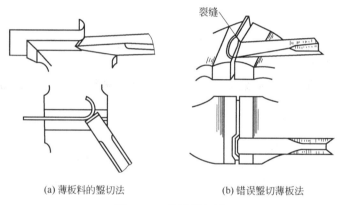

(a) 薄板料的錾切法　　(b) 错误錾切薄板法

图 4-36　薄板錾切法

② 錾切较大尺寸薄板件。当薄板的尺寸较大而不便在台虎钳上夹持时，应在铁砧或平板上进行錾切。在板料下面垫上软钳铁，錾削时錾子应垂直于工作台，沿錾切线进行錾切，如图 4-37 所示。

③ 錾切形状较复杂的薄板件。当要在板料上錾切形状较复杂的薄板件时，为了减少工件变形，用密集钻排孔配合錾切，一般先按所划出的轮廓线钻出密集的排孔，再用扁錾或狭錾逐步切成，如图 4-38 所示。

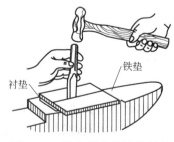

图 4-37　较大尺寸薄板件錾削

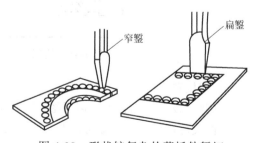

图 4-38　形状较复杂的薄板件錾切

（3）錾削常见问题

錾削过程中常见的问题及产生原因，如表 4-11 所示。

表 4-11 錾削过程中常见的问题及产生原因

质量问题	产生原因
錾子刃口崩裂	① 錾子刃部淬火硬度过高，回火不好 ② 零件材料硬度过高或硬度不均匀 ③ 锤击力太猛
錾子刃口卷边	① 錾子刃口淬火硬度偏低 ② 錾子楔角太小 ③ 第一次錾削量太大
錾子超越尺寸线	① 工件装夹不牢 ② 气錾超线 ③ 錾子方向掌握不正，偏斜越线
零件棱边、棱角崩裂	① 錾子刃口后部宽于切削刃部 ② 錾削首尾未掉头錾削 ③ 錾削过程中，錾子方向掌握不稳，錾子左右摇晃
錾削表面凹凸不平	① 錾子刃口不锋利 ② 錾子掌握不正，左右、上下摆动 ③ 錾削时后角过大或时大时小 ④ 锤击力不均匀

4.3.2 任务实施

4.3.2.1 计划与决策

① 小组接受任务后，根据任务要求，选择合适的錾子。
② 根据工作内容领取工具、量具、工件。
③ 以小组为单位，在零件上进行排料加工。
④ 经小组讨论后，对讨论结果与教师进行交流，并反馈问题。
⑤ 结合教师给出的条件以及小组讨论后的结果，拟定完成任务的计划表，补充完成工艺卡片，并按照工艺卡片要求实施任务。

4.3.2.2 实施过程

① 以小组为单位，根据本次任务所学内容，对附表 1 图样中 10 型游梁式抽油机工作页中的零件进行錾削加工。
② 以小组为单位，查找资料、讨论，回答工作页中知识问答部分的问题。

4.3.3 检查、评价与总结

4.3.3.1 检查与评价

请指导教师根据学生对本任务的完成情况，根据工作页评分要求对每组每名同学所负责的工作任务进行评分。

4.3.3.2 任务小结

本次任务主要介绍了钳工錾削及錾削工具的基本知识，錾削操作方法、要领。通过本次任务的学习与训练，学生应掌握錾子和手锤的握法、挥锤方法、站立姿势等，为平面、直槽錾削打好基础。

项目5　高精度平面加工

高精度平面加工任务书

岗位工作过程	钳工在接受 10 型游梁式抽油机手动加工作业任务书后，首先需要对所要加工的零件进行工艺规划，包括每个零件的手动加工、修配和检测；制订工作步骤，如备齐生成图样、流程作业、作业设备、量检具等，去仓库领取物料、工量具；安排加工、检测、配合的步骤等
学习目标	① 能够了解钳工刮削加工的原理 ② 能够了解钳工研磨加工的原理 ③ 能够了解刮削工具的类型及应用场合 ④ 能够了解研磨工具、研磨剂的类型及应用场合 ⑤ 能够知道刮削加工的特点及应用 ⑥ 能够知道研磨加工的特点及应用 ⑦ 能够熟练使用刮刀对平面进行刮削加工 ⑧ 能够熟练使用研磨工具对平面进行研磨加工 ⑨ 能够将钳工使用零件、量具、工具的管理应用在 6S 管理和 TPM 管理中
学习过程	咨询：接受任务，并通过"学习目标"提前收集相关资料，对高精度平面加工的信息进行收集，获取零件手动加工的有关信息及工作目标总体印象 计划：根据图样中零件的尺寸，以小组为单位，讨论所需要的毛坯尺寸、量具等相关信息，进行成本核算后，填写工件和工具领取表 决策：与教师或师傅进行专业交流，回答问题，确认锉削加工所需的毛坯、刀具、量具后，对加工成本进行最后的核算 实施：领取相应的毛坯、刀具、量具，根据核算后的成本进行下料加工 检查： ① 检查下好的毛坯料的尺寸、工具、量具、刃具的损耗情况，对比核算成本 ② 检查现场 6S 情况及 TPM 评价： ① 完成毛坯料的下料加工，并进行质量评价 ② 与同学、教师、师傅进行关于评分分歧及原因，工作过程中存在的问题，技术问题、理论知识问题等的讨论，并勇于提出改进的建议
学习任务	任务 5.1　刮削加工 任务 5.2　研磨加工
学习成果	以小组为单位完成高精度平面加工相关学习任务，归纳、总结，并进行汇报

任务 5.1 刮削加工

5.1.1 知识技术储备

5.1.1.1 刮削概述

1. 刮削的定义

刮削属于精加工，是指用刮刀刮除工件表面薄层金属的加工方法。刮削是指在工件与校准工具或互配件之间涂上一层显示剂，经过对研使工件上较高的部位显示出来，然后用刮刀进行微量刮除。这样反复地显示和刮削就能保证工件有较高的加工精度和互配件精密配合。

2. 刮削的特点及其应用

刮削具有切削力小、切削量小、产生热量小和装夹变形小等特点，不会引起振动和热变形，能获得较高的尺寸精度、形位精度、接触精度、传动精度和较小的表面粗糙度。因此刮削常用于：

① 要求较精确的尺寸精度和形位精度的零件。
② 需要良好配合的互配件。
③ 要求良好的机械装配精度的零件。
④ 需要表面美观的零件。

5.1.1.2 刮削工具

1. 刮刀

刮刀一般用碳素钢 T10A、T12A 或弹性好的轴承钢 GCr15 锻制而成，硬度可达 60 HRC 左右。刮刀是刮削的主要工具。刮削淬火硬件时，可用硬质合金刮刀。刮刀分为平面刮刀和曲面刮刀两类。

① 平面刮刀。平面刮刀用来刮削平面、外曲面或铲花纹。按刀杆形状可将其分为直头刮刀和弯头刮刀，如图 5-1 所示。按所刮削表面精度要求不同，一般分为粗、精、细三类，如图 5-2 所示。其尺寸规格及楔角的参考值如表 5-1 所示。

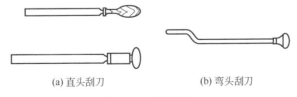

(a) 直头刮刀　　　(b) 弯头刮刀

图 5-1　平面刮刀

由于各人手臂长短的不同，对刮刀长短宽窄的选择并无严格规定，以使用适当为宜。

刮刀的几何角度根据每个刮削者的操作熟练程度、握持姿势，以及刮削平面的不同而随时改变，同时在刮削过程中，刮刀杆产生弹性变形，也会明显地改变它的角度，所以刮刀需要有一定的正确角度，但不是十分严格。刮刀头部形状和几何角度如图 5-2 所示，图 5-2（a）所示为粗刮刀，用于粗刮；图 5-2（b）所示为细刮刀，用于细刮；图 5-2（c）所示为精刮刀，用于精刮；图 5-2（d）所示为用于刮削韧性材料的刮刀。

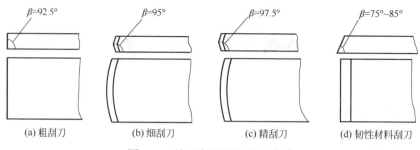

图 5-2 刮刀头部的形状和角度

表 5-1 刮刀尺寸规格及楔角的参考值

种类	全长 L/mm	宽度 B/mm	厚度 t/mm	活动头长度/mm	楔角 β/(°)
粗刮刀	450~600	25~30	3~4	100	90~92.5
细刮刀	400~500	15~20	2~3	80	95
精刮刀	400~500	10~12	1.5~2	70	97.5

② 如图 5-3 所示，曲面刮刀主要用来刮削内曲面，如工件上的油槽和孔的边缘等。常用的曲面刮刀有三角形刮刀和蛇头刮刀等。三角形刮刀由三角锉刀改制或用工具钢锻制，蛇头刮刀则由工具钢锻制。

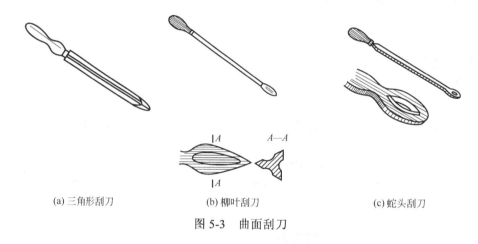

图 5-3 曲面刮刀

2. 校准工具

校准工具是用来推磨研点和检查被刮面准确性的工具，也称为研具。常用的有以下几种：

(1) 校准平板（标准平板）

用来校验较宽的平面。标准平板的面积尺寸有多种规格，选用时，其面积应大于工件被刮面的 3/4，它的结构和形状如图 5-4 所示。

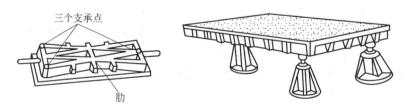

图 5-4 校准平板

（2）校准直尺

用来校验狭长的平面。如图 5-5（a）所示是桥式直尺，用来校验较大机床导轨的直线度。如图 5-5（b）所示是工字形直尺，它有单面和双面两种。双面工字形直尺的两面都经过精刮并且互相平行。这种双面的工字形直尺，常用来校验狭长平面相对位置的准确性。桥式和工字形两种直尺，可根据狭长平面的大小和长短，适当采用。

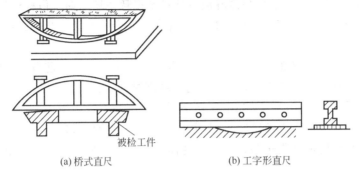

(a) 桥式直尺　　(b) 工字形直尺

图 5-5　校准直尺

（3）角度直尺

角度直尺的形状如图 5-6 所示，用于校验两个刮削面成角度的组合平面（如燕尾导轨）的角度。两基准面应经过精刮，并成所需要的标准角度，如 55°、60°等。第三面只是作为放置时的支承面用，所以没有经过精密加工。

各种直尺在未使用时，应吊起。不便吊起的直尺，应安放平稳，以防变形。

检验曲面刮削的质量，多数是用与其相配合的轴或配合件作为校准工具。如齿条和蜗轮的齿面，即是用与其相啮合的齿轮和蜗杆作为校准工具。

（4）框式水平仪

框式水平仪有两个水准器，如图 5-7 所示，能检验工件或机床的水平以及直线度，平行度和垂直度，是目前使用较为广泛的一种测量工具，特别适用于大中型平面的测量。

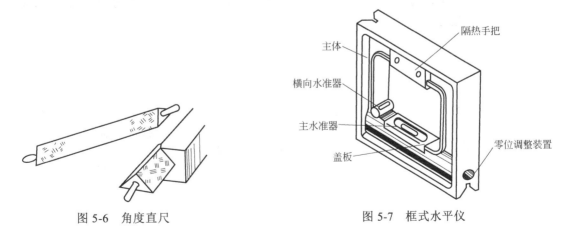

图 5-6　角度直尺　　　　图 5-7　框式水平仪

3. 显示剂

为了了解刮削前工件误差的大小和位置，就必须用标准工具或其相配合的工件合在一起对研。工件和校准工具对研时，所加的涂料称为显示剂。经过对研，凸起处就显示出点，刮

项目 5　高精度平面加工　179

削时，根据显点情况用刮刀刮去高点。

（1）显示剂的种类

① 红丹粉。红丹粉分铅丹（氧化铅，呈橘红色）和铁丹（氧化铁，呈红褐色）两种，其颗粒较细，用全损耗系统用油（俗称机油）调和后使用。红丹粉广泛用于钢和铸铁工件，因为它没有反光，显点清晰，价格又较低廉，故为最常用的一种。

② 蓝油。蓝油是用普鲁士粉和蓖麻油及适量全损耗系统用油（俗称机油）调和而成的，呈深蓝色。蓝油研点小而清楚，多用于精密工件和非铁金属及其合金的工件。

（2）显示剂的用法

刮削时，显示剂可以涂在工件表面上，也可以涂在标准件上。前者在工件表面显示的结果是红底黑点，没有闪光，容易看清楚，适用于精刮时选用。后者只在工件表面的高处着色，研点暗淡，不易看清，但切屑不易黏附在切削刃上，刮削方便，适用于粗刮时选用。

在调和显示剂时应注意:粗刮时可调得稀些，这样在刀痕较多的工件表面上便于涂抹，显示的研点也大；精刮时应调得干些，涂抹要薄而均匀，这样显示的研点细小，否则，研点会模糊不清。

（3）显点的方法

显点的方法应根据不同形状和刮削面积的大小有所区别。

① 中小型工件的显点：一般是基准平板固定不动，工件被刮面在平板上推研，如图 5-8（a）所示，然后根据显点情况进行分析，如图 5-8（b）所示。推研时，压力要均匀，避免显示失真。如果工件被刮面小于平板面，推研时最好不超出平板；如果工件被刮面等于或稍大于平板面，允许工件超出平板，但超出部分应小于工件长度的 1/3。推研时，应在整个平板上推研，以防止平板局部磨损。

② 大型工件的显点：将工件固定，中板在工件的被刮面上推研。推研时，平板超出工件被刮面的长度应小于平板长度的 1/5。对于面积大，刚性差的工件，平板的重量要尽可能减轻，必要时，还要采取卸荷推研。

③ 重量不对称工件的显点：推研时，应将工件的某个部位托起或下压，如图 5-9 所示，但用力的大小要适当、均匀。显点时还应注意，如果两次显点有矛盾，应分析原因，认真检查推研方法，谨慎处理。

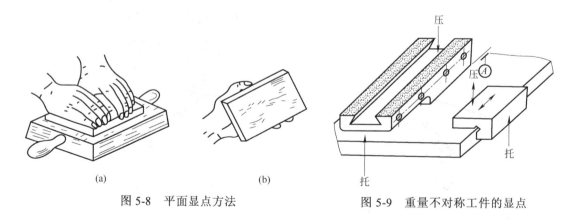

图 5-8 平面显点方法　　　　图 5-9 重量不对称工件的显点

④ 内曲面的显点：研点常用标准轴或相配合的轴作内曲面的校准工具。校准时，若使用蓝油则均匀地涂在轴的圆周面上，若使用红丹粉则均匀地涂在内曲面表面。用轴在内曲面

中来回旋转显示研点,如图 5-10 所示,根据研点进行刮削,如图 5-11 所示。

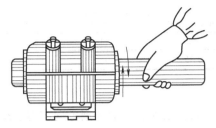

图 5-10 内曲面的研点方法

图 5-11 内曲面的显点

5.1.1.3 刮削工艺与刮削方法

1. 平面刮削的方法

平面刮削的方法一般采用挺刮法和手刮法两种。

（1）挺刮法

如图 5-12（a）所示,将刮刀柄放在小腹右下侧肌肉处,左手在前,手掌向下,右手在后,手掌向上,距刮刀头部 50～80mm 处握住刀身。刮削时刀头对准研点,左手下压,右手控制刀头方向,利用腿部和臀部力量,使刮刀向前推动,随着研点被刮削的瞬间,双手利用刮刀的反弹作用力迅速提起刀头,刀头提起高度约为 10mm。

（2）手刮法

如图 5-12（b）所示,右手提刀柄,左手握刀杆距刀刃 50～70mm 处,刮刀与被刮表面成 25°～30°角。左脚向前跨一步,身体重心靠向左腿。刮削时右臂利用上身摆动向前推,左手向下压,并引导刮刀运动方向,在下压推挤的瞬间迅速抬起刮刀,这样就完成了一次刮削运动,手刮法刮削力量小,手臂易疲劳,但动作灵活,适用于各种工作位置。

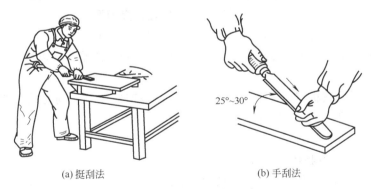

(a) 挺刮法　　　　　(b) 手刮法

图 5-12 平面刮削的方法

2. 刮削余量

由于刮削每次只能刮去很薄的一层金属,刮削操作的劳动强度又很大,所以工件在机械加工后留下的刮削余量不宜太大,一般为 0.05～0.4mm,具体数值根据工件刮削面积大小而定。刮削面积大,由于加工误差也大,故所留余量应大些;反之,则余量可小些。合理的刮削余量如表 5-2 所示。当工件刚性较差,容易变形时,刮削余量可比表 5-2 中略大些,可由经验确定。只有具有合适的余量,才能经过反复刮削来达到尺寸精度及形状和位置精度。一般来说,工件在刮削前的加工精度（直线度和平面度）应不低于公差中规定的 9 级精度。

表 5-2 平面刮削余量　　　　　　　　　　　　　　　　　　　单位：mm

平面宽度	平面长度				
	100～500	500～1000	1000～2000	2000～4000	4000～6000
<100	0.1	0.15	0.2	0.25	0.3
100～500	0.15	0.2	0.25	0.3	0.4

3. 平面刮削步骤

平面刮削可分为粗刮、细刮、精刮和刮花四个步骤。工件表面的刮削方向应与前道工序的刀痕交叉，每刮削一遍后涂上显示剂，用校准工具配研，以显示出高点，然后再刮掉，如此反复进行。

（1）粗刮

粗刮是用粗刮刀在刮削面上均匀地铲去一层较厚的金属。刮刀痕迹要连成长片，不可重复。粗刮能很快地去除刀痕、锈斑或过多的余量。当粗刮到每 25mm×25mm 的范围内有 2～3 个研点时，即可转入细刮。

（2）细刮

细刮是用细刮刀在刮削面上刮去稀疏的大块研点（俗称破点），目的是进一步改善不平现象。细刮常采用短刮法，刀痕宽而短，刀迹长度均为切削刃宽度。随着研点的增多，刀迹逐步缩短。每刮一遍时，须按同一方向刮削（一般要与平面的边成一定角度），刮第二遍时要交叉刮削，以消除原方向上的刀迹。在整个刮削面上达到 12～15 点/（25mm×25mm）时，细刮结束。

（3）精刮

精刮就是用精刮刀更仔细地刮削研点（俗称摘点），目的是通过精刮增加研点数目，改善表面质量，使刮削面符合精度要求。精刮常采用点刮法（刀迹长度约为 5mm）。刮面越窄小、精度要求越高，则刀迹越短。精刮时，压力要轻，提刀要快，在每个研点上只刮一刀，不要重复刮削，并始终交叉地进行刮削。当研点增加到 20 点/（25mm×25mm）以上时，精刮结束。精刮时，要注意交叉刀迹的大小应该一致，排列应该整齐，以增加刮削面的美观。

（4）刮花

刮花是在刮削面或机器外观表面上用刮刀刮出装饰性花纹。刮花的目的是使刮削面美观，并使滑动件之间形成良好的润滑条件。

5.1.1.4　平面刮削精度检测

1. 以接触点数目检验接触精度

用边长为 25mm 的正方形方框罩在被检查表面上，根据在方框内的接触点数目的多少确定其接触精度，如图 5-13 所示。

2. 用百分表检查平行精度

测量时，将工件基准平面放在标准平板上，百分表侧杆头置于加工表面上，如图 5-14 所示，触及测量表面时，应调整到使其有 0.3mm 左右的初始读数，沿着工件被测表面的四周及两条对角线方向进行测量，测得最大读数和最小读数之差即为平行度误差。

3. 用圆柱角尺检查垂直精度

将圆柱角尺放在标准平板上，把被测件的基准面放置在标准平板上并靠近圆柱角尺，通过观察被测面与圆柱角尺的间隙来检查垂直度误差，如图 5-15 所示。

 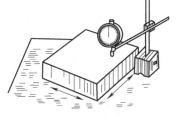 

图 5-13　接触精度　　　　图 5-14　平行精度　　　　图 5-15　垂直精度

5.1.2　任务实施

5.1.2.1　计划与决策

① 小组接受任务后，根据任务要求，选择合适的刮刀。
② 根据工作内容领取工具、量具、工件。
③ 以小组为单位，在零件上高精度表面进行刮削加工。
④ 经小组讨论后，对讨论结果与教师进行交流，并反馈问题。
⑤ 结合教师给出的条件以及小组讨论后的结果，拟定完成任务的计划表，补充完成工艺卡片，并按照工艺卡片要求实施任务。

5.1.2.2　实施过程

① 以小组为单位，根据本次任务所学内容，对附表 1 图样中 10 型游梁式抽油机工作页中的零件进行刮削加工。
② 以小组为单位，查找资料、讨论，回答工作页中知识问答部分的问题。

5.1.3　检查、评价与总结

5.1.3.1　检查与评价

请指导教师根据学生对本任务的完成情况，根据工作页评分要求对每组每名同学所负责的工作任务进行评分。

5.1.3.2　任务小结

本次任务主要介绍了钳工刮削及刮削工具的基本知识，刮削操作方法、要领。通过本次任务的学习与训练，学生应掌握挺刮和手刮的操作技能与加工方法以及刮削精度的检验。

任务 5.2　研磨加工

5.2.1　知识技术储备

5.2.1.1　研磨概述

1. 研磨的定义

用研磨工具和研磨剂，从工件上研去一层极薄的金属表面层，使工件达到精确的尺寸、准确的几何形状和较小的表面粗糙度值的方法，称为研磨。研磨是表面加工的最后一道工序。

2. 研磨的原理

研磨是以物理和化学的综合作用去除零件表层金属的一种方法。

① 物理作用。研磨时要求研具材料比被研磨的工件软,在受到一定的压力后,研磨剂中的微小颗粒(磨料)被压嵌在研具表面上,如图 5-16 所示。这些细微的磨料具有较高的硬度,像无数切削刃,由于研具和工件的相对运动,半固定或浮动的磨粒则在工件和研具之间做运动轨迹很少重复的滑动和滚动,因而对工件产生微量的切削作用,均匀地从工件表面切去一层极薄的金属,借助于研具的精确表面,从而使工件逐渐得到准确的尺寸精度及合格的表面粗糙度。

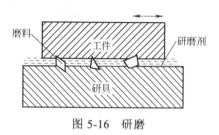

图 5-16 研磨

② 化学作用。有的研磨剂能使工件材料发生化学反应。例如,采用易使金属氧化的氧化铬和硬脂酸配制的研磨剂时,与空气接触的工件表面很快形成一层极薄的氧化膜,氧化膜由于本身的特性又很容易被磨掉,这就是研磨的化学作用。

在研磨过程中,氧化膜迅速形成(化学作用),又不断地被磨掉(物理作用)。经过这样的多次反复,工件表面很快地就达到预定的要求。由此可见,研磨加工实际体现了物理和化学的综合作用。

3. 研磨的应用

① 能得到精确的尺寸。各种加工方法所能达到的精度是有一定限度的。随着工业的发展,对零件精度要求在不断地提高,因此有些零件必须经过研磨才能达到很高的精度要求。研磨后的尺寸误差可控制在 0.001~0.005mm 范围内,尺寸公差可达 IT5~IT3。

② 提高零件几何形状的准确性。要使工件获得很准确的几何形状,用其他加工方法是难以达到的。

③ 减小表面粗糙度值。工件的表面粗糙度是由加工方法决定的。如表 5-3 所示为各种加工方法所能得到的表面粗糙度值。

表 5-3 各种加工方法所能得到的表面粗糙度值

加工方法	加工情况	表面方法的情况	表面粗糙度 $Ra/\mu m$
车削			1.6~80
磨削			0.4~5
压光			0.1~2.5
珩磨			0.1~1.0
研磨			0.05~0.2

从表中可以看出,经过研磨加工后的表面粗糙度值最小。一般情况下,表面粗糙度值可达 $Ra0.8$~$0.05\mu m$,最小可达 $Ra0.006\mu m$。

由于研磨后的零件表面粗糙度值小,形状准确。所以其耐磨性、耐腐蚀性和疲劳强度也都相应得到提高,从而延长了零件的使用寿命。

研磨有手工操作和机械操作两种，特别是手工操作生产效率低、成本高，所以只有当零件允许的形状误差小于 0.005mm，尺寸公差小于 0.01mm 时，才用研磨方法加工。

4. 研磨余量

由于研磨是微量切削，每研磨一遍所能去除的金属层不超过 0.002mm，因此研磨余量不能太大，一般研磨量在 0.005～0.030mm 之间比较适宜。有时研磨余量就留在工件的公差之内。

5.2.1.2 研磨工具与研磨材料

1. 研磨工具

（1）研磨平板

平面研磨通常都采用研磨平板。粗研磨时，用有槽平板如图 5-17（a）所示，以避免过多的研磨剂浮在平板上，易使工件研平；精研时，则用精密光滑平板，如图 5-17（b）所示。

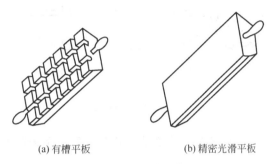

(a) 有槽平板　　　　(b) 精密光滑平板

图 5-17　研磨平板

（2）研磨环

研磨环主要用来研磨外圆柱表面。研磨环的内径应比工件的外径大 0.025～0.05mm，当研磨一段时间后，若研磨环内孔磨大，拧紧调节螺钉，可使孔径缩小，以达到所需间隙［图 5-18（a）］，如图 5-18（b）所示的研磨环，孔径的调整则靠右侧的螺钉。

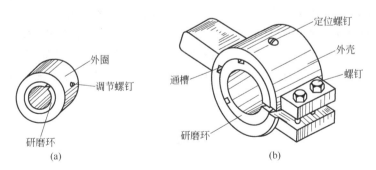

图 5-18　研磨环

（3）研磨棒

研磨棒主要用于圆柱孔的研磨，有固定式和可调节式两种。固定式研磨棒制造容易，但磨损后无法补偿，多用于单件研磨或机修工作当中。对工件上某一尺寸孔径的研磨，要预先制好 2～3 个有粗、半精、精研磨余量的研磨棒来完成。有槽的研磨棒用于粗研，如图 5-19（a）所示，光滑的研磨棒用于精研，如图 5-19（b）所示。

可调节的研磨棒［图5-19（c）］因为能在一定的尺寸范围内进行调整，适用于成批生产中工件孔的研磨，可延长其使用寿命，应用较广。

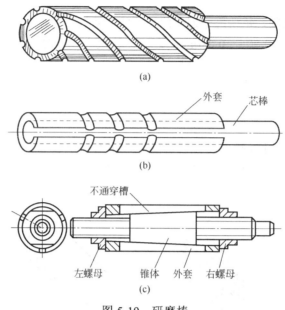

图 5-19　研磨棒

如果把研磨环的内孔、研磨棒的外圆做成圆锥形，则可用来研磨内、外圆锥表面。

2. 研磨材料

研具材料应满足如下技术要求：材料的组织要细致均匀，要有很高的稳定性和耐磨性，具有较好的嵌存磨料的性能，工作面的硬度应比工件表面硬度稍软，使磨料能嵌入研具而不嵌入工件内。

常用的研具材料有：

① 灰铸铁具有润滑性好，磨耗较慢，硬度适中，研磨剂在其表面容易涂布均匀等优点。它是一种研磨效果好、价廉易得的研具材料，因此得到广泛的应用。

② 球墨铸铁润滑性能好，耐磨，研磨效率较高，比一般灰铸铁更容易嵌存磨料，且嵌得更均匀，牢固适度，精度保持性优于灰铸铁，广泛应用于精密工件的研磨。

③ 低碳钢韧性较好，不容易折断，常用来制作小型的研具，如研磨螺纹和小直径工具、工件等。

5.2.1.3 研磨剂

研磨剂是由磨料和研磨液调和而成的一种混合剂。

1. 磨料

磨料在研磨中起切削作用，其种类很多，根据工件材料和加工精度来选择。钢件或铸铁件粗研时，选用刚玉或白色刚玉，精研时可用氧化铬。

磨料粗细的选用：当粗研磨时，表面粗糙度值 Ra 大于 $0.2\mu m$ 时，可用磨粉，粒度在 F100～F280 范围内选取；当精研磨时，表面粗糙度值为 $Ra0.2～0.1\mu m$ 时，用微粉，粒度可用 F280～F400；表面粗糙度值为 $Ra0.1～0.05\mu m$ 时可用 F500～F800；表面粗糙度值 Ra 小于 $0.05\mu m$ 时可用 F1000 以下。常用磨料的系列与用途如表 5-4 所示。

表 5-4 常用磨料的系列与用途

系列	磨料名称	代号	特性	适用范围
氧化铝系	棕刚玉	A	棕褐色,硬度高,韧性大,价格便宜	粗、精磨削钢,铸铁,黄铜
	白刚玉	WA	白色,硬度比棕刚玉高,韧性比棕刚玉差	精研磨淬火钢、高速钢、高碳钢及薄壁零件
	铬刚玉	PA	玫瑰红或紫红色,韧性比白刚玉高,磨削表面粗糙度好	研磨量具、仪表零件及要求表面粗糙度小的材料
	单晶刚玉	SA	淡黄色或白色,硬度和韧性比白刚玉高	研磨不锈钢、高钒高速钢等强度高、韧性大
碳化物系	黑碳化硅	C	黑色,有光泽,硬度比白刚玉高,性脆而锋利,导热性和导电性良好	研磨铸铁、黄铜、铝、耐火材料及非金属材料
	绿碳化硅	GC	绿色,硬度和脆性比黑碳化硅高,具有良好的导热性和导电性	研磨硬质合金、硬铬、宝石、陶瓷和玻璃等
	碳化硼	BC	灰黑色,硬度仅次于金刚石,耐磨性好	精研磨和抛光硬质合金、人造宝石等
金刚石系	人造金刚石	—	无色透明或淡黄色、黄绿色或黑色,硬度高,比天然金刚石略脆,表面粗糙	粗、精研磨硬质合金、人造宝石和半导体等,硬度最高,价格昂贵
	天然金刚石	—	硬度最高,价格昂贵	
软质化学磨料	氧化铁	—	红色或暗红色,比氧化铬软	精研或抛光钢、铁、玻璃等材料
	氧化铬	—	深绿色	

2. 研磨液

研磨液在研磨过程中起调和磨料、润滑、冷却、促进工件表面的氧化、加速研磨的作用。

粗研钢件时,可用煤油、汽油或全损耗系统用油(俗称机油);精研时,可用全损耗系统用油与煤油混合的混合液。

5.2.1.4 研磨工艺与研磨方法

研磨分手工研磨和机械研磨两种。手工研磨时,要使工件表面各处都受到均匀的切削应该选择合理的运动轨迹,这对提高研磨效率、工件的表面质量和研具的耐用度都有直接的影响。

1. 研磨运动

为使工件能达到理想的研磨效果,根据工件形体的不同,采用不同的研磨运动轨迹。

① 直线往复式常用于研磨有台阶的狭长平面等,能获得较高的几何精度,如图 5-20(a)所示。

② 直线摆动式用于研磨某些圆弧面,如样板角尺、双斜面直尺的圆弧测量面,如图 5-20(b)所示。

③ 螺旋式用于研磨圆片或圆柱形工件的端面,能获得较好的表面粗糙度和平面度,如图 5-20(c)所示。

④ 8字形或仿8字形常用于研磨小平面工件,如量规的测量面等,如图 5-20(d)所示。

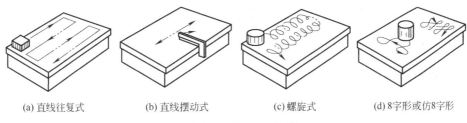

(a) 直线往复式　　(b) 直线摆动式　　(c) 螺旋式　　(d) 8字形或仿8字形

图 5-20 研磨运动轨迹

2. 平面研磨方法

① 一般平面研磨工件沿平板全部表面，按 8 字形、仿 8 字形或螺旋式运动轨迹进行研磨，如图 5-21 所示。

② 狭窄平面研磨为防止研磨平面产生倾斜和圆角，研磨时，用金属块做成导靠，采用直线研磨轨迹，如图 5-22 所示。

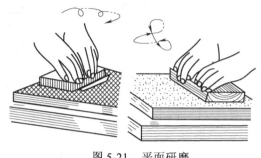

图 5-21　平面研磨

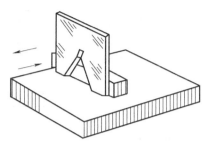

图 5-22　狭窄平面研磨

3. 研磨质量

研磨后工件表面质量的好坏除了与选用研磨剂及研磨的方法有关外，还与研磨工作的操作技能高低和是否为清洁生产有很大关系，若在研磨中忽视了清洁生产，轻则使工件表面拉毛而影响表面粗糙度，严重的则会拉出深痕而造成废品。操作者的工作责任心、工作态度以及操作技能的熟练程度对研磨工艺都极为重要。因此，在研磨的整个过程中，必须高度重视文明生产，增强质量意识，提高技能水平，才能研磨出高质量的工件表面。同时，研磨后应及时将工件清洗干净并采取防锈措施。研磨时产生废品的形式、原因及防止方法见表 5-5。

表 5-5　研磨时产生废品的形式、原因及防止方法

废品形式	产生原因	防止方法
表面不光洁	① 磨料过粗 ② 研磨液不当 ③ 研磨剂涂得太厚	① 正确选用磨料 ② 正确选用研磨液 ③ 研磨剂应涂得适当
表面拉毛	研磨剂中混入杂质	重视并做好清洁工作
平面呈凸形或孔口扩大	① 研磨剂涂得太厚 ② 孔口或工件边缘被挤出的研磨剂未擦去就继续研磨 ③ 研磨棒深处孔口太长	① 研磨剂应涂得适当 ② 及时擦去被挤出的研磨剂后再研磨 ③ 研磨棒伸出长度应适当
孔呈椭圆环形或有锥度	① 研磨时没有变换运动方向 ② 研磨时没有调头研	① 研磨时应变换运动方向 ② 研磨时应调头研
薄形工件拱曲变形	① 工件发热仍继续研磨 ② 装夹不正确引起变形	① 使工件温度不超过 50℃，发热后应暂停研磨 ② 装夹要稳定，不能夹得太紧
尺寸或几何形状精度不满足要求	① 测量时没有在标准温度 20℃ 下进行 ② 不注意温度，经常测量	① 不要在工件发热时进行精密测量 ② 注意在常温下经常测量

5.2.2　任务实施

5.2.2.1　计划与决策

① 小组接受任务后，根据任务要求，选择合适的研磨工具。

② 根据工作内容领取工具、量具、工件。
③ 以小组为单位,在零件上高精度表面进行研磨加工。
④ 经小组讨论后,对讨论结果与教师进行交流,并反馈问题。
⑤ 结合教师给出的条件以及小组讨论后的结果,拟定完成任务的计划表,补充完成工艺卡片,并按照工艺卡片要求实施任务。

5.2.2.2 实施过程

① 以小组为单位,根据本次任务所学内容,对附表1图样中10型游梁式抽油机工作页中的零件进行刮削加工。
② 以小组为单位,查找资料、讨论,回答工作页中知识问答部分的问题。

5.2.3 检查、评价与总结

5.2.3.1 检查与评价

请指导教师根据学生对本任务的完成情况,根据工作页评分要求对每组每名同学所负责的工作任务进行评分。

5.2.3.2 任务小结

本次任务主要介绍了钳工研磨及研磨工具的基本知识,研磨操作方法、要领。通过本次任务的学习与训练,学生应掌握研磨的基本原理及研磨剂的选用,掌握正确的研磨方法,并能达到一定的精度和表面粗糙度等要求。

项目6　装配加工

装配加工任务书

岗位工作过程	钳工在接受 10 型游梁式抽油机手动加工作业任务书后，首先需要对所要加工的零件进行工艺规划，包括每个零件的手动加工、修配和检测；制订工作步骤，如备齐生成图样、流程作业、作业设备、量检具等，去仓库领取物料、工量具；安排加工、检测、配合的步骤等
学习目标	① 能够按安全操作规程进行作业 ② 能够读懂零件图样、说明书等相关的技术资料 ③ 能够进行装配作业中辅助材料的准备 ④ 能够正确使用装配工具、量具、测量仪器等 ⑤ 能够对零件加工误差进行分析 ⑥ 能够对不合格零件进行分析，并寻找解决方法 ⑦ 能够通过装配前检查确定设备的修复件、更换件 ⑧ 能够对零件的集合精度检查，并对一般集合精度超差原因进行分析 ⑨ 能够将钳工使用零件、量具、工具的管理应用在 6S 管理和 TPM 管理中
学习过程	咨询：接受任务，并通过"学习目标"提前收集相关资料，对零件进行装配加工的信息进行收集，获取零件手动加工的有关信息及工作目标总体印象 计划：根据图样中零件的尺寸，以小组为单位，讨论所需要的装配工具、标准件、量具等相关信息，进行成本核算后，填写工件和工具领取表 决策：与教师或师傅进行专业交流，回答问题，确认装配加工所需的零件、刀具、量具后，对加工成本进行最后的核算 实施：领取相应的工件、刀具、量具，根据核算后的成本进行装配加工 检查： ① 检查零件的尺寸、工具、量具、刃具的损耗情况，对比核算成本 ② 检查现场 6S 情况及 TPM 评价： ① 完成零件的装配加工，并进行质量评价 ② 与同学、教师、师傅进行关于评分分歧及原因，工作过程中存在的问题，技术问题、理论知识问题等的讨论，并勇于提出改进的建议
学习任务	任务 6.1　装配基础知识 任务 6.2　固定连接装配
学习成果	以小组为单位完成装配加工相关学习任务，归纳、总结，并进行汇报

任务 6.1 装配基础知识

6.1.1 知识技术储备
6.1.1.1 装配概述
在生产过程中，按照规定的精度标准和技术要求，将若干个零件组合成部件或将若干个零件组合成最终的产品的工艺过程，称为装配。

装配过程一半可分为组件装配、部件装配和总装配。一台复杂的机器往往是先以一个零件为基准零件，将若干个其他零件装在一起构成"组件"，然后将几个组件和零件装在另一个基准零件上构成"部件"，最后将几个部件、组件和零件一起装在产品的基准零件上所构成的。

6.1.1.2 装配工作的重要性
装配工作是产品制造工艺过程中的后期工作，它包括各种装配准备工作，部装、总装、调试检验和试机等工作。装配质量的好坏，对整个产品的质量起着决定性的作用。通过装配才能形成最终产品，并保证它具有规定的精度和设计所规定的使用功能以及验收质量标准。

如果装配不当，不重视清理工作，不按工艺技术文件要求装配，即使所有零件加工质量都合格，也不一定能够装配出合格的、优质的产品。这种装配质量较差的产品，精度低、性能差、功率消耗大、寿命短、不受用户欢迎。相反，虽然某些零部件的质量并不是很高，但经过仔细修配和精确调整后，仍能装配出性能良好的产品。因此，装配工作是一项非常重要而细致的工作，必须认真按照产品装配图的要求，制定出合理的装配工艺规程，采用新的装配工艺以提高装配精度，从而达到优质、低耗、高效的目的。

6.1.1.3 装配工艺的组织形式
装配的组织形式对装配精度和装配周期有很大的影响。根据产品的复杂程度和批量的大小，装配的组织形式分为固定式装配和移动式装配两种。

1. **固定式装配**

固定式装配是将产品或部件的全部装配工作安排在一个固定的工作地点进行装配，在装配过程中产品位置不变，装配所需要的零部件都集中到工作地附近。这种装配方法主要应用于单件和小批量生产。

固定式装配又可分为集中装配和分散装配两种形式。

（1）集中装配

集中装配中产品是固定的，全部过程均由同一批人完成。集中装配适用于单件或小批量生产，但装配周期长，辅助面积大，要求工人操作水平高。

（2）分散装配

分散装配是把产品的装配工作分散为部装和总装，运用于成批生产。分散装配较集中装配方法工作人数增加，效率提高，周期缩短。

2. **移动式装配**

移动式装配指工作对象在装配过程中，有顺序地由一个工人转移给另一个工人。这种转移可以是装配对象的转移，也可以是工人移动，通常把这种装配组织形式叫作流水装配法。

移动装配时常利用传送带、滚道或轨道上行走的小车来运送装配对象。在每个工作地点重复地完成固定的工序，并且广泛地使用专门设备和专用工具，因而装配质量好，生产效率高。移动式装配适用于大批量生产，如汽车、拖拉机制造等。

移动式装配按其移动方式又可分为三种。

（1）按一定节拍周期移动

工序是分散的，产品按同一节拍、周期性地输送到工作位置，一般用于传送带装配流水线上。

（2）按自由节拍移动

工序是分散的，产品按工序所需输送到工作位置，没有统一节拍。

（3）按一定速度连续移动

分工原则同上，产品按一定速度经输送装置连续经过工作位置。

6.1.1.4 装配工艺过程

装配工作是一项非常重要而又细致的工作，应该认真按照产品装配图，制订出合理的装配工艺规程，积极采用新的装配工艺，以提高装配精度，达到效率高、质量好和费用少的要求。

产品的装配工艺过程一般由四个部分组成。

（1）装配前的准备工作

① 熟悉产品装配图及有关技术文件，了解产品的结构、零件的作用以及相互的连接关系，并对装配零部件配套的品种以及数量加以检查。

② 确定装配的方法、顺序和准备所需的工具。

③ 对装配零件进行清理和洗涤，去掉零件上的毛刺、锈蚀、切屑、油污及其他脏物。检查零件加工质量。

④ 对有些零部件还需进行修配工作，有的要进行平衡试验、渗透试验和气密性试验等。

（2）装配工作

比较复杂产品的装配工作应分为部装和总装两个过程。

① 部装是指产品进行总装以前的装配工作，凡是将两个以上的零件组合在一起或将零件与几个组件结合在一起，成为一个装配单元的工作，就可以称为部装。把产品划分成若干装配单元是缩短装配周期的基本措施。

② 总装是把零件和部件装配成最终产品的过程。产品的总装通常在工厂的装配车间内进行。但在重型、大型机床的总装时，产品在制造厂内只进行部装工作，而在产品安装的现场进行总装工作。

（3）调整、检验和试运转

① 调整工作是指调节零件或机构的相互位置、配合间隙、结合面的松紧等。使机构或机器工作协调。

② 精度检测包括工作精度检测、集合精度检验等。

③ 试运转包括机构或机器运转的灵活性、工作升温、密封、振动、噪声、转速、功率和效率等方面的检查。

（4）喷漆、涂油

喷漆是为了防止非加工表面生锈，并可使机器外表美观；涂油可防止工作表面及零件已加工表面生锈。

6.1.1.5 装配方法

为了保证机器的工作性能和精度,在装配中必须达到零部件相互配合的规定要求,一般可采用以下四种装配方法:

(1) 互换装配法

在装配过程中,同种零件互换后仍能达到装配精度要求的装配方法,称为互换装配法。按互换装配法进行装配时,精度由零件制造精度保证。这种方法对零件的加工精度要求较高,制造费用将随之增大。因此,采用这种装配方法适用于组成件较少、精度要求不高或大批量生产中。

(2) 选配法

选配法是将零件的制造公差适当放宽,然后选取其中尺寸相当的零件进行装配,以达到配合要求。选配法又可分为直接选配法和分组选配法。

(3) 调整装配法

在装配时改变产品中可调整零件的相对位置或选用合适的调整件以达到装配精度的方法,称为调整装配法。

(4) 修配装配法

在装配时,修去制定零件上预留的修配量,以达到装配精度的方法,称为修配装配法。

6.1.1.6 装配工作的重点和调试

要保证产品的装配质量,主要应按照规定的装配技术要求去装配。不同的产品其装配技术要求虽不尽相同,但在装配过程中有以下几点必须遵守:

① 做好工件的清理和清洗工作;
② 做好润滑工作;
③ 相配零件的配合尺寸要准确;
④ 边装配边检查;
⑤ 试车时的车前检查和启动过程的监视。

6.1.1.7 装配时零件的清理和清洗

在装配过程中,零件的清理和清洗工作对提高装配质量,延长产品使用寿命都有重要意义,特别是对于轴承、精密配合件、液压元件、密封件以及有特殊清洗要求的零件等更为重要。如装配主轴部件时,若清理和清洗工作不严格,将会造成轴承温升过高并过早丧失其精度;对于相滑动的导轨副,也会因摩擦面间有砂粒、切屑等加速磨损,甚至会出现导轨副"咬合"等严重事故。为此,在装配过程中必须认真做好这项工作。

1. 零件的清理

装配前对零件上残余的型砂、铁锈、切屑、研磨剂、油漆、灰砂等必须用钢丝刷、毛刷、皮风箱等清除干净,决不允许有油污、脏物和切屑存在,并应倒钝零件上的锐边和去毛刺。有些铸件及钣金件还必须先打腻子和喷漆后才能装配。对于孔、槽、沟及其他容易存留杂物的地方,应特别仔细地清理。对于外购件、液压元件、电气及其系统,均应先经过单独试验或检查合格后才能投入装配。

在装配时,各配钻孔应符合装配图和工艺规定要求,不得偏斜。要及时和彻底地清除在钻、铰和攻螺纹等加工时所产生的切屑。对重要的配合面,在清理时应注意保持所要求的精度和表面粗糙度且不准对表面粗糙度值小于 $Ra1.6\mu m$ 的表面使用锉刀加工,必要时,在取得检验员的同意下可用 0 号砂布修整。

装配完成后并经检查合格的组件或部件，必须加防护盖罩，以防止水、气、污物及其他脏物进入组件或部件内部。

2. 零件的清洗

零件的清洗过程是一种复杂的表面化学-物理现象。

（1）零件的清洗方法

在单件和小批量生产中，零件可在洗涤槽内用抹布擦洗或进行冲洗。在成批或大量生产中，常用洗涤机清洗零件。

（2）常用的清洗液

常用的清洗液有汽油、煤油、轻柴油和水剂清洗液，它们的性能如下。

① 汽油。工业汽油主要用于清洗油脂、污垢和黏附的机械杂质，适用于清洗较精密的零部件。航空汽油用于清洗质量要求较高的零件。对橡胶制品，严禁用汽油清洗，以防发胀变形。

② 煤油和轻柴油。煤油和轻柴油的应用与汽油相似，但清洗能力不及汽油，清洗后干得较慢，但比汽油安全。

③ 水剂清洗液。水剂清洗液，是金属清洗剂起主要作用的水溶液，金属清洗剂占4%以下，其余是水。金属清洗剂主要是非离子表面活性剂，具有清洗力强，应用工艺简单，多种清洗方法都可使用，并有较好的稳定性、缓蚀性、无毒、不燃、使用安全，成本低等特点。

3. 清洁度的检测

清洁度是反映产品质量的重要指标之一，它是指经过清理和洗涤后的零部件以及装配完成后的整机含有杂质的程度，杂质包括金属粉屑、锈片、尘沙、棉纱头和污垢等。检测时对主要零件的内外表面、孔槽，一般零件的工作表面，导轨面的结合部位以及机械传动、液压和电气系统等都要用目测、手感和称量法进行检测。

6.1.1.8 装配尺寸链

1. 装配精度

产品装配过程不是简单地将有关零件连接起来的过程。每个装配工作都应满足预定的装配要求，达到预定的装配精度。装配精度一般包括：有关零部件之间的尺寸精度，如间隙或过盈值等；有关零部件的位置精度，如平行度、垂直度、同轴度等；相对运动精度，即在相对运动的过程中保证其相对位置的准确度以及各个配合表面的配合精度、接触精度等。

装配精度是由有关零件的加工精度以及对它们进行正确的装配来保证的。因此，如何查找哪些零件对某些装配精度有影响，进而确定这些零件加工的尺寸精度，选择合理的装配方法及解决这些零件尺寸的加工精度和所选择装配方法之间的矛盾，就是产品设计和制造中的一个重要问题。装配尺寸链就是解决这些问题的重要工具。

为了解决机床装配的某一精度问题，要涉及各零件的许多有关尺寸。如图6-1（a）所示的齿轮孔与轴配合间隙 A_0 的大小，与孔径 A_1 及轴径 A_2 的大小有关；又如齿轮端面和机体孔端面配合间隙 B_0 的大小，与机体孔端面距尺寸 B_1、齿轮宽度 B_2 及垫圈厚度 B_3 的大小有关，如图6-1（b）所示；再如机床滑板和导轨之间配合间隙 C_0 的大小，与尺寸 C_1、C_2 及 C_3 的大小有关，如图6-1（c）所示。

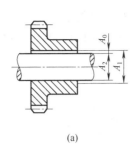 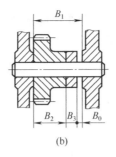 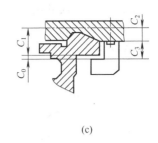

图 6-1 装配尺寸链

2. 装配尺寸链的定义

如果把这些相互联系且影响某一部件装配精度的有关尺寸彼此顺序地连接排列起来，就能构成一个封闭的尺寸组合，称为装配尺寸链。

装配尺寸链的两个特征为：

① 组件内各零件的有关尺寸连接排列起来构成封闭外形。
② 构成这个封闭外形的每个独立尺寸的偏差都影响着装配精度。

在分析和计算中为简便起见，通常不绘出该装配部分的具体结构，画尺寸链简图时也不必按严格的比例，只需依次绘出各有关尺寸，排列成封闭外形的尺寸链简图即可，如图 6-2 所示。

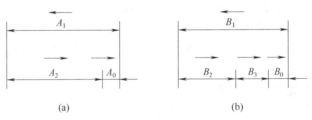

图 6-2 尺寸链简图

3. 尺寸链的术语、组成及分类

（1）尺寸链的术语及组成

尺寸链中的每个尺寸都称为环。

① 封闭环。每个装配尺寸链中都有一个特殊的环，它在装配完成前是不存在的，而是在装配过程的最后自然形成的，这个环称为封闭环，常用 Δ 表示。一个尺寸链只有一个封闭环，一般封闭环公差越小，则要求装配精度越高。

② 组成环。尺寸链中除封闭环外的环都是组成环。属于同一尺寸链的组成环常用同一字母表示，如 A_1、A_2 或 B_1、B_2 等。

根据组成环对封闭环的影响不同，可将组成环分为增环和减环两种。在其他组成环不变的条件下，某组成环增大时，若封闭环也随着增大，则这个组成环称为增环；若封闭环随之减小，则这个组成环称为减环。组成环是增环还是减环，可以简便地从尺寸链图中看出：与封闭环（如图 6-2 中的 A_0、B_0）尺寸线方向相同的组成环为减环（如图 6-2 中的 A_2、B_2、B_3），反之为增环（如图 6-2 中的 A_1、B_1）。

（2）组成环的分类

① 按各环在空间的位置特性，尺寸链可分为以下三类：

a. 直线尺寸链。尺寸链中所有各环均分布在两条或几条平行的直线上，见图6-2。

b. 平面尺寸链。尺寸链中所有各环均分布在一个或几个平行平面中，其中有些环彼此不平行，如图6-3所示。

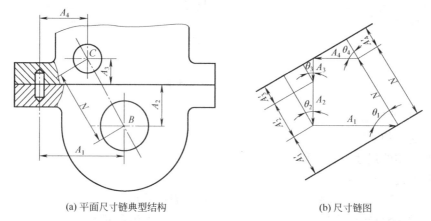

(a) 平面尺寸链典型结构　　　　　　(b) 尺寸链图

图6-3　平面尺寸链图

c. 空间尺寸链。尺寸链中包含有位于不平行的平面上的环。

② 按各环的几何特性，尺寸链可分为以下两类：

a. 长度尺寸链。尺寸链中所有各环均为长度量。

b. 角度尺寸链。尺寸链中包含有角度量的环。

长度尺寸链可以是直线的、平面的或空间的尺寸链，而角度尺寸链只有平面的和空间的尺寸链。

4. 计算封闭环公差和极限尺寸

由尺寸链简图可以看出，封闭环的基本尺寸为

$$A_\Delta = \sum_m \vec{A}_i - \sum_n \overleftarrow{A}_i$$

式中，Σ为数学符号，代表"连续相加"；m为增环个数；n为减环个数。

封闭环极限尺寸与各组成环极限尺寸的关系，可由下式求得：

$$A_{\Delta\max} = \sum_m \vec{A}_{i\max} - \sum_n \overleftarrow{A}_{i\min}$$

$$A_{\Delta\min} = \sum_m \vec{A}_{i\min} - \sum_n \overleftarrow{A}_{i\max}$$

即封闭环的最大极限尺寸=各增环最大极限尺寸之和-各减环最小极限尺寸之和；封闭环的最小极限尺寸=各增环最小极限尺寸之和-各减环最大极限尺寸之和。

封闭环的公差即为

$$\delta_\Delta = \sum_{m+n} \delta_i$$

即封闭环公差等于各组成环的公差之和。

5. 解装配尺寸链——保证装配精度的方法

封闭环公差之和等于组成环公差之和，装配精度直接取决于零件制造公差。这将提高被

装配零件的加工要求，提高成本。如果在装配时采用一定的工艺措施，如装配时对工件进行测量、挑选，对某一装配件进行修配，调整装配件间的相对位置等，这样即使零件制造精度较低，也能保证装配要求。因此人们在长期的装配实践中，为合理解决装配精度与零件制造精度的矛盾创造了五种不同的装配方法。其中，装配精度完全依赖于零件制造精度的装配方法有完全互换法和不完全互换法，装配精度不完全取决于零件制造精度的装配方法有选择装配法、修配法和调整法。

（1）完全互换法

完全互换法是指在同类零件中，任取一个装配零件，不经修配即可装入部件中，并能达到规定的装配要求的方法。其工艺特点是操作简单，生产效率高；容易确定装配时间，便于组织装配流水线；零件磨损后，便于更换；零件加工精度要求高，制造费用随之增加。因此，完全互换法适用于组成件数少、批量大，或零件可用经济加工精度制造时的情况。

（2）不完全互换法

不完全互换法又称部分互换法，它的实质是封闭环公差用概率论的计算方法分配给组成环，使不完全互换法的组成环公差比完全互换法的组成环公差大，加工容易。这样做会使一些装配好的部件超出规定的装配精度，但只要公差放得适当，可将不合格品控制在一定范围内，而且不合格品中还有一部分经过修复可变为合格品。这样，当所得的经济效果超过废品损失以及检修工作所增加的劳动量时，就可采用不完全互换法。采用不完全互换法时，组成环必须具有稳定的尺寸分布规律，因此，不完全互换法仅适用于大批量生产。

（3）选择装配法

将尺寸链中组成环的公差放大到经济可行的程度，然后选择合适的零件进行装配，以保证规定的装配精度，即封闭环精度。

选择装配法有直接选配法和分组选配法。

① 直接选配法是由装配工人直接从一批零件中选择"合适"的零件进行装配。这种方法简单，其装配质量凭工人的经验和感觉来确定，装配效率不高。

② 分组选配法是将一批零件逐一测量后，按实际尺寸大小分成若干组，然后将尺寸大的包容件（如孔）与尺寸大的被包容件（如轴）相配，将尺寸小的包容件与尺寸小的被包容件相配。这种装配方法的配合精度决定于分组数，增加分组数可以提高装配精度。这种选配法的工艺特点为：经分组选择后零件的配合精度高；因零件制造公差放大，制造成本降低；增加了对零件测量分组的工作量，并需要加强对零件储存和运输的管理，同时会造成半成品和零件的积压。这种方法是大批量生产中，装配精度要求很高，组成环数较少时，达到装配精度的常用方法。

（4）修配法

根据实际测量的结果，用修配的方法改变尺寸链中某一预定组成环的尺寸，使封闭环达到规定的精度。

采用修配法时，尺寸链中各组成环均按该生产条件下的经济精度制造。装配时，将尺寸链中某一预定的环切去一层金属以改变其尺寸。这个预定进行修配的组成环称为补偿环。通常选择容易加工、修配，并且对其他尺寸无影响的零件作为补偿环。修配法解尺寸链的主要任务是确定修配环在加工时的实际尺寸，保证修配时有足够而且是最小的修配量。

（5）调整法

调整某一零件位置或尺寸来达到装配要求的方法，称为调整装配法。在装配时，用调整某一预定环的位置或尺寸的方法来保证封闭环的精度,这个预定环称为调整环。

常用的调整方法有两种。

① 固定调整法。在实际生产中,若各组成环都按经济可行的公差制造,则装配后封闭环的公差将超过要求。为了达到规定的装配精度,可在尺寸链中增加一个特殊的环,如垫片、套筒等比较简单的零件,这个特殊环称为调整环,也叫调整块。如图6-4(a)所示,在后桥壳体5的G面和轴承座3之间放一个垫片4,该垫片就是调整件,这时的尺寸链如图6-4(b)所示。尺寸链中的A_4就是调整尺寸。装配时,用适当尺寸的调整件调整封闭环的误差。当封闭环过大时,用较厚的垫片使封闭环减小;当封闭环过小时,用较薄的垫片使之增大,从而保证达到规定的装配精度,这种方法为固定调整法。

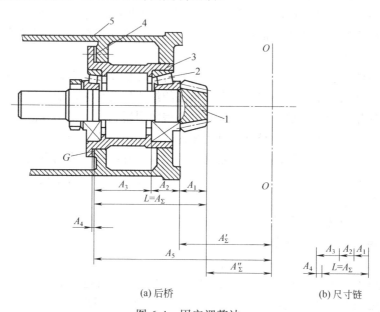

(a) 后桥　　　　　　(b) 尺寸链

图 6-4　固定调整法

1—直尺圆柱齿轮;2—圆锥滚子轴承;3—轴承座;4—垫片;5—后桥壳体

② 可动调整法。固定调整法需要拆下部分零件来更换调整,因而增加了装配的工作量。为了减少装配工作量,出现了"可动调整法"。用这种方法装配时,不必更换调整件,而是改变调整的位置来调整所积累的封闭环误差,从而达到规定的装配精度。如图6-5所示为车床溜板和机床床身导轨之间的间隙用螺钉来调整的机构。如图6-6所示为通过螺钉使调整楔块上下移动来调整螺母与丝杠间隙的机构。

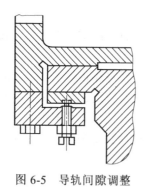

图 6-5　导轨间隙调整　　　　图 6-6　丝杠间隙调整

6.1.2 任务实施

6.1.2.1 计划与决策

① 小组接受任务后,根据任务要求,将零件进行清理和清洗。
② 根据工作内容领取工具、量具、工件。
③ 以小组为单位,进行试装配,对无法装配部分重新测量、修整。
④ 经小组讨论后,对讨论结果与教师进行交流,并反馈问题。
⑤ 结合教师给出的条件以及小组讨论后的结果,拟定完成任务的计划表,补充完成工艺卡片,并按照工艺卡片要求实施任务。

6.1.2.2 实施过程

步骤	工作内容	工具、量具
1	对零件进行清理、清洗	水剂清洗液、棉纱
2	对零件涂油	润滑油
3	对10型游梁式抽油机进行试装配	装配工具
4	对零件进行尺寸测量、修配	游标卡尺、锉刀、润滑油
5	对10型游梁式抽油机进行预装配	装配工具

6.1.3 检查、评价与总结

6.1.3.1 检查与评价

姓名		班级		学号		组别	
项目检查				评分标准:采用10-9-7-5-0分制			
工件名称与序号							

序号	检查项目	学生自评	小组互评	教师评分
1	工件装配符合规范			
2	装配工具选择合理			
3	装配工艺顺序正确			
4	安全文明操作规范			
5	6S检查表和TPM点检表			
	总成绩			

姓名		班级		学号		组别	
操作检测				评分标准:采用10-9-7-5-0分制			

序号	检查项目	学生自评	小组互评	教师评分
1	装配过程检测			
2	修整过程检测			
	总成绩			

分数计算:			成绩:		
项目检测=	$\dfrac{总分(Ⅰ)}{0.5}$	=		×0.3	=
操作检测=	$\dfrac{总分(Ⅱ)}{0.5}$	=		×0.7	=
			总成绩		

6.1.3.2 总结讨论
1. 请简述零件清洗的方法。如何选择清洗液？
2. 请简述零件装配的过程。
3. 装配工艺的组织形式有哪几种？各包括哪些内容？
4. 什么是装配尺寸链？它有什么用处？
5. 解装配尺寸链的装配方法有哪几种？各有什么特点？

任务 6.2　固定连接装配

6.2.1　知识技术储备

6.2.1.1　螺纹连接固定装配

螺纹连接是一种可拆卸的固定连接，它具有结构简单、连接可靠、拆装方便等优点，在固定连接中应用广泛，因而在机械产品中应用非常普遍。

1. 装配螺纹时钳工常用的工具

由于螺纹连接中螺栓、螺钉、螺母等紧固件的种类较多，因而装拆工具也较多，装配时应根据具体情况合理选用。

（1）螺钉旋具

螺钉旋具用于拧紧或松开头部带沟槽的螺钉，它的工作部分用碳素工具钢制成并经淬硬。常用的螺钉旋具有：

图 6-7　一字槽螺钉旋具
1—木柄；2—刀体；3—刀口

① 一字槽螺钉旋具。如图 6-7 所示，这种螺钉旋具由木柄 1、刀体 2 和刀口 3 组成，它的规格用刀体部分的长度表示，常用的有 100mm(4 in)、150mm(6 in)、200mm(8 in)、300mm(12 in)及 400mm(16 in)等几种，可根据螺钉直径和沟槽来选用。

② 其他螺钉旋具。弯头螺钉旋具如图 6-8（a）所示，用于螺钉头顶部空间受到限制的场合；十字槽螺钉旋具如图 6-8（b）所示，用于拧紧头部带十字槽的螺钉，即使在较大的拧紧力作用下也不易从槽中滑出；快速螺钉旋具如图 6-8（c）所示，用于拧紧小螺钉，工作时推压手柄，使螺旋杆通过往复转动，从而加快装卸速度。

（2）扳手

扳手用来旋紧六角形螺钉、正方形螺钉及各种螺母，它常用工具钢、合金钢或可锻铸铁制成，开口处要求光整、耐磨，分为通用、专用和特殊三类。

① 通用扳手。通用扳手也称为活动扳手，如图 6-9 所示。使用时，应让固定钳口承受主要作用力，否则容易损坏扳手。扳手长度不可以随意加长，以免拧紧力矩过大而损坏扳手或螺母。

② 专用扳手。专用扳手只能拆装一种规格的螺母或螺钉。根据用途不同，常用的专用扳手可分为成套套筒扳手、内六角扳手、呆扳手和整体扳手，如图 6-10 所示。

③ 特殊扳手。特殊扳手是根据某些特殊需要制造的。如图 6-11 所示的棘轮扳手，不仅使用方便，而且效率较高。

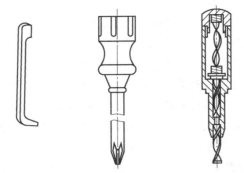

(a) 弯头螺钉旋具　　(b) 十字槽螺钉旋具　　(c) 快速螺钉旋具

图 6-8　其他螺钉旋具

图 6-9　通用扳手

(a) 成套套筒扳手　　　　　　(b) 内六角扳手

(c) 呆扳手　　　　　　(d) 整体扳手

图 6-10　专用扳手

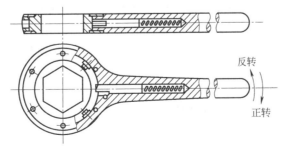

图 6-11　棘轮扳手

项目 6　装配加工　201

2. 螺纹连接装配技术要求

① 保证有一定的拧紧力矩。绝大多数的螺纹连接在装配时都要预紧，以保证螺纹副具有一定的摩擦阻力矩，目的在于增强连接的刚性、紧密性和防松能力等。因此，在螺纹连接装配时应保证有一定的拧紧力矩，使螺纹副产生足够的预紧力。预紧力的大小与螺纹连接件材料预紧应力的大小及螺纹直径有关，一般规定预紧力不得大于其材料屈服极限的80%。对于规定预紧力的螺纹连接，常用控制转矩法、控制螺纹弹性伸长法和控制螺母转角法来保证预紧力的准确性。对于预紧力无严格要求的螺纹连接，可使用普通扳手、气动扳手或电动扳手拧紧，凭操作者的经验来判断预紧力是否适当。

② 保证有可靠的防松装置。螺纹连接一般都有自锁性，在受静载荷和工作温度变化不大时不会自行松脱，但在冲击、振动或变载荷作用下，以及工作温度变化很大时，为了确保连接可靠，防止松动，必须采取可靠的防松措施。常用的螺纹防松方法有双螺母防松、弹簧垫圈防松、止动垫圈防松、串联钢丝防松和开口销与带槽螺母防松等。

3. 螺纹连接的要点

① 与螺栓、螺钉或螺母贴合的表面要光洁、平整，贴合处的表面应经过加工，否则容易使连接件松动或使螺钉弯曲。

② 螺栓、螺钉或螺母与接触的表面之间应保持清洁，螺孔内的脏物应当清理掉。

③ 拧紧多点成组螺纹连接时，必须按一定的顺序进行，并做到分次逐步拧紧（一般分三次拧紧），否则会使零件或螺杆产生松紧不一致，甚至变形。例如拧紧长方形布置的成组螺母时应从中间开始，逐渐向两边对称地扩展；拧紧方形或圆形布置的成组螺母时，必须对称进行。

④ 装配在同一位置的螺栓或螺钉，应保证长短一致、受压均匀。

⑤ 对于主要部位的螺钉，必须按一定的拧紧力矩来拧紧（可用扭力扳手紧固）。

⑥ 连接件要有一定的夹紧力，以保证连接紧密牢固；在工作中有振动或冲击时，为了防止螺钉和螺母松动，必须采用可靠的防松装置。

⑦ 凡采用螺栓连接的场合，螺栓外径与光孔直径之间都有相当的空隙，装配时应先把被连接的上、下零件的相互位置调整好，再拧紧螺栓或螺母。

4. 螺栓连接装配工艺

（1）双头螺柱的装配技术要求

① 应保证双头螺柱与机体螺纹的配合有足够的紧固性。为此，螺柱的紧固端应采用过渡配合，保证配合后中径有一定过盈量；也可采用台肩式或利用最后几圈较浅的螺纹，以达到配合的紧固性。当螺柱装入软材料机体时，其过盈量要适当大些。

② 双头螺柱的轴线必须与机体表面垂直，通常用90°角尺进行检验。当双头螺柱的轴线有较小的偏斜时，可把螺柱拧出来，用丝锥校准螺孔或把装入的双头螺柱校准到垂直位置；如偏斜较大时，不得强行修正，以免影响连接的可靠性。

③ 装入双头螺柱时，必须用油润滑以免拧入时产生咬住现象，同时可使今后拆卸更换较为方便。

（2）螺栓、螺钉或螺母的装配要点

① 螺栓、螺钉或螺母与贴合的表面要光洁、平整，贴合处的表面应当经过加工，否则容易使连接件松动或使螺钉弯曲。

② 螺栓、螺钉或螺母和接触的表面之间应保持清洁，螺孔内的脏物应当清理干净。

③ 多点成组螺纹连接时，必须按一定的顺序拧紧，并做到分次逐步拧紧，否则会使零

件或螺杆产生松紧不一致，甚至变形。在拧紧长方形布置的多点成组螺母时应从中间开始，逐渐向两边对称地扩展，如图 6-12 所示；在拧紧圆形或正方形布置的多点成组螺母时必须对称进行，如图 6-13 所示。

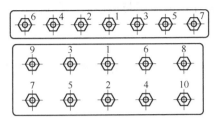
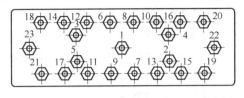

图 6-12　拧紧长方形布置的多点成组螺母的顺序

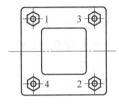

图 6-13　拧紧圆形或正方形布置的多点成组螺母的顺序

④ 装配在同一位置的螺栓或螺钉，应保证长短一致，受压均匀。

⑤ 主要部位的螺钉，必须按一定的拧紧力矩来拧紧。因为拧紧力矩太大时，会出现螺栓或螺钉被拉长甚至断裂和机件变形的现象，螺钉在工作中发生断裂常常会引起严重事故。拧紧力矩太小则不能保证机器工作的可靠性，M6～M24 螺钉或螺母的拧紧力矩参见表 6-1 所示。

表 6-1　M6～M24 螺钉或螺母的拧紧力矩

螺纹公称尺寸 d/mm	施加在扳手上的拧紧力矩 M/N·m	施力操作要领
M6	3.5	只加腕力
M8	8.3	加腕力和肘力
M10	16.4	加全身臂力
M12	28.5	加上半身力
M16	71	加全身力
M20	137	压上全身重量
M24	235	压上全身重量

⑥ 连接件要有一定的夹紧力，连接要紧密牢固，在工作中有振动或冲击时，为了防止螺钉和螺母松动，必须采用可靠的防松装置。

⑦ 凡采用螺栓连接的场合，螺栓外径与光孔直径之间都要有相当的空隙，装配时，应先把被连接的零件间的相互位置调整好后方可拧紧螺栓或螺母。

6.2.1.2　键连接的装配

键是用来连接轴和旋转套件（如齿轮、带轮、联轴器等）的一种机械零件，主要用于周向固定，传递转矩。键连接具有结构简单、工作可靠、装拆方便等优点，因此得到广泛应用。键连接包括松键连接、紧键连接和花键连接等。其中，松键连接所采用的键有普通平键、导向平键、半圆键三种。松键连接的特点是靠键的侧面来传递转矩，只能对轴上零件做周向固定，不能承受轴向力。若需轴向固定，则需附加紧定螺钉或定位环等定位零件。松键连接的对中性好，在高速及精密的连接中应用较多。

1. 松键连接的装配技术要求

① 保证键与键槽的配合要求。由于键是标准件，因而键与键槽的配合是靠改变轴槽和轮毂槽的极限尺寸得到的。

② 键与键槽应具有较小的表面粗糙度。

③ 键安装于轴槽中应与槽底贴紧，键长方向与轴槽应有 0.1mm 的间隙，键的顶面与套件的轮毂槽之间应有 0.3～0.5mm 的间隙。

2. 松键连接的装配要点

① 清理键及键槽上的毛刺。

② 对重要的键连结，装配前应检查键的直线度误差及轴槽对轴线的对称度和平行度误差等。

③ 对普通平键和导向平键，可用键的头部与轴槽锉配，松紧程度应达到配合要求。

④ 锉配键长应与轴槽保持 0.1mm 的间隙。

⑤ 在配合面上加机油时，注意将键压入轴槽中，使键与槽底贴紧，但禁止用铁锤敲打。

⑥ 试配并安装旋转套件的轮毂槽时，键的上表面应留有间隙，套件在轴上不允许有周向摆动，否则机器工作时会引起冲击或振动。

3. 紧键连接的装配

紧键连接又叫普通楔键连接。楔键的上表面和与它相接的轮毂槽底面均有 1∶100 的斜度，键的两侧与键槽间有一定的间隙。装配时，将键打入而构成紧键连接，传递扭矩和承受单向轴向力。紧键连接的对中性较差，多用于对中性要求不高和转速较低的场合。

（1）紧键连接的装配技术要求

① 楔键的斜度一定要与轮毂槽的斜度一致，否则套件会发生歪斜。

② 楔键与槽的两侧应留有一定的间隙。

③ 对于钩头楔键，不能使钩头紧贴套件的端面，必须留出一定的距离 h，以便拆卸。

（2）紧键连接的装配要点

装配楔键时要用涂色法检查楔键上下表面与轴槽、轮毂槽的接触情况，接触率应大于65%。若发现接触不良，可用锉刀或刮刀修整键槽。合格后，把楔键用木槌或铅、铝、紫铜锤轻敲入键槽，直至套件的周向和轴向都紧固可靠为止。

6.2.1.3 销连接的装配

销从用途上可分为定位销、连接销和安全销，定位销主要用来固定两个或两个以上零件之间的相对位置；连接销用于连接零件；安全销作为安全装置中的过载剪断元件。销从形状上可分为普通圆柱销、圆锥销及异形销。销的结构简单，装拆方便，在各种固定连接中应用很广，但只能传递不大的载荷。

1. 圆柱销的装配工艺

圆柱销依靠少量过盈固定在孔中，用以固定零件、传递动力或作为定位元件。用圆柱销定位时，为了保证连接质量，通常被连接件的两孔应同时钻铰并使孔壁表面粗糙度值 Ra 达到 16μm。装配时，在销上涂上机油，用铜棒垫在销端面上，把销打入孔中，也可用弓形夹头将销压入销孔。圆柱销不宜多次装拆，否则配合精度将降低。

2. 圆锥销的装配工艺

圆锥销具有 1∶50 的锥度，定位准确，装拆方便，在横向力作用下可保证自锁，一般多用作定位元件，常用于需要多次装拆的场合。圆锥销以小头直径和长度表示其规格，钻孔时按小头直径选用钻头。

装配时，被连接的两孔也应同时钻铰，但必须控制孔径，一般用试装法测定，以免压入时擦伤配合表面。压入圆锥销时应连续，速度不宜太快，并需准确控制压入行程。压装圆锥销时还要用 90°角尺检查轴孔的中心线的位置是否正确，以保证同轴度要求。

3. 定位螺栓的装配

定位螺栓既起销子的作用，又起螺栓的紧固作用。装配时，应先行配钻、铰两个孔，将两工件用定位螺栓穿入后拧紧，使其位置不再发生变化后再将其余孔钻、铰完毕。同时，按孔的相对位置在两工件上标配加工标记以便拆装。

无论是锥销还是圆柱销，往盲孔中装入时，必须事先在销子上钻一通气小孔或在侧面开一道微小的通气小槽供放气用，以保证销子的装配质量。

6.2.1.4 过盈连接的装配

过盈连接是靠包容件（孔）和被包容件（轴）配合后的过盈值来达到紧固连接的一种连接方法。因为材料产生弹性变形，包容件与被包容件之间有一定的压力，此压力产生的摩擦力就可以传递扭矩和轴向力了。

过盈连接具有结构简单、对中性好、承载能力强，在冲击和振动载荷下工作可靠，但对配合的加工精度要求较高，其拆装也比较困难。

1. 过盈连接装配的技术要求

① 配合件要具有较高的形位精度，并能保证配合后最小实际过盈量应能保证两个零件的正确位置和连接可靠性。

② 配合表面应具有较小的表面粗糙度值。

③ 装配时，配合表面一定要涂上机油，以防止擦伤表面。

④ 压入过程应连续进行，其速度要稳定，一般保持 2～4mm/s。

⑤ 对细长件或薄壁件，要特别注意检查其形位误差，装配时最好是沿垂直方向压入，以免变形。

⑥ 孔端和轴的进入端一般应有 5°～10°倒角。

2. 过盈连接的装配方法

（1）压入法

当过盈量及配合尺寸较小时，一般采用在常温下压入装配。用手锤敲击压入方法简单，但导向性不好，适用于配合要求较低的单件生产；螺旋机压力导向性较好，多用于成批生产。在圆锥面过盈连接的装配中还可采用螺母压紧法，拧紧螺母可使配合面压紧行程过盈连接，通常锥度取（1∶30）～（1∶8）。

（2）热胀法

热胀法是利用物理受热膨胀的原理，将孔加热使孔径增大，然后将轴装入孔中，冷却后轴与孔便形成过盈连接。

过盈量较小的连接可放在沸水槽（80～100℃）、蒸汽加热槽（120℃）和热油槽（90～320℃）中加热；过盈量较大的小型连接件可放在电阻炉或红外线辐射加热箱中加热；过盈量大的中型和大型连接件可用感应加热器加热。

（3）冷缩法

冷缩法是利用物体温度下降时体积缩小的原理，将轴件冷却使其尺寸缩小，然后将轴装入孔，当温度回升后，轴与孔便产生过盈连接。

过盈小的小型连接件和薄壁衬套等装配可采用干冰将轴件冷却至-78℃；过盈量较大的连接件装配，可采用液氮将轴件冷却至-195℃。

6.2.2 任务实施

6.2.2.1 计划与决策

① 小组接受任务后，根据任务要求，确定各零件的装配所需要的连接方法。
② 根据工作内容领取工具、量具、工件。
③ 以小组为单位，识读图纸，选用装配所需的标准件和装配工具。
④ 经小组讨论后，对讨论结果与教师进行交流，并反馈问题。
⑤ 结合教师给出的条件以及小组讨论后的结果，拟定完成任务的计划表，补充完成工艺卡片，并按照工艺卡片要求实施任务。

6.2.2.2 实施过程

步骤	工作内容	工具、量具
1	对10型游梁式抽油机进行整体装配	装配工具

6.2.3 检查、评价与总结

6.2.3.1 检查与评价

姓名		班级		学号		组别	
项目检查				评分标准：采用10-9-7-5-0分制			
工件名称与序号							
序号	检查项目			学生自评		小组互评	教师评分
1	工件装配符合规范						
2	装配工具选择合理						
3	装配工艺顺序正确						
4	安全文明操作规范						
5	6S检查表和TPM点检表						
				总成绩			

姓名		班级		学号		组别	
操作检测				评分标准：采用10-9-7-5-0分制			
序号	检查项目			学生自评		小组互评	教师评分
1	装配过程检测						
				总成绩			

分数计算：			成绩：		
项目检测=	$\dfrac{总分（Ⅰ）}{0.5}$	=		×0.3	=
操作检测=	$\dfrac{总分（Ⅱ）}{0.5}$	=		×0.7	=
			总成绩		

6.2.3.2 总结讨论

1. 什么是过盈连接？过盈连接的装配要点是什么？
2. 什么是热装法？热装法的优点是什么？
3. 什么是冷装法？冷装法的优点是什么？
4. 对螺纹连接的装配有哪些技术要求？
5. 什么是键连接？其特点和应用如何？

10 型游梁式抽油机教学工作页

专业：_____

班级：_____

姓名：_____

学号：_____

组别：_____

任务1 10型游梁式抽油机——图样的识读与标注

一、任务要求

识读10型游梁式抽油机图样,并根据项目二任务2.1中的任务实施要求,补全附录1中零件图的尺寸公差与形位公差。

二、知识问答

1．在机械图样中,粗实线、细实线、虚线和点画线分别用在哪些情况下?

2．三视图投影应遵循哪些投影规律?

3．在绘制图样时,尺寸线的标注应该注意哪些问题?

4．请简述分别在哪些情况下绘制局部视图、斜视图、剖视图。

5．装配图的主视图选择原则是什么?一般装配图上应标注哪几类尺寸?

三、检查与评价

姓名		班级		学号		组别	
项目检查				评分标准：采用 10-9-7-5-0 分制			
序号	检查项目			学生自评	小组互评	教师评分	
1	零件图识读						
2	工具书的使用						
3	零件图样尺寸公差的完整性						
4	零件图样形位公差完整性						
				总成绩			

姓名		班级		学号		组别	
能力评价				评分标准：采用 10-9-7-5-0 分制			
序号	检查项目			学生自评	小组互评	教师评分	
1	工作过程 6S						
2	工具 6S						
3	零件 6S						
4	工作区域 TPM 点检表						
				总成绩			

姓名		班级		学号		组别	
知识问答				评分标准：采用 10-9-7-5-0 分制			
序号	检查项目			教师评分		备注	
1	问答题						
				总成绩			

分数计算：				成绩：			
项目检查=	$\dfrac{总分（Ⅰ）}{0.7}$	=		×0.5	=		
能力评价=	$\dfrac{总分（Ⅱ）}{0.7}$	=		×0.3	=		
知识问答=	$\dfrac{总分（Ⅲ）}{0.4}$	=		×0.2	=		
				总成绩			

任务 2　10 型游梁式抽油机备料加工——锉削加工

一、任务要求

根据附录 1 中 10 型游梁式抽油机图样和项目三任务 3.1 中的任务实施要求，以小组为单位，对 10 型游梁式抽油机的各零件进行基准面的锉削加工。

二、知识问答

1. 锉刀的规格有哪些？是如何进行区分的？

2. 请简述锉削的站立姿势及锉削工作。

3. 检测锉削平面的质量有哪几项组成？分别使用哪些量具？如何测量？

4. 根据不同的表面粗糙度要求，应该怎样选择锉刀？

5. 锉削时工件应怎样夹持？

6. 确定锉削顺序的一般原则有哪些？

三、检查与评价

姓名		班级		学号		组别	
项目检查				评分标准：采用 10-9-7-5-0 分制			
工件名称与序号							
序号	检查项目			学生自评		小组互评	教师评分
1	按图样要求正确选择毛坯						
2	合理选择毛坯的加工面						
3	锉削站姿正确						
4	锉削运动姿势正确						
5	量具选择合理						
6	量具使用方法正确						
				总成绩			

姓名		班级		学号		组别	
操作检测				评分标准：采用 10-9-7-5-0 分制			
序号	检查项目		学生自评		小组互评		教师评分
1	加工计划制订完整、周密						
2	平面加工质量合格						
3	锉纹整齐，方向一致						
4	直角面加工质量合格						
5	加工过程符合 6S 规范						
6	钢印整齐						
7	安全文明操作规范						
8	6S 检查表和 TPM 点检表						
			总成绩				

精度检测		评分标准：采用 10-9-7-5-3-0 分制		
工件名称与序号				
序号	检查项目	实际测量尺寸		分数
		学生自测	教师检测	
1	第一基准面 A 平面度			
2	第一基准面 A 表面粗糙度			
3	第二基准面 B 平面度			
4	第二基准面 B 垂直度			
5	第二基准面 B 表面粗糙度			
6	第三基准面 C 平面度			
7	第三基准面 C 垂直度			
8	第三基准面 C 表面粗糙度			
		总分		

姓名		班级		学号		组别	
知识问答				评分标准：采用 10-9-7-5-0 分制			
序号	检查项目		教师评分			备注	
1	问答题						
			总成绩				

分数计算：　　　　　　　　　　　　　　成绩：

项目检查 = $\dfrac{总分（Ⅰ）}{0.7}$ = 　　　　×0.2 =

操作检测 = $\dfrac{总分（Ⅰ）}{0.5}$ = 　　　　×0.3 =

尺寸检测 = $\dfrac{总分（Ⅱ）}{0.5}$ = 　　　　×0.3 =

知识问答 = $\dfrac{总分（Ⅱ）}{0.8}$ = 　　　　×0.2 =

总成绩

任务3　10型游梁式抽油机备料加工——锯削加工

一、任务要求

根据附录1中10型游梁式抽油机图样和项目三任务3.2中的任务实施要求，以小组为单位，对10型游梁式抽油机的各零件进行锯削加工，并保证零件的尺寸精度。

二、知识问答

1．手锯由哪两部分组成？手锯的作用是什么？

2．为什么锯削速度不宜太快或太慢？

3．锯条损坏的原因是什么？怎样预防？

4．锯削工件时如何选择锯条？

5．为什么远起锯一般比近起锯要好？

6．请简要分析锯条折断的原因。

三、检查与评价

姓名		班级		学号		组别	
项目检查				评分标准：采用 10-9-7-5-0 分制			
工件名称与序号							
序号	检查项目			学生自评	小组互评		教师评分
1	锯削姿势正确						
2	锯削面平直、无歪斜						
3	锯削后去毛刺						
4	6S 检查表和 TPM 点检表						
				总成绩			

姓名		班级		学号		组别	
操作（尺寸）检测				评分标准：采用 10-9-7-5-0 分制			
序号	检查项目			学生自评	小组互评		教师评分
1							
2							
				总成绩			

姓名		班级		学号		组别	
知识问答				评分标准：采用 10-9-7-5-0 分制			
序号	检查项目			教师评分			备注
1	问答题						
				总成绩			

分数计算：		成绩：			
项目检查=	$\dfrac{总分（Ⅰ）}{0.5}$	=		×0.3	=
尺寸检测=	$\dfrac{总分（Ⅱ）}{0.4}$	=		×0.4	=
知识问答=	$\dfrac{总分（Ⅱ）}{0.8}$	=		×0.3	=
		总成绩			

任务 4 10 型游梁式抽油机孔系加工

一、任务要求

根据附录 1 中 10 型游梁式抽油机图样和项目四任务 4.1 中的任务实施要求，以小组为单位，对 10 型游梁式抽油机的各零件进行孔系加工，并保证零件中孔的位置精度和尺寸精度。

二、知识问答

1. 简述麻花钻各组成部分的名称及其作用。

2. 钻头分为哪几种？

3. 钻孔中钻头损坏的原因有哪些？怎样预防？

4. 怎样钻小孔、深孔？

5. 什么是锪孔？锪孔的形式有哪几种？

6. 铰孔时应注意哪些事项？

三、检查与评价

姓名		班级		学号		组别	
项目检查				评分标准：采用 10-9-7-5-0 分制			
工件名称与序号							
序号	检查项目			学生自评		小组互评	教师评分
1	按图样要求正确加工						
2	工艺孔位置正确						
3	排孔位置正确						
4	钻光孔位置正确						
5	螺纹底孔位置正确						
6	钻孔表面粗糙度符合图样要求						
7	孔口倒角						
8	实训过程符合 6S 规范						
9	安全文明操作						
10	6S 检查表和 TPM 点检表						
				总成绩			

姓名		班级		学号		组别	
操作（尺寸）检测				评分标准：采用 10-9-7-5-0 分制			
序号	检查项目			学生自评	小组互评	教师评分	
1							
2							
3							
4							
5							
6							
7							
				总成绩			

姓名		班级		学号		组别	
知识问答				评分标准：采用 10-9-7-5-0 分制			
序号	检查项目			教师评分		备注	
1	问答题						
				总成绩			

分数计算：			成绩：		
项目检查=	$\dfrac{总分（Ⅰ）}{0.5}$	=		×0.3	=
尺寸检测=	$\dfrac{总分（Ⅱ）}{0.4}$	=		×0.4	=
知识问答=	$\dfrac{总分（Ⅱ）}{0.8}$	=		×0.3	=
			总成绩		

任务 5　10 型游梁式抽油机螺纹加工

一、任务要求

根据附录 1 中 10 型游梁式抽油机图样和项目四任务 4.2 中的任务实施要求，以小组为单位，对 10 型游梁式抽油机的各零件进行螺纹加工。

二、知识问答

1. 螺纹的种类有哪些？

2．攻螺纹时丝锥折断的原因有哪些？怎样预防？

3．丝锥有哪几种？各有何用途和特点？

4．攻螺纹中经常出现废品的形式有哪些？产生的原因是什么？

5．什么是板牙？它分为哪几种？其结构特点如何？

6．套螺纹的技术要点有哪些？

三、检查与评价

姓名		班级		学号		组别	
项目检查				评分标准：采用 10-9-7-5-0 分制			
工件名称与序号							
序号	检查项目			学生自评	小组互评		教师评分
1	螺纹位置正确						
2	丝锥选用正确						
3	攻螺纹加工步骤、方法正确						
4	攻螺纹操作符合规范						
5	螺纹完整、光洁						
6	6S 检查表和 TPM 点检表						
				总成绩			

姓名		班级		学号		组别	
操作检测				评分标准：采用 10-9-7-5-0 分制			
序号	检查项目			学生自评	小组互评		教师评分
1							
				总成绩			

姓名		班级		学号		组别	
	知识问答			评分标准：采用 10-9-7-5-0 分制			
序号	检查项目			教师评分		备注	
1	问答题						
				总成绩			

分数计算：			成绩：			
项目检查=	$\dfrac{总分（Ⅰ）}{0.5}$	=		×0.3	=	
尺寸检测=	$\dfrac{总分（Ⅱ）}{0.4}$	=		×0.4	=	
知识问答=	$\dfrac{总分（Ⅱ）}{0.8}$	=		×0.3	=	
			总成绩			

任务 6　10 型游梁式抽油机錾削加工

一、任务要求

根据附录 1 中 10 型游梁式抽油机图样和项目四任务 4.3 中的任务实施要求，以小组为单位，对 10 型游梁式抽油机的各零件进行錾削加工。

二、知识问答

1. 錾子的种类有哪些？各应用在什么场合？

2. 錾子在淬火时应该注意哪些问题？

3. 錾削时常用的握錾和握锤方法有哪几种？

4. 錾子损坏的原因有哪些？

5. 錾削时产生废品的原因是什么？怎样预防？

三、检查与评价

姓名		班级		学号		组别	
项目检查				评分标准：采用 10-9-7-5-0 分制			
工件名称与序号							
序号	检查项目			学生自评		小组互评	教师评分
1	排孔位置正确						
2	錾子类型选用正确						
3	正确使用錾削工具排除余量						
4	錾削操作符合规范						
5	直线锯削符合规范						
6	锉削加工符合规范						
7	表面粗糙度合格						
8	安全文明操作规范						
9	6S 检查表和 TPM 点检表						
				总成绩			

姓名		班级		学号		组别	
操作检测				评分标准：采用 10-9-7-5-0 分制			
序号	检查项目			学生自评		小组互评	教师评分
1							
2							
3							
				总成绩			

姓名		班级		学号		组别	
知识问答				评分标准：采用 10-9-7-5-0 分制			
序号	检查项目			教师评分		备注	
1	问答题						
				总成绩			

分数计算：		成绩：			
项目检测=	$\dfrac{总分（Ⅰ）}{0.2}$	=		×0.2	=
操作检测=	$\dfrac{总分（Ⅱ）}{1}$	=		×0.5	=
知识问答=	$\dfrac{总分（Ⅲ）}{0.8}$	=		×0.3	=
		总成绩			

任务 7　10 型游梁式抽油机刮削加工

一、任务要求

根据附录 1 中 10 型游梁式抽油机图样和项目五任务 5.1 中的任务实施要求，以小组为单位，对 10 型游梁式抽油机的各零件进行刮削加工。

二、知识问答

1．试述刮削原理。

2．刮削有何特点？哪些场合需要进行刮削？

3．在使用刮削显示剂时有什么要求？

4．刮削精度的检验有哪些方法？

三、检查与评价

姓名		班级		学号		组别	
		项目检查			评分标准：采用 10-9-7-5-0 分制		
工件名称与序号							
序号		检查项目		学生自评		小组互评	教师评分
1		工件装夹符合规范					
2		刮刀类型选择合理					
3		正确使用刮刀刮削平面					
4		刮削操作符合规范					
5		接触精度测量符合规范					
6		平行精度测量符合规范					
7		表面粗糙度合格					
8		安全文明操作规范					
9		6S 检查表和 TPM 点检表					
				总成绩			

姓名		班级		学号		组别	
操作检测				评分标准：采用10-9-7-5-0分制			
序号	检查项目			学生自评	小组互评	教师评分	
1							
2							
				总成绩			

姓名		班级		学号		组别	
知识问答				评分标准：采用10-9-7-5-0分制			
序号	检查项目			教师评分		备注	
1	问答题						
				总成绩			

分数计算：		成绩：		
项目检测=	$\dfrac{总分（Ⅰ）}{0.2}$	=	×0.2	=
操作检测=	$\dfrac{总分（Ⅱ）}{1}$	=	×0.5	=
知识问答=	$\dfrac{总分（Ⅲ）}{0.8}$	=	×0.3	=
		总成绩		

任务8 10型游梁式抽油机研磨加工

一、任务要求

根据附录1中10型游梁式抽油机图样和项目五任务5.2中的任务实施要求，以小组为单位，对10型游梁式抽油机的各零件进行研磨加工。

二、知识问答

1. 试述研磨原理。

2. 研磨在机械加工中有何作用？

3. 对研具材料有何要求？

4. 常用研具材料有几种？各应用于什么场合？

三、检查与评价

姓名		班级		学号		组别	
	项目检查				评分标准：采用 10-9-7-5-0 分制		
工件名称与序号							
序号	检查项目		学生自评		小组互评		教师评分
1	工件装夹符合规范						
2	研具类型选择合理						
3	研磨剂类型选择合理						
4	正确使用研具研磨平面						
5	研磨操作符合规范						
6	表面粗糙度合格						
7	安全文明操作规范						
8	6S 检查表和 TPM 点检表						
				总成绩			

姓名		班级		学号		组别	
	操作检测				评分标准：采用 10-9-7-5-0 分制		
序号	检查项目		学生自评		小组互评		教师评分
1							
2							
				总成绩			

姓名		班级		学号		组别	
	知识问答			评分标准：采用 10-9-7-5-0 分制			
序号	检查项目		教师评分		备注		
1	问答题						
			总成绩				

分数计算：			成绩：			
项目检测=	$\dfrac{\text{总分（I）}}{0.2}$	=		×0.2	=	
操作检测=	$\dfrac{\text{总分（II）}}{1}$	=		×0.5	=	
知识问答=	$\dfrac{\text{总分（II）}}{0.8}$	=		×0.3	=	
			总成绩			

任务9　10型游梁式抽油机装配

一、任务要求

根据附录1中10型游梁式抽油机图样和所加工的零件，以小组为单位，对10型游梁式抽油机的各零件进行装配。

二、知识问答

1. 对螺纹连接的装配有哪些技术要求？

2. 装配时如何旋紧螺钉？

3. 什么是键连接？其特点和应用如何？

4. 装配工艺的组织形式有哪几种？各包括哪些内容？

5. 请简述零件装配的过程。

6. 什么是装配尺寸链？它有什么用处？

三、检查与评价

姓名		班级		学号		组别	
项目检查				评分标准：采用 10-9-7-5-0 分制			
工件名称与序号							
序号	检查项目			学生自评	小组互评		教师评分
1	工件装配符合规范						
2	装配工具选择合理						
3	装配工艺顺序正确						
4	安全文明操作规范						
5	6S 检查表和 TPM 点检表						
				总成绩			

姓名		班级		学号		组别	
操作检测				评分标准：采用 10-9-7-5-0 分制			
序号	检查项目			学生自评	小组互评		教师评分
1	装配过程检测						
				总成绩			

姓名		班级		学号		组别	
知识问答				评分标准：采用 10-9-7-5-0 分制			
序号	检查项目			教师评分			备注
1	问答题						
				总成绩			

分数计算：			成绩：		
项目检测=	$\dfrac{总分（Ⅰ）}{0.2}$	=		×0.2	=
操作检测=	$\dfrac{总分（Ⅱ）}{1}$	=		×0.5	=
知识问答=	$\dfrac{总分（Ⅲ）}{0.8}$	=		×0.3	=
			总成绩		

附 录

附录 1 10 型游梁式抽油机图纸

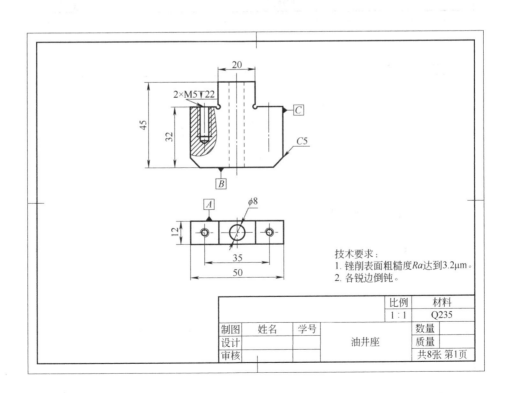

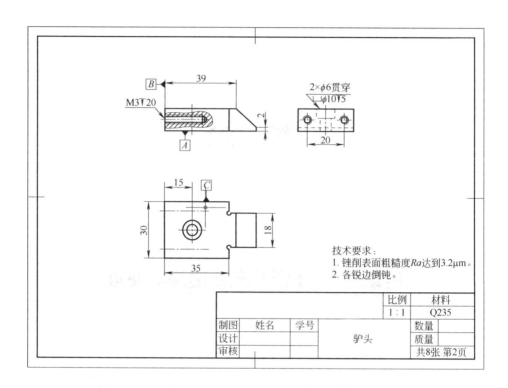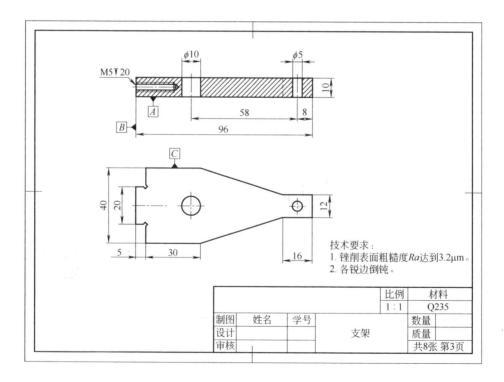

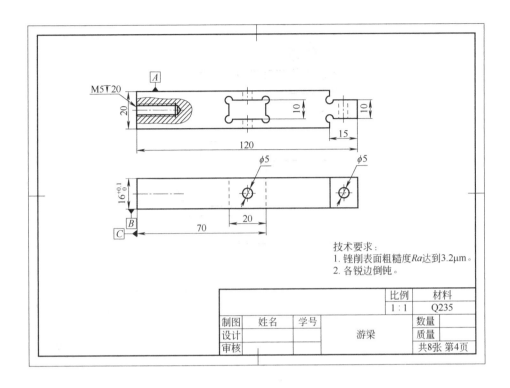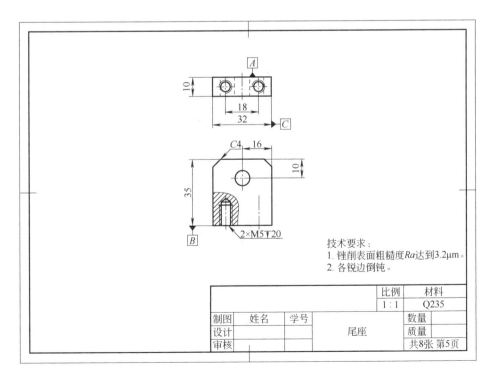

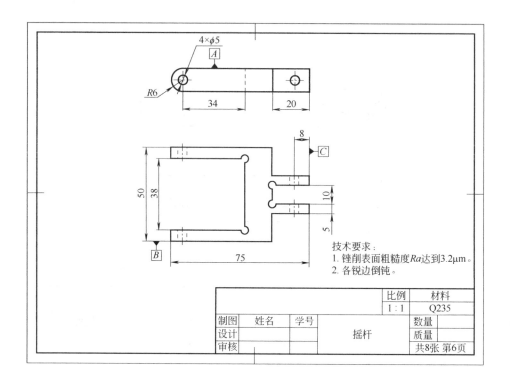

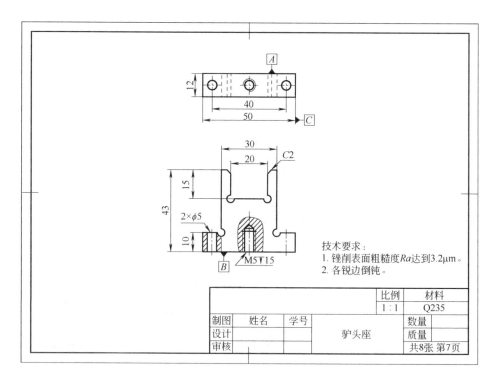

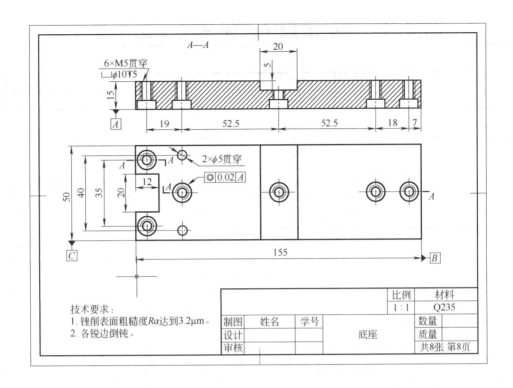

附录 2　单件小批量生产机械加工工艺卡片

机械加工工艺过程卡片	产品名称及型号		零件名称		零件图号			
	材料	名称	毛坯	种类	零件质量	毛		第　页
		牌号		尺寸		净		共　页
		性能	每批坯料的件数		每台件数	每批件数		
工序号	工序内容		加工车间	设备名称	工艺装备名称及编号			技术等级	时间额定	
					夹具	刀具	量具		预计时间	实际时间
编制		抄写		校对		审核		批准		

附录3　中小批量生产机械加工工序卡片

				机械加工工序卡片	产品型号		零（部）件图号			共　　页	
					产品名称		零（部）件名称			第　　页	
材料编号				毛坯种类		毛坯外形尺寸		每毛坯件数	每台件数		备注
工序	装夹	工步	工序内容	切削用量				设备名称及编号	工艺设备名称及编号		技术等级	工时定额	
				同时加工零件数	背吃刀量/mm	切削速度/(m/min)	每分钟转速或往复次数	进给量/(mm/r)		夹具	刀具	量具		计划	实际
										编制日期		审核日期		会签日期	
标记	处数	文件号	签字	日期	标记	处数	更改文件号	签字	日期						

附录4　大批量生产机械加工工序卡片

			机械加工工序卡	产品型号		零（部）件图号		共　　页	
				产品名称		零（部）件名称		第　　页	
				车间	工序号	工序名称	材料牌号		
				毛坯种类	毛坯外形尺寸	毛坯制件数	每台件数		
				设备名称	设备型号	设备编号	同时加工数		
				夹具编号		夹具名称	切削液		
				工位器具编号		工位器具名称	工序工时		
							准终	单件	
工步号	工步内容		工艺装备	主轴转速/(r/min)	切削速度/(m/min)	进给量/(mm/r)	切削深度/mm	进给次数	工步工时	
									机动	辅助

参 考 文 献

[1] 史毅. 钳工工艺与技能训练[M]. 长沙: 国防科技大学出版社, 2019.
[2] 夏红民. 钳工入门[M]. 合肥: 安徽科技学术出版社, 2006.
[3] 李家林, 江雨蓉. 图说工厂 7S 管理: 实战升级版[M]. 北京: 人民邮电出版社, 2014.
[4] 杨吉华. 图说工厂安全管理: 实战升级版[M]. 北京: 人民邮电出版社, 2014.
[5] 朱少军. TPM 推进解决方案[M]. 广州: 广东经济出版社, 2011.
[6] 高福成. TPM 全面生产维护推进实务[M]. 2 版. 北京: 机械工业出版社, 2014.
[7] JIPM-S(日). 精益制造 011: TPM 推进实法[M]. 刘波, 译. 北京: 东方出版社, 2013.
[8] Jeffrey K Liker(美), James K Franz(美). 持续改善[M]. 曹嬿恒, 译. 北京: 中国电力出版社, 2013.
[9] 柿内幸夫(日), 佐藤正树(日). 精益制造 007: 现场改善[M]. 许寅玲, 译. 北京: 东方出版社, 2011.
[10] 马凤岚, 杨淑珍. 机械产品精度测量[M]. 北京: 人民邮电出版社, 2012.
[11] 乌尔里希·菲舍尔(德). 简明机械手册[M]. 云忠, 杨放琼, 译. 长沙: 湖南科技出版社, 2010.
[12] 约瑟夫·迪林格(德). 机械制造工程基础[M]. 杨祖群, 译. 长沙: 湖南科技出版社, 2010.
[13] 双元制机械专业实习教材编委会. 钳工基础技能[M]. 北京: 机械工业出版社, 2004.
[14] 焦小明. 机械零件手工制作与实训[M]. 北京: 机械工业出版社, 2011.
[15] 杜永亮. 手工工具零件加工[M]. 北京: 北京邮电大学出版社, 2012.
[16] 宋军民. 模具钳工技能训练[M]. 北京: 中国劳动社会保障出版社, 2008.
[17] 罗晓霞. 模具钳工工艺学[M]. 北京: 中国劳动社会保障出版社, 2008.
[18] 朱金仙, 何立. 钳工工艺与技能训练[M]. 成都: 四川大学出版社, 2011.
[19] 王金荣, 孟迪. 钳工看图学操作[M]. 北京: 机械工业出版社, 2012.
[20] 谢志余. 钳工实用技术手册[M]. 2 版. 南京: 江苏科学技术出版社, 2008.
[21] 陈强. 机械综合实训教程——机械手模型加工[M]. 杭州: 浙江大学出版社, 2012.
[22] 吴泊良. 机床机械零部件装配与检测调整[M]. 北京: 中国劳动社会保障出版社, 2014.